| 碳中和论丛 |

主编：沈满洪

碳中和政策论

陈真亮 连燕华 等◎著

中国财经出版传媒集团
中国财政经济出版社
·北 京·

图书在版编目（CIP）数据

碳中和政策论／陈真亮等著．--北京：中国财政经济出版社，2025.5．--（碳中和论丛）．--ISBN 978-7-5223-3729-6

Ⅰ．X511

中国国家版本馆CIP数据核字第202562UQ60号

责任编辑：周桂元　　　　责任校对：徐艳丽
封面设计：陈宇琰　　　　责任印制：张　健

碳中和政策论
TANZHONGHE ZHENGCELUN

中国财政经济出版社 出版

URL：http：//www.cfeph.cn
E-mail：cfeph@cfeph.cn

社址：北京市海淀区阜成路甲28号　邮政编码：100142
营销中心电话：010-88191522
天猫网店：中国财政经济出版社旗舰店
网址：https：//zgczjjcbs.tmall.com
涿州汇美亿浓印刷有限公司印刷　各地新华书店经销
成品尺寸：185mm×260mm　16开　16.5印张　321 000字
2025年5月第1版　2025年5月河北第1次印刷
定价：70.00元
ISBN 978-7-5223-3729-6
（图书出现印装问题，本社负责调换，电话：010-88190548）
本社图书质量投诉电话：010-88190744
打击盗版举报热线：010-88191661　QQ：2242791300

《碳中和论丛》编委会

科学领军人才

王建明 浙江财经大学科研处处长、绿色管理研究院院长、教授、博士生导师

王懿祥 浙江农林大学环境与资源学院副院长、生态文明研究院碳中和研究所所长、教授、博士生导师

郅玉玲 浙江农林大学文法学院教授、硕士生导师

钱志权 浙江农林大学生态文明研究院副院长、碳中和研究院副院长、长三角绿色发展研究院执行院长、教授、博士生导师

姜双林 浙江农林大学文法学院教授、硕士生导师

陈真亮 浙江农林大学生态文明研究院生态治理研究所所长、文法学院学术副院长、教授、博士生导师

顾光同 浙江农林大学生态文明研究院生态经济研究所所长、教授、博士生导师

孟明浩 浙江农林大学风景园林与建筑学院副教授、硕士生导师

吴　旭 浙大城市学院城市发展与战略研究院、幸福城市研究院副研究员

为实现我国碳中和目标作出学者应有贡献

——《碳中和论丛》总序

沈满洪

一、《碳中和论丛》的撰写意义

自从1992年在巴西里约热内卢举行的联合国环境与发展大会通过《联合国气候变化框架公约》以来，国际社会为此做出了艰巨的努力，尤其是《京都议定书》和《巴黎协定》的达成，为应对气候变化奠定了认识论、方法论和实践论基础。我国政府宣布2030年前实现碳达峰、2060年前实现碳中和，这是一个大国的责任担当，也是对世界的重要贡献。但是，中西方国家应对气候变化存在显著差别。西方发达国家是先工业化后绿色化再低碳化，而且碳达峰是经济发展的自然过程。中国则是工业化进程中同时面临节能、减污、降碳、扩绿、增汇的要求。由此可见，我国的碳中和面临前所未有的挑战。迎接挑战的唯一出路就是理论创新、科技创新、制度创新和治理创新。通过创新变“不可能”为“可能”，变“理想”为“现实”，变“顾此失彼”为“统筹兼顾”。理论研究是实现碳中和的重要支撑。相对于碳中和工作的实际需求而言，碳中和研究仍显得相对不足。国内尚无系统阐述碳中和的丛书出版。面对严峻形势、艰巨任务与前所未有的挑战，浙江省生态文明智库联盟、浙江农林大学生态文明研究院、碳中和研究院自觉承担起《碳中和论丛》的编撰任务。该丛书的编撰出版，至少具有下列三大意义：

第一，有利于促进思想统一。人们对于碳达峰碳中和还存在不少错误的认识，例如“碳攀峰论”——利用碳排放递增的最后一个时期赶紧增排，“不惜代价论”——不惜一切代价实现碳达峰碳中和。按照中国式现代化的要求，我国既要推进现代化进程，又要实现碳达峰碳中和，两者兼顾才是正道。正因如此，党的二十大报告明确提出“积极稳妥推进碳达峰碳中和”。通过本论丛的研究和编纂、出版和发行，有利于全社会树立绿色低碳发展的理念，做到以正确的思想指导伟大的实践。

第二，有利于促进科学决策。统筹兼顾现代化进程和碳达峰碳中和的妙处就在于如何优化路径实现社会成本最低化。就统筹发展目标和碳减排目标而言，既要追求在“双碳”目标给定下的经济成本最小化，又要追求在发展目标给定情况下的碳排放最小化。就统筹碳达峰和碳中和而言，峰值定低了，近期发展压力加大，远期碳中和目标的实现就相对容易；峰值定高了，近期发展压力相对较小，远期碳中和的目标实现难度就加大了。因此，要处理好峰值高低与碳中和难易的关系。就统筹碳减排和增碳汇而言，碳减排边际成本低于增碳汇边际成本，就选择碳减排，反之则选择增碳汇。实现社会利益最大化的边际条件是二氧化碳边际减排成本与碳汇边际增汇成本相等。就统筹能源结构和能源效率而言，既要推进能源结构的优化，又要推进能源效率的提升，孰轻孰重就取决于成本等因素。可见，碳中和面临一系列的优化选择。本论丛有可能通过研究提供优化选择的科学依据。

第三，有利于促进学科发展。《碳中和论丛》的出版，有助于碳中和领域知识体系的系统集成，促进生态经济学、生态管理学、环境法学、环境社会学、生态文化学、生态学、环境科学等一系列碳中和相关学科的发展，通过学科的快速发展进一步支撑碳中和人才培养和科学研究，是落实教育部《加强碳达峰碳中和高等教育人才培养体系建设工作方案》（教高函〔2022〕3号）文件精神的具体举措。浙江农林大学生态文明研究院、碳中和研究院是浙江省新型重点专业智库、全国影响力智库建设单位，也是浙江省生态文明智库联盟的理事长单位，通过该论丛的编撰，有可能整合全省碳中和的研究力量并提升其竞争力。

二、《碳中和论丛》的逻辑结构

《碳中和论丛》综合运用经济学、管理学、法学、社会学、文化学、环境科学等多学科交叉方法研究中国碳中和的主要问题。该论丛包括十一部专著：《碳中和论》《碳减排论》《碳汇论》《碳中和消费论》《碳市场论》《碳中和科技论》《碳中和法治论》《碳中和金融论》《碳中和政策论》《碳中和文化论》《碳中和治理论》。《碳中和论丛》是知识创新、咨政建言和科学普及的有机结合。

《碳中和论》是丛书的总论，主要内容：研究碳中和背景与核心概念，碳中和目标愿景与策略选择，碳中和的路径选择与重点突破，碳中和科技创新与制度政策设计，以及碳中和监测核查体系等。

《碳减排论》主要内容：阐释碳减排的历史进程及当前状况、碳减排对象、主体、重点领域和主要途径等基本理论，基于复合生态系统功能群视角建立碳减排理论框架和并进行实证分析，提出生产者、流通者、分解者、消费者功能群的碳减排路径和方法，介绍可持续发展的碳减排典型案例，讨论碳减排的相关政策和实践。

《碳汇论》主要内容：阐释碳汇的重要地位、碳汇的分类及其增汇渠道，森林、海洋、湿地、农地等生态碳汇增汇路径，CCUS 等工程技术碳汇增汇路径，碳汇纳入碳市场等。

《碳中和消费论》主要内容：针对绿色低碳产品市场供给不足、绿色低碳消费意识相对薄弱、绿色低碳消费成本较高等现实问题，探讨绿色低碳出行、绿色低碳建筑、绿色低碳引导；倡导节约环保生活方式，研究绿色低碳产品标准、绿色低碳认证、绿色低碳标识体系等，探讨消费侧减排的路径和方法。

《碳市场论》主要内容：阐释碳市场的历史演进过程、碳市场的运行机理、碳市场的需求与供给，研究碳市场的经济社会效应、碳市场的平台建设、碳市场的产品创新、碳市场的监管机制等。

《碳中和科技论》主要内容：梳理我国碳中和科技发展历程与现状、碳中和科技的类型体系、科学原理，研究电力、工业、建筑、交通和农业等不同领域应用场景下典型碳中和技术的减排潜力、碳中和科技的环境、经济和健康效应，提出碳中和科技的政策创新路径。

《碳中和法治论》主要内容：阐释实现碳中和目标的法理基础，研究如何实现碳中和科学立法、碳中和严格执法、碳中和公正司法、碳中和全民守法等问题，探讨碳中和国际法治与国内法治如何协同问题，探寻并提出碳中和法治的实现路径与制度保障。

《碳中和金融论》主要内容：从碳中和金融的产品体系、市场体系、标准体系、监管体系、政策体系以及国际合作等多个维度，深入探讨和剖析绿色金融的起源与碳中和金融发展、碳中和金融的创新与开发、碳中和金融市场体系与风险监管、碳中和金融标准体系与政策体系以及碳中和金融国际合作创新机制等。

《碳中和政策论》主要内容：阐释碳中和政策基本理论，深入分析研究碳中和政策系统、碳中和决策体制、碳中和政策的执行、碳中和政策评估，考察与借鉴域外碳中和法治实践，研究分析碳中和政策的调整、终结与创新等。

《碳中和文化论》主要内容：研究碳中和文化演替、碳中和文化结构、碳中和价值观、碳中和伦理观、碳中和舆论场、碳中和教育观等。

《碳中和治理论》主要内容：研究碳中和治理的对象、碳中和治理的主体、碳中和治理的机制、碳中和治理的方式、碳中和治理的国际合作等。

上述十一本书的逻辑结构如图 1 所示。

碳中和是人为碳源与人为碳汇相等时的状态。因此，图 1 表明，安排《碳中和论》《碳减排论》《碳汇论》三部专著；碳中和是碳减排与增碳汇、生产者与消费者通过市场机制完成的，因此，安排《碳市场论》及《碳中和消费论》两部专著；碳中和是科

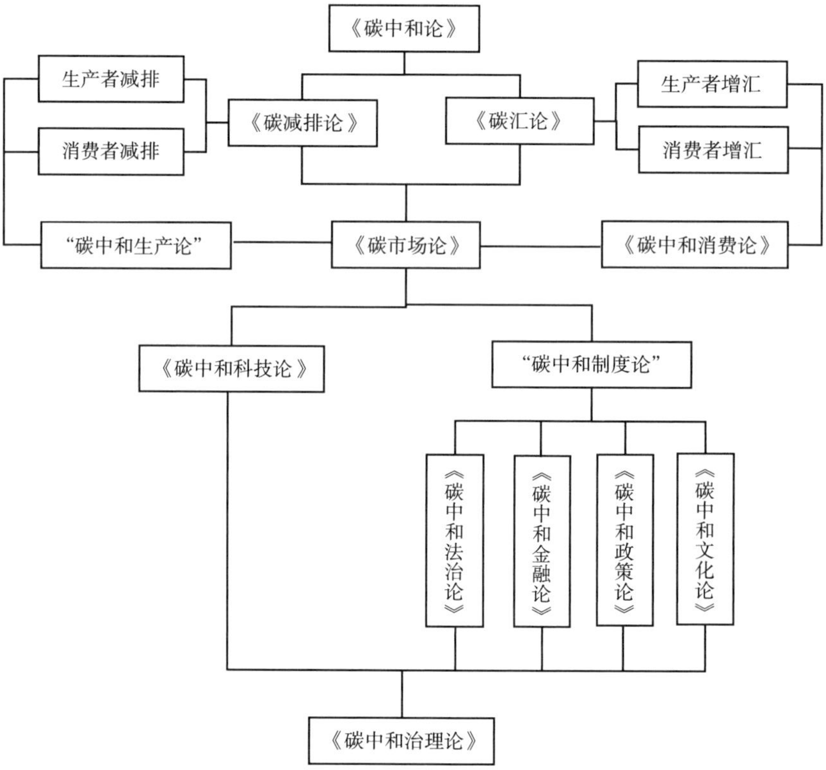

图 1 《碳中和论丛》的逻辑结构

技创新和制度创新"双轮"驱动的结果，因此安排《碳中和科技论》一部专著以及由《碳中和法治论》《碳中和金融论》《碳中和政策论》《碳中和文化论》四部专著构成的"碳中和制度论"；无论是碳中和科技创新还是碳中和制度创新，都是不同经济主体相互制衡、相互协调的治理结果，因此，安排《碳中和治理论》一部专著。可见，这十一部著作构成的《碳中和论丛》具有内在的逻辑关联。

三、《碳中和论丛》的主要创新

本丛书各部著作均有一定的创新性，兹列举以下十点：

第一，碳中和是一项艰巨复杂的经济社会发展方式深刻变革的系统工程。就工业化、绿色化、低碳化而言，西方发达国家是"分步走"，中国则是"同步走"。我国碳中和难度更大，路径选择尤为重要。实现碳中和涉及碳减排与碳增汇两个方面，需要厘清我国碳减排与碳增汇的重点领域，并根据碳减排与碳增汇的边际成本变化作出策略选择与权衡。科技创新水平与驱动能力、政策优化与制度变革是影响碳减排和碳增汇的关键动力，需要构建面向碳中和的科技创新动力机制与政策制度体系。

第二，碳减排需要从生态系统内部功能的视角分析系统不同功能组分间碳减排的关系。生产、消费、分解和流通等不同功能群碳排放存在较大的时空分异特征，需根据不同功能群的碳排放特点和减排需求制定差异化的碳减排举措。生产者功能群注重创新应用生产降碳技术和优化行业管理体系，消费者功能群注重应用消费降碳技术材料和推广碳普惠机制，分解者功能群注重减少废弃物产生、协同减污降碳和普及再生利用模式，流通者功能群注重完善空间布局、优化运输结构和技术装备以及升级运营体系。

第三，中国构建了全球最大的“自然－人工”双轨碳汇体系。以跨学科视角解构森林、草地、湿地、耕地、海洋五大自然碳汇的运行密码，剖析碳捕集利用与封存（CCUS）技术的突破性进展，揭示“自然修复＋工程干预”协同增效的碳中和路径。基于全球碳库评估与增汇潜力模拟，阐明碳汇在气候治理中的战略价值。通过分析增汇成本与对策措施，提出生态保护修复、跨部门协同及技术创新等增汇路径，为实现高效、可持续的碳汇管理提供理论与实践指导。

第四，碳中和消费是通过降碳增汇双重途径促进碳中和的消费模式。数智时代碳中和消费要实现从1.0到3.0的版本升级，碳中和消费3.0是数智时代“全方位数据交互和共享”下的“社会集约共享型”消费模式。推进碳中和消费需要基于数智时代背景，构建既积极鼓励消费转型“向善”“向绿”，又有效规避消费转型“向恶”“非绿”的政策体系架构。碳中和消费的政策体系由约束类政策、激励类政策和引导类政策构成，并且政策体系的构建应当匹配数智时代的新消费模式、新消费场景需求。

第五，碳市场是以尽可能低的成本实现碳中和目标的有效经济手段。碳市场是通过总量控制、配额分配、履约机制、价格形成和交易机制等基础性机制设计，让企业在碳减排、购碳汇、技术创新等多种方案中进行优化选择。市场机制完善的前提下，可以推进碳市场衍生产品的设计、加强碳市场国际合作与交易。碳市场的突出优势是通过价格发现机制，实现全社会经济效益、环境效益和社会效益等综合效益的最大化。

第六，碳中和科技是实现碳中和的重要支撑，是实现经济社会发展全面绿色转型的核心驱动力。在类型体系上，揭示了减碳、零碳和负碳等碳中和技术的前沿研究与实践进展；在应用场景上，探讨了电力、工业、建筑、交通和农业等领域的减排潜力、实施成本、适用范围和实施难度；在影响效应上，分析了碳中和科技可能产生的环境效应、经济效应和健康效应；在政策创新上，总结了碳中和科技政策的实践历程与创新路径。

第七，碳中和金融支持是实现碳中和的重要手段。碳中和金融不仅具有低碳导向，而且具有金融工具的放大效应。碳中和金融产品通过多样化创新满足多样化需求，碳中和金融市场通过强化市场监管和信息披露可以提高市场透明度。通过金融风险识别、计量体系建设、金融风险监管保障碳市场稳定运行。通过应用现代技术手段、推进碳中和金融标准统一、提升市场效率与国际竞争力推进碳中和金融国际合作。碳中和金融既要敢于创新、提高效率，又要加强监管、防范风险。

第八，法治运行理论为碳中和法治提供全方位的科学指引。应构建以环境正义等理论为基础，处理好与生态环境法典的关系，推进碳中和科学的专项立法；引入“元治理”理论，协同互补强制命令型监管与激励诱导型监管，强化严格执法；通过完善专门环境诉讼制度，灵活地解决立法滞后问题，消解碳中和案件的司法适配性问题，落实公正司法；碳中和守法体系应建立以社会优位为导向的整体主义法治实践模式，推动全民守法；从贸易法和海洋法视角，揭示碳中和法治所面临的诸多挑战，强调国内法与国际法的衔接协调，共同推进碳中和国内法治与国际法治的守正创新。

第九，碳中和政策体系是实现碳中和的重要调控机制。碳中和事关全局性，需要从“策言策语”转向“法言法语”，依法治理涉碳市场主体的“漂绿”行为，加强碳达峰碳中和工作的企业合规、行政合规、政策备案审查及决策合法化与程序正当。鼓励有条件的地方探索制定符合本地特色的“碳中和促进条例”，建立健全“共同但有区别”的央地碳中和政策评估指标与方法体系，通过政策或立法后评估及“立改废释纂”，构建绿色低碳发展的法治保障体系。

第十，碳中和文化是实现碳中和目标的“风向标”“润滑剂”和“加速器”。积极稳妥推进碳中和离不开碳中和文化的引领。碳中和伦理观、价值观是碳中和实现的思想指导与价值准则。通过加强党政学企联动、完善人才培养机制、构建教育评价体系等途径提升碳中和伦理观、价值观教育的实施效果。统筹好国际、国内两个舆论场，可以从创新话语体系、优化传播布局、增强叙事水平等方面做好碳中和舆论引导。

第十一，碳中和治理是国家治理体系和治理能力现代化的具体化，是治理绩效高效化和治理机制长效化的结合。在治理主体上，碳中和治理是党委领导下的政府主导、企业主体、公众参与的多主体平等协商、协同推进；在治理机制上，碳中和治理是政府机制、市场机制、社会机制的协同配合；在治理方式上，碳中和治理是法治、德治、自治、智治的有机结合，法治是根本，德治是基础，自治是辅助，智治是支撑。

四、《碳中和论丛》的各书作者

《碳中和论》：吴伟光、曹先磊、敖贵艳、刘强，等

《碳减排论》：吴旭、郭江江、胡晓娟

《碳汇论》：王懿祥、白尚斌、白雁、蔡延江、张成、李莹莹，等

《碳中和消费论》：王建明，等

《碳市场论》：钱志权、闫云凤、吴旭梅、何青华，等

《碳中和金融论》：顾光同、吴燕华

《碳中和科技论》：方恺、孟聪会、李程琳

《碳中和法治论》：姜双林、童航、林雅静，等

《碳中和文化论》：孟明浩、吴承强、顾晓艳、綦健，等

《碳中和政策论》：陈真亮、连燕华，等

《碳中和治理论》：郅玉玲、张依

显然，这套丛书的出版是众多作者和编者合作完成的。我本人没有作为作者执笔某部专著，但从丛书框架及各书书名的草拟到丛书提纲的确定，从各部专著初稿的审读及修改建议的撰写到鉴定会议的组织及修改方向的确定，从丛书书稿的终审到整套丛书的出版过程均付出了我的大量心血。不过，归根结底，丛书之所以能够顺利出版，首要的功劳还是具有创新精神、敬业精神和合作精神的各位作者！丛书的学术顾问和各位编委，给予丛书的出版以极大的鼓励和指导！在《碳中和论丛》评审会上，浙江省社科联原副主席邵清一级巡视员、浙江省委政研室原主任徐志宏、浙江大学公共管理学院石敏俊教授、浙江大学光华法学院钭晓东教授、浙江农林大学浙江省乡村振兴研究院首席专家张俊飚教授等均提出了极为宝贵的建议。浙江农林大学经济管理学院利用极为宝贵的学科建设经费资助《碳中和论丛》的出版。中国财政经济出版社的周桂元编审等为丛书的出版做了艰苦细致的工作，"编辑成就作者"名不虚传。由于碳中和任务十分紧迫，《碳中和论丛》采取边研究边申请项目的方式推进。在撰写达到一定进度后，经过申请"碳中和研究"于2023年被浙江省社科规划领导小组办公室立为浙江省社科规划重大项目（项目编号：24NDJC04ZD）。在此，对于所有为这套丛书的撰写和出版作出过贡献的同志和机构表示最衷心的感谢！

当然，该论丛必然存在或多或少的瑕疵，敬请读者批评指正！

（序言作者沈满洪系浙江农林大学生态文明研究院院长、碳中和研究院院长、浙江省生态文明智库联盟理事长、浙江省特级专家、国家哲学社会科学领军人才、环球中国环境专家协会理事会主席）

前　言

生态文明建设是关乎中华民族永续发展的根本大计。党的二十大报告强调要立足我国能源资源禀赋，坚持先立后破，有计划分步骤实施碳达峰行动。党的二十届中央委员会第三次全体会议进一步要求“健全绿色低碳发展机制……积极稳妥推进碳达峰碳中和”。2024年7月31日，《中共中央 国务院关于加快经济社会发展全面绿色转型的意见》提出要加快构建新发展格局，坚定不移走生态优先、节约集约、绿色低碳高质量发展道路，以碳达峰碳中和工作为引领，协同推进降碳、减污、扩绿、增长，深化生态文明体制改革，健全绿色低碳发展机制，加快经济社会发展全面绿色转型，形成节约资源和保护环境的空间格局、产业结构、生产方式、生活方式，全面推进美丽中国建设，加快推进人与自然和谐共生的现代化。

加强公共政策和法治体系建设，是碳达峰碳中和（以下简称碳中和）的重要保障。本书运用公共政策学的一般分析框架，共设置七章，按照总分的逻辑结构，从碳中和政策概论、政策系统、决策体制、政策执行、政策评估、政策调整、政策终结与创新等方面展开。各章内容梗概如下：第一章主要对碳中和政策的学科基础、基本内涵、表现形式、战略意义等进行分析，阐释碳中和政策与国家法律、党内法规的联系与区别，梳理中国碳中和政策的主要领域及最新发展情况，并总结本书的研究意义、主要内容和可能的创新点，为全书奠定理论框架和分析基础。第二章主要对碳中和公共政策系统运行的基本过程进行剖析，阐释碳中和政策主体、政策客体和环境之间的相互关系，分析不同政策主体和客体在碳中和政策系统中的地位和作用。第三章主要对碳中和政策决策体制的定义、作用、结构及中国决策体制现状进行分析考察，然后在总结碳中和政策的理性、感性和综合决策模式理论基础上，阐释碳中和政策制定的一般程序以及碳中和政策方案的确定与法律转化等内容。第四章主要从政策执行的主体、过程与方式三个维度剖析碳中和政策执行的基本内涵，并分析影响碳中和政策执行和有效性的因素。在此基础上，探讨保障碳中和政策有效执行的体制机制以及提出促进碳中和政策的有效执行并提升政策绩效与治理效能的对策建议。第五章主要围绕碳中和政策评估展开讨论，运用公共政策系统分析的方法和工具，探究其意义与目标、主体与内容、过程与方法，碳中和政策评估标准以及所面临的挑战与完善对策。第六章主要从国际、美国、欧盟、金砖国家等境外碳中和政策与法律的发展趋势与经验启示等方面开展考察与经验借鉴。第七章主要围绕碳中和政策的调整、终结与创新等方面展开讨论，探究其主要影响因素及解决策略，考察碳中和政策创新的地方实践和先行先试情况，把握其发展前景和未来趋势。

本书的研究意义主要有以下六方面：

一是可以促进生态文明领域法政策学的理论发展。法政策学是研究法与公共政策相互关系的一门学问，从法的角度对政策规范理论进行重构，并与现行实定法体系相联系设计出并优化法律制度体系，由此治理各种公共性的环境资源问题，或者提供解决这些问题的各种方法、策略。鉴于此，法律制定、解释与适用均不能完全摆脱“政策判断”或“政治决断”。因此，要重视党内法规、中办国办党政联合发文的公共政策作为“背景规范”而发挥的重要治理作用。本书主张通过合法性与正当性的相互整合，强化传统公共政策学的“政策思维”与法学的“法律思维”“法典思维”相互结合，以确保碳中和政策制度的顶层设计在正义与效率之间、工具性与合目的性之间实现动态均衡。同时，也可以避免碳中和政策甚至环境资源政策研究对“党规国法”“国家政策”所采取的过于功利的“工具主义”立场或狭隘化、矮化认识倾向。

二是可以强化碳中和政策研究和实践创新的浙江等地方样本和元素、“法治”思维与中国自主知识体系，发展政策的法源理论及其应用。碳中和政策不仅是有关国家治理体系与治理能力的理性分析，而且也已经成为促进不同学科交叉同和发展的重要智识源泉。实践中，公共政策与各种法律法规已经形成广泛的交集，公共政策的更新或调整往往伴随法律法规之变革和进步。甚至伴随着公共政策的“立改废释纂”，党的意志转化为国家意志，相应的法律法规也进行“立改废释纂”，二者相互依存、互为表里、相辅相成。因此，碳中和政策的法治协同研究，既可以构建更加开放性、反思性与前瞻性的法政策学理论与方法论体系，而且将法律视为动态的过程而非静态的规范体系，强调政策和法律适用复杂环境分析的理性化和科学化。

三是可以强化碳中和政策研究和实践创新的“全过程人民民主”研究范式取向和具体应用。2021 年《中国的民主》白皮书指出，全过程人民民主，就是把选举民主与协商民主结合起来，把民主选举、民主协商、民主决策、民主管理、民主监督贯通起来。2023 年 3 月，修改后的《立法法》规定：“立法应当坚持和发展全过程人民民主，尊重和保障人权，保障和促进社会公平正义。”全过程人民民主注重过程民主和成果民主、程序民主和实质民主、直接民主和间接民主、人民民主和国家意志相统一，可以为碳中和政策与法律研究和实践创新提供方法论指引。因此，本书主张强调公众要广泛而深入地参与碳中和政策决策全过程，即在决策前、决策中与决策后、政策评估等都要真正地深入参与，做到人民知情权、参与权、表达权、监督权全覆盖，在集思广益中寻找到最优方案，从而克服西方所构建的实证主义和解释主义政策民主的理论限度或窠臼。

四是可以强化政府、市场、社会、公众等多元主体的共同治理，提升碳中和政策的针对性和有效性。解决碳中和问题需要运用系统思维、站在全局的角度和生态文明建设的高度进行综合考虑和规划。在中国实施“双碳”目标战略的背景下，围绕能源转型、机制设计、技术创新、央地立法、资金保障、碳排放权交易、数字化治理等关键领域，在阐释碳中和政策内涵外延的基础上，对碳中和政策的作用机制进行理论剖析、实施效果评估甚至是立法后评估检验，并合理借鉴域外经验，为全面提升碳中和政策的效能提供路径优化的依据与决策参考。

五是可以提升碳中和政策制定的科学性、民主性和合法性。法政策是追求政策目标的法律规范，构建面向全过程人民民主的公共政策体制。其中，首要任务是要将推进政府决策民主化的目标从政策制定环节前置到政策议程设置环节，逐步实现政策议程设置民主化、合法化，让民众能够基于自身利益诉求参与到政策议程设置的协商讨论过程中，进而将民众的需求真正吸纳进政府决策议程。这既是发展全过程人民民主的必然要求，也是民主决策实践的应然之路，更是推进国家治理现代化必须回应的一个重大理论和实践命题。

六是可以促进碳中和政策的可持续发展和依法执行。通过厘清碳中和政策背后深层次的社会与经济、政府与环境、政治与法律、问题与对策等多方面因素的复杂互动关系，可以增进多元治理主体对政治行为的理解和气候变化治理的协调配合，加深对碳中和公共政策本质和规律的认识并产生更加科学理性的完善建议，从而规范碳中和政策的全过程，提高碳中和政策的质量，依法治理市场主体的“漂绿”行为甚至行政不作为、慢作为等行政怠惰现象。

本书的创新点主要有以下四方面：

一是率先运用公共政策学的基本理论与方法，结合央地实践创新，相对全面且深入的对碳中和政策进行了系统阐释。文献检索显示，碳达峰碳中和政策有关的论著有《碳中和的政策与实践》① 《2021 浙江生态文明发展报告：碳达峰碳中和在行动》② 《碳达峰碳中和政策与制度文件汇编》③ 《中国“双碳”战略实践的法律、政策与理论——基于

① 李泓江，田江．碳中和的政策与实践［M］．成都：四川人民出版社，2021.

② 沈满洪，陈真亮，钱志权，孔令乾，等．2021 浙江生态文明发展报告：碳达峰碳中和在行动［M］．北京：中国环境出版集团，2023.

③ 碳达峰碳中和工作领导小组办公室．碳达峰碳中和政策汇编［M］．北京：中国计划出版社，2023.

典型案例、事例的分析》[①]《国际碳中和及新能源发展：相关多重政策机制的相互作用与影响》[②] 等，但学界鲜有从公共政策学角度开展体系化研究。本书将中国碳达峰碳中和政策的经验和样本纳入公共政策学视域，为碳中和政策制定者和研究者提供了相对成熟的分析框架、评估工具和方法，促进了公共政策学研究从一般到具体的转变，体现中国特色自主的政策学知识体系建构的学术自觉和方法自觉。

二是认为公共政策学研究应当突破传统上关于政治机构和结构的狭隘研究范围，合理吸收诸如法学、党内法规学、政治学、管理学、生态经济学、制度经济学等领域的理论研究成果与方法。因此，本书基于但不限于公共政策学的角度，避免宽泛或狭义上的就政策谈政策，而是对中国碳达峰碳中和的政策和法律制度实践进行整体性观察与反思，聚焦央地前沿政策和法治实践，注重对国家政策、党内法规和国家法律法规跨学科意义上的融贯性阐释，以促进彼此沟通与协调，成功地发现和展示新时代环境政策学和环境法学发展的一些新的知识增量与图景。

三是对碳中和政策与国家法律、党内法规的关系进行阐释，主张将公共政策学的领域拓展到党内法规、党政联合发文、行政解释、司法解释等，而不仅仅是传统上或泛称意义上的国家政策、规范性文件。党内法规既是管党治党的重要依据，更是中国特色社会主义法治体系的重要构成。党的十八大以来，党内法规执行的科学化、规范化、法治化和体系化程度均显著提升。总之，党内法规是生态文明建设的重要保障，碳中和政策研究应该予以重视，自觉将其纳入公共政策学的理论视域。

四是认为“十四五”是实现“双碳”目标的关键窗口期，碳中和工作要贯彻依法减碳降污协同或法治优先原则，而不是政策本位的立场。法治是中国式现代化的重要保障，鉴于此，本书主张坚持价值理性、工具理性和法治理性的有机统一，“双碳”目标的政策实践需要回归形式理性与实质理性，加强法治保障体系建设，从而提升制度建设体系化与治理效能现代化。全面推进美丽中国建设内在的需要强化学术和方法论自觉，拓展公共政策的内涵与外延，密切关注和研究党内法规、司法解释、会议纪要、行政规范性文件等新的政策形态，加强公共政策学与法学的沟通与协调，促进“策言策语”向“法言法语”转变，实现政策的法律转化和制度体系优化。

中国式现代化是人与自然和谐共生的现代化。当前，我国经济社会发展已进入加快绿色化、低碳化的高质量发展阶段。加强公共政策和法治保障体系建设，有助于加快形

---

① 竺效．中国“双碳”战略实践的法律、政策与理论——基于典型案例、事例的分析［M］．北京：中国民主法制出版社，2023.

② 许光清．国际碳中和及新能源发展：相关多重政策机制的相互作用与影响［M］．大连：东北财经大学出版社，2024.

成绿色生产方式和生活方式，全方位、全领域、全地域推进绿色转型，厚植高质量发展的生态文明法治底色。我们期待有更多的专家学者一起研究碳达峰碳中和政策和法治问题，共同推动美丽中国、法治中国建设。

作者
2024 年 9 月 10 日

目　录

第一章　导　论

气候变化是全人类的共同挑战，碳达峰碳中和政策（以下简称碳中和政策）目标的实现，需要推进社会经济文化生态的系统性全面变革和法治保障体系的完善。中国提出的2030年“碳达峰”的目标与2060年“碳中和”的愿景目标，是中国在全球气候变化背景下基于国际责任、国家战略和国家义务等方面的需求以政策方式先行确立的国家目标。中国式现代化是人与自然和谐共生的现代化，2024年党的二十届三中全会通过的《中共中央关于进一步全面深化改革推进中国式现代化的决定》提出要“协同推进降碳、减污、扩绿、增长，积极应对气候变化……健全绿色低碳发展机制”。① 将碳中和政策置于公共政策学、法学等多学科视角下进行交叉融合研究，有助于协同推进降碳、减污、扩绿、增长，促进经济社会发展和全面绿色转型。本章主要对碳中和政策的内涵外延、战略意义、与国家法律以及党内法规的联系和区别等进行阐释，梳理中国碳中和政策的主要领域及最新发展，从而为全书其他章节的分析奠定基础。

第一节　碳中和政策的理论内涵

一、碳中和政策的学科基础

（一）公共政策的一般含义

政策（英文是 policy，德文是 politische，法文是 politique）意指国家机关、政党及其他政治团体在特定时期为实现或服务与一定社会政治、经济、文化、生态等目标所采取的某种行为或规定的行为准则，它是一系列谋略、法令、措施、办法、方法和条例的总称。新中国成立后，直到1986年4月12日，第六届全国人民代表大会第四次会议通过的《民法通则》才第一次出现“国家政策”的表述。我国《民法通则》第六条规定：“民事活动必须遵守法律，法律没有规定的，应当遵守国家政策”。这是我国法律中第

① 中共中央关于进一步全面深化改革推进中国式现代化的决定［M］. 北京：人民出版社，2024：38－40.

一次完整地表述“国家政策”一词，该条规定是民事法律规范中有关碳中和国家政策的重要“法源条款”。

政策的制定和研究在国内和国外都有十分悠久的历史，比如我国古代就有许多政策制定和政策研究的思想[①]，世界其他国家或地区也能找到政策研究的遗迹。中华法系源远流长，在世界法制史上独树一帜，凝聚了中华民族的精神和智慧，有很多优秀的法文化、思想、理念和制度文明等值得传承与发扬，但也有待进行创造性转化。中华优秀传统法律文化蕴含丰富法治思想和深邃政治智慧，是中华文化的瑰宝。我国自古就有国策之说和治理实践，从词源上来看，国策的概念源于两千多年前的战国时期，最早的文字见诸于《管子·乘马数》中的“田策相圆，此国策之持也。君不守以策，则民且守于下，此国策流已”等相关内容。从语义学来看，政策由政与策两个字组合而成。政有治的意思，“政者治也”，政治是指统治（或治理、管理）国家一切行为之总称；策有谋的意思，“策者谋也”，故政策也称政略，就是政治方面的谋略（或策略计谋）[②]。《辞海》（第七版）将政策定义为国家、政党为实现一定历史时期的路线和任务而规定的行动准则和具体措施，认为是一切实际行动的出发点，并且表现于行动的过程和归宿。

公共政策研究与政策科学基本上是相同的，差别在于政策科学研究包括私人的政策，而公共政策研究则不包括私人的政策。[③] 所以，公共政策属于政策的一种。一般意义上的公共政策是指国家在处理公共领域内的公共事务所制定的行为规范、准则或行动指南，是国家协调经济社会活动及相互关系的一系列政策的总称，主要包括命令、指示、通知、条例、规定等。有的学者将公共政策定义为“社会公共权威在特定情境中，为达到一定目标而制定的行动方案或行动准则”[④]，或者是“公共权力机关为实现或服务于一定政治、经济、文化目标，经由一定的政治过程制定的集体行动规制，合法运用政策工具解决社会公共问题、达成公共目标、实现公共利益的活动过程”[⑤]。在广义上，公共政策是公共权力机关经由政治过程所选择和制定的为解决公共问题、达成公共目标、以实现公共利益的方案，其作用是规范和指导有关机构、团体或个人的行动，其表现形式包括党内法规、法律法规、政府规章、行政规定或命令、国家政策、各种规划计划等。

---

① 例如，春秋战国时代影响深远的儒家的中庸之道、道家的无为而治、墨家的济世思想、法家的法治观念等就是政策思想的体现。中华民族几千年创造的辉煌文明与政府的政策有着不可否认的关系。对此，习近平总书记在庆祝中国共产党成立100周年大会上明确提出“把马克思主义基本原理同中国具体实际相结合、同中华优秀传统文化相结合”（简称“两个结合”）的要求，特别是提出要把马克思主义基本原理同中华优秀传统文化相结合。

② 蔡守秋．国家政策与国家法律、党的政策的关系［J］．武汉大学学报（社会科学版），1986（05）：65.

③ 娄成武，魏淑艳．公共政策学［M］．沈阳：东北大学出版社，2003：14.

④ 谢明．公共政策导论（第4版）［M］．北京：中国人民大学出版社，2017：6.

⑤ 韩莹莹，张佳慧．公共政策学［M］．广州：华南理工大学出版社，2022：5.

公共政策的内涵可以从以下几方面进行理解：（1）公共政策的公法主体性。公共政策的主体是党和国家的立法机关、行政机关、司法机关及法律赋予的代表国家管理部分公共事务的组织或团体；（2）公共政策的目的性。公共政策研究是一项综合性、应用性很强的活动，是为了解决党和政府在管理公共事务中存在的问题而制定的治理对策，并且具有可重复性；（3）公共政策的权威性。公共政策是一种行为准则或行为规范或指南。由于是党和国家制定的，在推行公共政策时以国家强制力为后盾；（4）公共政策的动态性。公共政策的作用对象是公共领域内的公共事务，随着社会的进步，国家在不同历史时期行政职能也在不断变化，呈动态发展趋势。公共政策制定出来之后并不意味着有关的需要就已经在政策中确定下来，在政策过程中的执行环节，政策经常会继续演进，会发生调整甚至终结；（5）公共政策的阶段性。公共政策是一个活动过程，它包括政策问题的形成、政策的制定、政策的执行、政策评估、政策协调、政策终结的全过程。

公共政策通常需要经过问题识别、政策制定、实施方案和评估与改进等步骤。目标是政策的灵魂，公共政策作为对社会利益的权威性分配，集中反映了国家利益和社会利益，从而决定了公共政策必须反映大多数人的利益才能使其具有合法性、权威性。公共利益是公共政策的价值取向和逻辑起点，是公共政策的本质与归属、出发点和最终目的，具有分配社会资源、规范社会行为、解决社会问题、促进社会可持续发展等方面的功能。在制定和实施每一项公共政策时，都涉及各种复杂的因素。因此，在公共政策的分析、制定和实施过程中，要注重运用多学科交叉的方法和观点来研究解决公共问题，促进公共政策过程的有组织性、系统性与科学性，提高政策绩效或公共政策的治理效能，提高公共政策的合法性、正当性与合理性。

（二）公共政策学的基本内涵

公共政策虽然不是一个全新的概念，但作为一门新的学科其发端于第二次世界大战后主要的工业发达国家，其后在许多国家和地区得到迅速发展。公共政策学是战后社会科学领域发展最迅速、影响面最大、应用领域最广、实证性最强、社会效用最明显的学科之一。公共政策学被视为当代公共行政学的最重要发展，是政治学乃至社会科学领域的一次重大理论突破和革命性变化。

政策科学一词是由哈罗德·拉斯韦尔和丹尼尔·勒纳在1951年出版的《政策科学：近来在范畴和方法上的发展》一书中首先提出来的。该书对政策科学的基本范畴与方法等内容进行阐释，奠定了政策科学的基础，也标志着公共政策学的诞生。以色列旅美学者叶海卡·德罗尔发表了被称为政策科学的“三部曲”：《重新审查公共政策的制定过程》（1968）、《政策科学探索》（1971）、《政策科学的设想》（1971），标志着西方公共政策学进入正式形成与发展阶段。简言之，政策分析既是科学的，又与现行的政治问题和社会问题相关①。政策科学或公共政策学 = 政策研究 + 政策分析②，是一门研究公共决策行为的学问。

从时间（纵向）来看，公共政策科学的发展走过了一条“创建→形成→批判→拓展”的道路；从空间（横向）来看，公共政策科学的发展走过了一条“学科化→组织化→产业化”的道路：（1）公共政策的学科化表现在从20世纪70年代起美国各大学纷纷建立了政策科学、政策分析等专业，与政策科学相关的课程相继开放，培养了不同层次的公共政策学人才。（2）公共政策的组织化是学科化发展的必然趋势和组织保证。公共政策的组织化表现在各国的官方、半官方和民间的政策研究组织应运而生。组织化的范围也包括各种形式，如地区性的、国家性的、洲际性和国际性的。组织化的研究方向也各有不同，有专门的政策研究机构，有首脑参谋智囊，有政府决策思想智库，有专门的政策审核程序机构，有政策评估监测中心等。（3）公共政策的产业化是公共政策学科化和组织化的必然结果，它表现在不少发达国家已经建立起一支以政策分析和政策评估为职业的专业化队伍。这支队伍在政府内外、各行各业都发挥着分析、评估、咨询、决策的作用。这支队伍或是以各种组织的名义承接包括政府在内的各种委托人的政策分析项目，或是以政策研究组织与个人的身份受聘于政府、公司、国际组织和企业集团。政府本身由于控制与监督职能的需要也设立了官方的政策研究、政策分析、政策评估机构。

总之，公共政策学被公认为是西方社会科学发展最快、最富有活力的学术领域之一。作为学科的公共政策，其基于公共政策学基础理论建构，融合社会科学、自然科学、工程科学等多个学科的知识和方法，将规范、技艺、方法融于一体，把规划分析、选择决定、计划实施、政策变迁、制度完善等有机结合，以解决重大社会公共问题为目标的知识领域。概言之，公共政策学是指一门关于如何制定更好的政策的跨学科性的全新学科，主要研究如何运用系统化的知识、结构化的理性和组织化的创造性来改进政策制定系统。

二、碳中和政策的基本内涵

（一）何谓碳中和政策

碳中和政策和公共政策是个别和一般、个性和共性的关系。“双碳”是碳达峰与碳

① ［美］詹姆斯·E. 安德森. 公共决策［M］. 唐亮，译. 北京：华夏出版社，1990：11.

② 宁骚. 公共政策学（第3版）［M］. 北京：高等教育出版社，2018：3.

中和的简称，这一概念起始于温室效应引起的全球气候变化。其中，碳达峰（carbon peaking）指的是碳排放进入平台期后，二氧化碳排放量由增转降的历史拐点，标志着碳排放与经济发展实现脱钩，碳达峰目标包括达峰年份和峰值。碳中和（carbon neutrality）是指国家、企业、产品、活动或个人在一定时间内直接或间接产生的温室气体①排放总量，通过植树造林、节能减排、产业调整、优化能源结构②等形式，以抵消自身产生的二氧化碳或温室气体排放量，实现正负抵消，达到相对“净零排放”。碳达峰是碳中和的基础和前提，二者相辅相成。碳排放峰值越低，实现碳中和的空间和灵活性越大，难度越小。

碳中和目标在《巴黎协定》框架下被明确提出，并催生了全球和国家层面的行动，形成2020年后的全球气候治理格局。长期目标是将全球平均气温较前工业化时期上升幅度控制在2摄氏度以内，努力将温度上升幅度限制在1.5摄氏度以内，并在21世纪下半叶实现“碳中和”。《巴黎协定》最大贡献在于明确了全球共同应对气候变化的“硬指标”，而要实现这个指标，各国必须推行“净零排放”计划。格拉斯哥气候变化大会通过了《巴黎协定》第六条实施细则，为全球碳市场规则框架奠定了基础，标志着国际气候法律制度进入新阶段，全球气候治理进入“行动转向”的碳中和时代③。根据中国国际发展知识中心发布的《全球发展报告2023》统计，全球已有127个国家提出或准备提出“碳中和”目标，覆盖全球GDP的90%、总人口的85%和碳排放的88%。其中，不丹和苏里南已经实现了碳中和目标，英国、瑞典、法国、丹麦、新西兰、匈牙利等国家已经将碳中和目标写入法律，欧盟、西班牙、智利和斐济等国家和地区提出了相关法律草案。碳中和联盟（CNC）、联合国气候变化公约（UNFCCC）等就全球碳中和行动方案与应对措施等进行了框架性研究并提出了相应的建议。“碳中和”已经掀起一场全球性的大规模运动，这势必涉及人类的共同命运。国际产业、经济、贸易、投资、环境治理格局等将随之发生转变，大国博弈的方式也出现新规律、新轨迹与新框架。

碳中和政策是党和国家为促进生态文明建设所采取的一系列控制、管理、治理措施的总和，它代表了一定时期内国家权力系统或决策者在碳达峰碳中和领域的意志、取向

---

① 温室气体主要是指大气中吸收和重新放出红外辐射的自然和人为的气态成分，包括二氧化碳、甲烷、氧化亚氮、氢氟碳化物、全氟化碳、六氟化硫和三氟化氮。

② 2024年11月28日，中国人大网公布的《中华人民共和国能源法》第二条规定，能源是指直接或者通过加工、转换而取得的有用能的各种资源，包括煤炭、石油、天然气、核能、水能、风能、太阳能、生物质能、地热能、海洋能以及电力、热力、氢能等。

③ 曾文革，高颖．碳中和时代共同但有区别的责任原则新样态及其规则完善［J］．理论月刊，2023（02）：134－143.

和能力。碳中和政策不仅是党和国家的政策，也包括了人民代表大会和其他权力机关的相关决策。在本质上，碳中和政策是国家为了消除或减轻环境外部不经济性而实行的一系列致力于推进“碳中和”、促进零排放及绿色低碳发展的相关制度安排，实质上就是对环境资源权益和生产关系的配置或矫正，需要纳入生态文明建设整体布局。它是协调发展与环境保护之间矛盾的手段，同时也是可持续发展战略的延伸和实现其发展目标的重要调控手段。碳中和政策调控的对象主要是与“双碳”有关的环境资源的开发利用行为、环境资源监督管理活动和环境保护事业。其涉及的是政治系统权威性决定的输出，是对一个社会的价值进行权威性分配。

就其分类言，按照横向标准，碳中和政策可以分为政治领域的政策、经济领域的政策、社会领域的政策、科技领域的政策和生态领域的政策等。按照央地关系的纵向标准，可以分为元政策、基本政策、具体政策等。按照政策制定的主体不同，可以分为党的政策、国家政策和社会团体政策。按照功能形态的标准，可以分为基本国策、方针性政策、法律性政策和法规性政策。按照主体条块标准，可以分为部门政策、地区政策和企业政策等。碳中和政策系统是由“双碳”目标方针、总政策、基本政策和具体政策组成的有机整体，有的以宏观领域为主，有的以微观领域为主。因此，既要研究宏观政策，也要研究微观政策，更要研究两大政策领域之间的有机联系；要研究方针与政策的关系，总政策、基本政策和具体政策的有机联系。

2020 年 9 月 22 日，中国国家主席习近平在第七十五届联合国大会一般性辩论上郑重宣示：“中国将提高国家自主贡献力度，采取更加有力的政策和措施，二氧化碳排放力争于 2030 年前达到峰值，努力争取 2060 年前实现碳中和。”2021 年 10 月 28 日，我国向《联合国气候变化框架公约》秘书处提交了《中国落实国家自主贡献成效和新目标新举措》，承诺二氧化碳排放力争于 2030 年前达到峰值（即“碳达峰”），努力争取 2060 年前实现“碳中和”。“双碳”目标的提出标志着中国对促进经济高质量发展、社会繁荣和生态环境保护的决心，也意味着世界上最大的发展中国家，将完成全球最高碳排放强度降幅，用全球历史上最短的时间实现从碳达峰到碳中和。

从国际形势层面看，2021 年不仅是中国的“碳中和元年”，同样也是全球开启低碳竞争的元年。2021 年，“碳达峰”“碳中和”首次被写入政府工作报告；2021 年 8 月，党中央、国务院成立碳达峰碳中和工作领导小组。2021 年 10 月 24 日，中共中央、国务院联合发布《关于完整准确全面贯彻新发展理念做好碳达峰碳中和工作的意见》，提出了构建绿色低碳循环发展经济体系、提升能源利用效率、提高非化石能源消费比重、降低二氧化碳排放水平、提升生态系统碳汇能力等五个方面主要目标。中国式现代化是人与自然和谐共生的现代化，要加快发展方式绿色转型，深入推进环境污染防治，提升生态系统多样性、稳定性、持续性，积极稳妥推进碳达峰碳中和。

（二）碳中和政策的特征

1. 注重和兼顾政治性、权威性与强制性的统一

碳中和政策是由政治性或法定组织制定的，是国家、政府、政党为实现其政治目的而制定的行动方案和行为准则。因此，碳中和政策具有鲜明的政治性，目的是解决社会问题和促进整体社会进步与可持续发展，其运行和有效性有赖于它的权威性。碳中和政策的权威性是和它的政治性紧密联系在一起的。碳中和政策的主体是社会公共权威，主体的权威性赋予了政策的权威性。碳中和政策的权威性是由它的强制性决定的，政策在其框定的范围内具有广泛的适用性和稳定性。碳中和政策的主体是国家和政府。国家和政府是通过强制机关或者以强制机关为后盾来贯彻其意志的。

2. 注重和兼顾公共性与偏好性的统一

碳中和政策作为国家意志的体现，它所表达和实现的利益，从应然层面来看具有公共性，从实然层面来看则具有偏好性。“双碳”工作已经走向纵深，在具体工作中需要统筹应对气候变化与产业结构调整、污染治理、生态保护，协同推进降碳、减污、扩绿、增长，形成从单一目标到多目标协同且制度耦合的综合解决方案，不断提升政策和行动协同创新的减排效果、经济效益、社会效应、系统效率和治理效能。

3. 注重和兼顾应然与实然的统一

碳中和政策的公共性与偏好性的统一，是碳中和政策在社会属性的层面体现出来的应然与实然的统一。碳中和政策内含的目标取向至少具有两个时间维度的要求，即从现在出发，对未来做安排。这两个维度赋予了碳中和政策在认识论上具有应然与实然的统一这一基本特征。碳中和政策事实上是一个过程，是一个从实然（政策问题的客观实在性）到应然（政策规划、方案择优和政策合法化），再到实然（通过政策执行，政策转化为现实）的过程。因此，碳中和政策具有应然与实然的统一这一特征。

4. 注重和兼顾回应性与普遍性的统一

碳中和政策实际上是一系列措施的综合运用，这些措施需要有机组合或制度耦合来实现预期目标。任何一项碳中和政策，都是公共权力机关对某一环境资源问题或风险议程做出的回应。这种回应与非政策性回应的基本区别，就在于后者只具有个别性，而前者则既具有个别性又具有普遍性、普适性和约束力。碳中和政策的普遍性使其具有相对的稳定性和预期性，而碳中和政策的回应性则使它具有变动性，需要适时的“立改废释纂”，进行动态调整与实践创新。

三、碳中和政策的主要表现形式

随着《中共中央 国务院关于完整准确全面贯彻新发展理念做好碳达峰碳中和工作的意见》《2030年前碳达峰行动方案》等文件的相继发布，能源、工业、城乡建设、交通运输、农业农村等重点领域实施方案，煤炭、石油天然气、钢铁、有色金属、石化化工、建材等重点行业实施方案，科技支撑、财政支持、统计核算、人才培养等支撑保障方案，以及31个省自治区、直辖市碳达峰实施方案均已制定。总体上看，这一系列文件已构建起碳达峰碳中和“1+N”政策体系。

从政策的合法化和依法治国的角度来看，还需要明晰碳达峰碳中和工作的其他更高位阶的规范依据。即法律适用过程中的裁判依据得以产生的根据，或者是法源裁判所要依循的权威理由。当代中国的公共政策，从其实质特征看，充分体现出中国共产党的领导；从其形式特征看，则主要由党内法规、人大立法、行政决策和司法解释等部分构成。下文主要从以《宪法》为核心的根本法、以《环境保护法》为基本法、其他单行法律法规、法律解释、部门规章和行政规范性文件、国际条约与协定，以及党内法规、党政联合规范性文件等组成的多元规范体系进行考察。

（一）宪法

宪法是国家根本大法，属于公共政策的政策，即通常所说的“元政策”。宪法是“国家一切法度之根源”[①]，是通过限制专断性权力以广泛保障人权的国家基本法。我国《宪法》第五条规定，中华人民共和国实行依法治国，建设社会主义法治国家。国家维护社会主义法制的统一和尊严。一切法律、行政法规和地方性法规都不得同宪法相抵触。一切国家机关和武装力量、各政党和各社会团体、各企业事业组织都必须遵守宪法和法律。一切违反宪法和法律的行为，必须予以追究。任何组织或者个人都不得有超越宪法和法律的特权。《立法法》《民法典》《行政处罚法》《矿产资源法》等法律在第一条规定“根据宪法，制定本法”。《立法法》第五条规定“立法应当符合宪法的规定、原则和精神”，第九十八条规定“宪法具有最高的法律效力，一切法律、行政法规、地方性法规、自治条例和单行条例、规章都不得同宪法相抵触”。

2018年修改后的《宪法》将“科学发展观”“新发展理念”“生态文明”“和谐美丽的社会主义现代化强国”纳入宪法序言。生态文明“入宪”意味着生态文明建设已经构成对国家公权力的宪法约束。纵观《宪法》中的政策性环境资源保护条款主要包

---

① 梁启超．政论选［M］．北京：新华出版社，1994：26.

括宪法序言第七段、第九条、第二十二条、第二十六条、第八十九条第六项等。2018年生态文明美丽中国入宪满足了人民对美好生活的需要，其统合环境宪法规范体系，打造中国版“环境国家”[①]。在全面推进“美丽中国”建设的国家目标统领下，我国已经形成“根本任务规范—纲领性规范—规则性规范”的结构合理、效力差序的环境宪法规范体系[②]。特别是党的十八大以来，中国共产党全面推进生态文明体制机制改革的实践经验及其成就，党的重要政策在推进生态文明法治中具有特殊作用，与相应的党内法规共同构成了生态文明建设的政党法治体系，形成了生态文明建设的“政党法治 + 国家法治”的二元规范结构。“政党—国家”双重治理逻辑表现为生态文明政治系统与法律系统的交互影响和双重构造，其核心脉络是“党的领导”在环境治理中的规范表达与治理功能不断地趋向法治化、体系化[③]。

（二）法律和地方性法规

1. 法律

在我国，狭义上的法律专指由国家最高权力机关及其常设机关即全国人大和全国人大常委会制定、颁布的法律文件。法律的效力仅次于《宪法》，都必须要与《宪法》保持一致。法律可分为基本法律和一般法律：基本法律是由全国人大制定的、调整国家和社会生活中带有普遍性社会关系的规范性法律文件的统称，如《刑法》《民法典》等；一般法律是由全国人民代表大会常务委员会制定的、调整国家和社会生活中某种具体社会关系或其中某一方面内容的规范性文件的统称。截至2024年11月8日，现行有效法律共305件。而现行有效的生态环保类法律有30余部、行政法规100多件、地方性法规1000余件，初步构建起以《环境保护法》为统领，涵盖水、土、气、声、渣等各类污染要素和山水林田湖草沙等各类自然生态系统，务实管用、严格严密的环境保护法规范体系。

同其他部门法相比，中国环境资源保护立法起步较早，环保事业起步于20世纪70年代。1973年，中国第一次环境保护会议通过的《关于保护和改善环境的若干规定(试行草案)》是中国环境法的雏形和重要历史起点，确立了中国环境法的基本框架。

---

① 环境国家的概念最早在德国提出，并逐渐发展为德国公法学界的一个重要概念。其中，德国学者Kloepfer教授的观点最具代表性，他认为环境国家是与环境保护具有同一性并且将环境保护视为独立任务的国家。参见Kloepfer, Michael, ed. Umweltstaat. Springer - Verlag, 2013. 转引自陈慈阳.21世纪宪法国家之新挑战：宪法解释与环境国家［M］. 台北：新学林出版股份有限公司，2015：137.

② 闫海. 美丽中国：中国版环境国家的宪法规范体系［J］. 社会科学研究，2020（02）：84.

③ 黄鑫. 我国生态环境治理的逻辑溯源与规范路径——基于政党法治与国家法治的双重维度［J］. 广西社会科学，2020（10）：16.

2014年修订的《环境保护法》被称为“史上最严的环保法”，是一部在生态环保领域起统领作用的基础性法律，确立了生态文明建设应当遵循的基本理念、基本原则、基本制度。《环境保护法》的功能定位是宣示国家环境政策、明确环境与发展的关系、确立政府环境责任、明确环境法的原则和基本制度等，创新性地规定了政策制定考虑环境影响、环境资源承载能力监测预警机制、联防联控、跨区域协调机制、环境与健康、生态红线、生态补偿、总量控制、排污许可、监测制度、“三同时”制度、环保税、环境应急管理、企业违法责任、信息公开、公众参与、“黑名单”制度、环境公益诉讼等方面内容，体现了“美丽中国”建设新要求。

经过40多年的发展，中国碳中和政策已经形成由基本法即《环境保护法》为基础，综合性法律、污染防治法、自然资源与生态保护法、能源法等为主体的法律规范体系。据不完全统计，环境资源保护单行法有30多部，其总量约占全国人大及其常委会立法总量的1/10。相关立法情况梳理如下：(1) 综合性法律有《环境保护法》《海洋环境保护法》《环境影响评价法》《清洁生产促进法》《循环经济促进法》等。(2) 污染防治领域的立法有《水污染防治法》《大气污染防治法》《固体废物污染防治法》《噪声污染防治法》《土壤污染防治法》等。(3) 自然资源与生态保护领域的立法有《长江保护法》《黄河保护法》《生物安全法》《水法》《土地管理法》《渔业法》《森林法》《草原法》《野生动物保护法》《水土保持法》《防洪法》《防震减灾法》《湿地保护法》等。(4) 能源领域的立法有《电力法》《煤炭法》《节约能源法》《可再生能源法》《能源法》等。(5) 核与辐射安全领域的立法有《核安全法》《放射性污染防治法》等。(6) 在环境权益纠纷解决方面，主要适用《民事诉讼法》《行政诉讼法》《刑事诉讼法》《行政复议法》《仲裁法》等。2025年4月，《生态环境法典（草案）》开始征求意见。

此外，全国人大常委会还通过了一些涉及碳中和有关的专门“决定”或“决议”。比如：(1) 2009年8月27日，第十一届全国人民代表大会常务委员会第十次会议通过《关于积极应对气候变化的决议》；(2) 2018年7月10日第十三届全国人民代表大会常务委员会第四次会议通过《全国人民代表大会常务委员会关于全面加强生态环境保护依法推动打好污染防治攻坚战的决议》等。

2. 地方性法规

环境资源保护地方性法规主要包括《立法法》中规定的地方性法规、自治条例和单行条例。除了省级人大立法外，《立法法》第八十一条将地方性法规的立法主体扩充至设区的市。设区的市的人民代表大会及其常务委员会根据本市的具体情况和实际需要，在不同宪法、法律、行政法规和本省、自治区的地方性法规相抵触的前提下，可以对城乡建设与管理、生态文明建设、历史文化保护、基层治理等方面的事项制定地方性法规，法律对设区的市制定地方性法规的事项另有规定的，从其规定。设区的市的地方性法规须报省、自治区的人民代表大会常务委员会批准后施行。省、自治区的人民代表大会常务委员会对报请批准的地方性法规，应当对其合法性进行审查，认为同宪法、法律、行政法规和本省、自治区的地方性法规不抵触的，应当在四个月内予以批准。

地方立法扮演着“执行者”“协助者”甚至“试验者”的角色，发挥“承上启下或上通下达”的重要作用，即协助宪法、法律、行政法规等中央立法在地方的有效执行、解决中央立法无法独力处理或暂时不宜处理的问题、解决理应由地方自主处理的问题、为中央立法提供“先行先试”的经验等。地方立法可以分为执行性立法、先行性立法、补充性立法、试验性立法、自主性立法等。相关的地方专门立法有《天津市碳达峰碳中和促进条例》《南昌市低碳发展促进条例》《深圳经济特区碳排放管理若干规定》等。此外，也有一些地方环保立法也表现出一定回应性和超前性，譬如在缺乏气候变化国家层面的立法情况下，广东省深圳市结合自身“双区”建设的需要和“可持续发展先锋”的战略定位，率先开展生态环境保护全链条立法。《深圳经济特区生态环境保护条例》将环境保护的任务分为“生态保护和修复”“污染防治”“应对气候变化”三项内容。

（三）行政法规和政府规章

行政法规的名称一般称“条例”或“规定”，行政法规的国务院解释与行政法规具有同等效力。国务院根据全国人民代表大会及其常务委员会的授权决定制定的行政法规，称“暂行条例”或者“暂行规定”。截至 2024 年，现行有效行政法规 600 余部。根据《立法法》，行政法规的权限范围如下：为执行法律的规定需要制定行政法规的事项；《宪法》第八十九条规定的国务院行政管理职权的事项。在生态文明建设领域，国务院制定了《碳排放权交易管理暂行条例》《自然保护区条例》《风景名胜区条例》《建设项目环境保护管理条例》《规划环境影响评价条例》《排污许可管理条例》《废弃电器电子产品回收处理管理条例》《太湖流域管理条例》《地下水管理条例》《防治海洋工程建设项目污染损害海洋环境管理条例》《防治船舶污染海洋环境管理条例》等 60 余部相关行政法规。

规章分为部门规章和地方政府规章。部门规章的制定主体有国务院所属各部、委和其他依法有行政规章制定权的国家行政部门，地方政府规章的制定主体有各省、自治区、直辖市人民政府和其他依法有地方行政规章制定权的地方人民政府。部门规章主要有以下四类：一是内部管理类，如《环保举报热线工作管理办法》《企业事业单位环境信息公开办法》；二是程序指导类，如《环境保护公众参与办法》《行政主管部门移送适用行政拘留环境违法案件暂行办法》；三是技术指导类，如《国家危险废物名录》《国家重点保护野生动物名录》；四是细化法律法规要求，如《环境保护主管部门实施按日连续处罚办法》《突发环境事件调查处理办法》《工业节能监察办法》等。截至2023年12月，生态环境部制定的现行有效部门规章共87部，其中生态环境保护领域的共61部、核与辐射安全领域的共26部；自然资源部制定的现行有效部门规章共34部。

（四）行政规范性文件

行政规范性文件，俗称“红头文件”，是指除国务院的行政法规、决定、命令以及部门规章和地方政府规章外，由行政机关或者经法律、法规授权的具有管理公共事务职能的组织依照法定权限、程序制定并公开发布，涉及公众、法人和其他组织权利义务，具有普遍约束力，在一定期限内反复适用的公文。在环境治理领域，包括行政规范性文件在内的党和国家相关政策对环境立法方向、目标、原则与基本制度等具有重要影响，故规范性文件有存在的正当性、必要性。根据制定主体不同，可以分为国务院部门制定的规范性文件和县级以上地方人民政府及其所属部门制定的规范性文件，即政府规范性文件和部门规范性文件。国家机关制定的各种不属于法律、法规和行政规章的非法律文件，其种类和形式很多，主要包括：各种以“政策”作为名称的文件，各种计划、规划、预算和行动方案，各种标准，对法律、法规、规章的行政解释，其他不属法律、法规和规章范围的规范性文件。为建立健全最严格最严密的生态环境保护法律制度，国务院办公厅专门发布《关于开展生态环境保护法规、规章、规范性文件清理工作的通知》（国办发〔2018〕87号），要求加强清理滞后的规定。

（五）法律解释

法律解释是指法定机关根据法定权限和程序，按照一定的标准和原则，对法律规范的内涵及其适用问题进行具体说明的活动。根据解释主体的不同，法律解释分为立法机关的解释、司法机关的解释和行政机关的解释。《立法法》第四十八条规定：“法律解释权属于全国人民代表大会常务委员会。法律有以下情况之一的，由全国人民代表大会常务委员会解释：（一）法律的规定需要进一步明确具体含义的；（二）法律制定后出现新的情况，需要明确适用法律依据的。”第五十条规定：“全国人民代表大会常务委员会的法律解释同法律具有同等效力。”

司法机关的解释简称司法解释，是指国家最高司法机关在适用法律过程中对具体应用法律问题所作的解释，包括审判解释和检察解释两种。从法理的角度来看，司法解释并不属于法律体系的组成部分，但司法解释已经成为我国各级审判机关处理环境案件中的裁判规则。1981 年全国人民代表大会常务委员会关于加强法律解释工作的决议中规定，凡属于法院审判工作中具体应用法律、法令的问题，由最高人民法院进行解释。《立法法》第一百一十九条规定："最高人民法院、最高人民检察院作出的属于审判、检察工作中具体应用法律的解释，应当主要针对具体的法律条文，并符合立法的目的、原则和原意。遇有本法第四十八条第二款规定情况的，应当向全国人民代表大会常务委员会提出法律解释的要求或者提出制定、修改有关法律的议案。最高人民法院、最高人民检察院作出的属于审判、检察工作中具体应用法律的解释，应当自公布之日起三十日内报全国人民代表大会常务委员会备案。最高人民法院、最高人民检察院以外的审判机关和检察机关，不得作出具体应用法律的解释。"

根据 2007 年《最高人民法院关于司法解释工作的规定》，最高人民法院司法解释的形式分为解释、规定、批复、决定四种形式，比如《最高人民法院关于审理环境民事公益诉讼案件适用法律若干问题的解释》。根据 2015 年修订后的《最高人民检察院司法解释工作规定》，最高人民检察院司法解释采用解释、规则、规定、批复、决定等形式。相对而言，最高人民检察院的司法解释具有解释对象只限于检察工作中具体应用法律问题、解释内容侧重于刑事法和程序法、本质上体现了法律监督属性等特征①。最高人民法院和最高人民检察院"联合发布"的司法解释有《关于检察公益诉讼案件适用法律若干问题的解释》《关于办理环境污染刑事案件适用法律若干问题的解释》等。最高人民法院对属于审判工作中具体应用法律的问题作出的解释属于有权解释，具有法定效力，可以作为裁判的依据。

（六）国际条约与协定

国际条约是国与国之间以国际法为准则而确立相互之间的权利和义务的书面协议，可分为双边条约和多边条约。国际条约与协定是我国正式法律渊源，特指我国缔结或参加的国际条约与协定。按照《缔结条约程序法》和有关法律的规定，凡我国缔结或参加的国际条约与协定在我国具有法律效力，属于当代中国法的渊源之一。我国参加和批准的国际法中的环境保护规范，主要包括我国参加、批准并对我国生效的一般国际条约中的环境保护规范和专门性国际环境保护条约。前者如《联合国海洋法公约》中关于保护海洋环境的国际法律规范；后者如《生物多样性公约》《湿地公约》《控制危险废物越境转移及其处置的巴塞尔公约》《水俣汞污染防治公约》《气候变化框架公约》《保护臭氧层维也纳公约》《关于持久性有机污染物的斯德哥尔摩公约》等。除我国声明保

① 孙谦．最高人民检察院司法解释研究［J］．中国法学，2016（06）：40.

留的条款之外，这些国际环境保护规范的效力一般优于国内法，即采用的是有条件的优先适用国际条约的原则。须注意的是，国际环境保护规范只有通过国内法加以规定才能得以贯彻实施；否则行政、司法机关不能直接援引这些国际条约作为解决环境纠纷的依据。

（七）党内法规

中国特色社会主义法治体系包括“完备的法律规范体系、高效的法治实施体系、严密的法治监督体系、有力的法治保障体系，形成完善的党内法规体系[①]。党的执政“是一种法律意义上的权力地位”，中国《宪法》第一条规定“中国共产党领导是中国特色社会主义最本质的特征”。党内法规可否、应否作为中国特色环境法的法源问题，是中国特色法治规范二元结构下的“体系交点”，是对政党参与以及执政党领导生态文明法治实践必须予以回应的重大理论与实践命题。

建设美丽中国是全面建设社会主义现代化国家的重要目标，加强党对生态文明建设的全面领导是全面推进美丽中国建设的重要保障。党的执政涉及国家权力的行使，在法治国家中必依宪依法执政。党内法规既是管党治党的重要依据，也是建设社会主义法治国家的有力保障[②]，是中国特色社会主义法治体系的基本构成。其具有对国家治理和社会事务的规范作用，是生态文明建设中的重要一环，构成生态环境治理体系的重要部分。党内法规主要包括：（1）党的中央组织制定的党章、准则、条例、规则、规定、办法、细则；（2）中央纪律检查委员会、中央各部门和省、自治区、直辖市党委（及副省级城市和省会城市党委）制定的规则、规定、办法、细则；（3）中央军事委员会及其政治工作部制定的军队党内法规，也属于党内法规系统中的一个子系统。截至2024年3月，全党现行有效党内法规共3890部。其中，党中央制定的中央党内法规221部，中央纪律检查委员会以及党中央工作机关制定的部委党内法规202部，省、自治区、直辖市党委制定的地方党内法规3467部。随着监察体制改革的深入推进，党内法规和国家法律经历了从分离到衔接再到协同实施的制度演变。

党的十八届四中全会《决定》将“形成完善的党内法规体系”确定为建设中国特色社会主义法治体系重要内容。大量的党内法规不仅调整党内事项，而且产生广泛的外部化效果，对公民、社会组织的权益产生重要影响[③]。这通常被称为党内法规的“溢出

---

① 根据《中国共产党党内法规制定条例》规定，党内法规是党的中央组织，中央纪律检查委员会以及党中央工作机关和省、自治区、直辖市党委制定的体现党的统一意志、规范党的领导和党的建设活动、依靠党的纪律保证实施的专门规章制度的总称。党内法规的名称有党章、准则、条例、规定、办法、规则、细则。

② 《习近平法治思想概论》编写组．习近平法治思想概论［M］．北京：高等教育出版社，2021：169.

③ 秦前红．监察法学教程［M］．北京：法律出版社，2019：6.

效力”。党的十八大以来，党内法规的司法适用现象愈发普遍，成为我国司法实践中独有的一种特殊现象。党内法规在推进生态环境治理体系、治理能力与治理效能现代化中具有重要意义，也是中国共产党领导生态文明建设的基本经验和重要措施。而且，党内法规通过建立各种党内的制度机制来促进和约束全体党的成员带头守法、保证执法、支持司法，从而有力地促进和保障国家法律的实施。实际上其已经成为生态文明建设诸多领域的规范依据，是正在发生的制度性事实。党的十九大报告明确把“依法治国和依规治党有机统一”与“依法治国和以德治国相结合”一起共同作为基本法治原则。因此，在“党的领导”的宪法规定下，党内法规因其内容和法秩序内制度性权威的认可，可以成为规制生态环境治理的重要法源之一。

党内法规是规制党的领导权运行的规范体系，有助于促进权力结构法治化转型，其对行政权的规范具有“代表人民根本利益”的实质民主内核，为其构成行政法渊源奠定了正当性基础。以行政法治一体化为建构导向，借助“行政治理”概念统辖政府“行政”与政党“参与行政”两类行政模式，进而将行政法内涵重构为“规制行政治理之法治规范”，可整合两种规范体系，在党的领导权和行政权功能分野的基础上，建立两者的规范协同。① 在党政机构合并设立或合署办公的背景下，不仅党政机构融合，而且党务政务融合，法治监督体系和责任体系融合，导致了行政法的基本原则、行政法的渊源、行政主体理论、行政行为与行政程序制度、行政法治监督体系以及行政救济理论等一系列行政法的基本理论的变迁。②

2019 年 12 月 16 日，第十三届全国人民代表大会常务委员会第四十四次委员长会议通过的《法规、司法解释备案审查工作办法》第三十七条规定，对法规、司法解释进行审查研究，发现法规、司法解释存在与党中央的重大决策部署不相符不一致问题的，应当提出意见。这意味着，党政联合发文和党内法规已成为合宪性审查依据的内容来源。因此，需要拓展当代中国环境法法源，即主要由以《宪法》为根本法的制定法、以《环境保护法》为基本法和其他单行法以及党内法规、党政联合规范性文件等组成的多元规范体系，秉持环境法“规范多元主义”的法源观。实际上，在大量的生态文明建设实践中，党内法规已经具备了成文法源的可能，在行政或司法实践中已经得到运用。当然，党内法规主要对中共党员③产生内部效力，但会通过党政同责、一岗双责等制度形式对非党员主体产生外部效力。

---

① 欧爱民，李政洋．党内法规构成行政法渊源——以新时代二元法治规范体系为分析视角［J］．上海政法学院学报（法治论丛），2020（05）：119－134.

② 金国坤．党政机构统筹改革与行政法理论的发展［J］．行政法学研究，2018（05）：3－16.

③ 截至 2023 年 12 月 31 日，中国共产党党员总数为 9918.5 万名。参见中共中央组织部．中国共产党党内统计公报［R］．https：//www.gov.cn/yaowen/liebiao/202406/content_6960213.htm，2024 年 6 月 30 日访问。

值得注意的是，党政联合发文和协同立法制度是新时代中国共产党治国理政的重要制度形式，也是我国独特的制度政策载体形式，在推进国家治理体系和治理能力现代化过程中发挥了重要作用。[①] 党政联合发文或协同立法是实现政党政治与政府行政联结融通的重要政策工具。从性质来看，党政联合发文的本质属性应是“制度”，其性质是中国特色社会主义制度体系中的党的领导制度[②]。比如 2021 年 10 月，中共中央、国务院印发《关于完整准确全面贯彻新发展理念做好碳达峰碳中和工作的意见》。该意见指出，实现碳达峰、碳中和目标，要坚持“全国统筹、节约优先、双轮驱动、内外畅通、防范风险”的工作原则。强调要处理好减污降碳和能源安全、产业链供应链安全、粮食安全、群众正常生活的关系，有效应对绿色低碳转型可能伴随的经济、金融、社会风险，防止过度反应，确保安全降碳。2023 年 12 月 27 日，中央全面深化改革委员会第三次会议通过了《关于全面推进美丽中国建设的意见》，其中提出要深化生态文明体制改革，一体推进制度集成、机制创新。强化美丽中国建设法治保障，推动生态环境、资源能源等领域相关法律制定修订，推进生态环境法典编纂，完善公益诉讼，加强生态环境领域司法保护，统筹推进生态环境损害赔偿。加强行政执法与司法协同合作，强化在信息通报、形势会商、证据调取、纠纷化解、生态修复等方面衔接配合。2024 年 7 月 31 日印发的《中共中央 国务院关于加快经济社会发展全面绿色转型的意见》要求：“加强法治保障。各有关单位要加快推进生态环境法典和能源法、节约能源法、电力法、煤炭法、可再生能源法、循环经济促进法等法律法规制定修订工作，研究制定应对气候变化和碳达峰碳中和专项法律。落实民法典绿色原则，引导民事主体节约能源资源、保护生态环境。健全行政执法与刑事司法衔接机制。依法开展生态环境损害赔偿诉讼、生态环境和资源保护领域公益诉讼，完善生态环境损害赔偿和修复机制。”[③]

在当代中国国家治理的过程中，党政联合发文与国家正式立法具有治理功能相辅相成、权限范围并行不悖、规范内容相互转化等内在关联。由于中共中央和各级地方党委也承担公共职责并行使公权力，党组织客观上具有国家性质和政治职能，与宪法意义上的国家机构融为一个有机的整体，构成了事实上的中国特色的国家机构。[④] 党政联合发文是实现党领导国家政权和党政双轨权力整合的制度形态，也是党领导立法的重要途

---

① 王立峰，孙文飞．新时代党政联合发文制度的“政治势能”优势及其治理效能［J］．河南社会科学，2021（09）：25.

② 秦前红，张晓瑜．论党政联合发文的制度属性［J］．中共中央党校（国家行政学院）学报，2021（04）：120－128.

③ 中共中央 国务院关于加快经济社会发展全面绿色转型的意见［EB/OL］．https：//www.gov.cn/gongbao/2024/issue_11126/202401/content_6928805.html．最后访问时间：2024 年 8 月 25 日。

④ 陈国权，原桂楠．中国“国家”的特性：基于中美国家体制的比较分析［J］．浙江大学学报（人文社会科学版），2023（09）：73－85.

径。党政联合发文将“党的主张”转化为“党政主张”，区别于一般的规范性文件（政策文件），在很大程度上提升了政府效能，弥补了国家治理的制度短板，减少了规范性文件的制定成本，提高了制度的供给效率与执行合力。[①] 但须注意的是，实践中如果行政机关以党政联合发文作为行政执法的依据，那么后续在行政复议或行政诉讼程序中，行政相对人能否要求法院进行附带性审查？如果党委、政府共同发文的字号为党的机关文号，则属党内规范性文件，不能作为行政机关执法依据。

总之，党内法规凭依其自身规范功能与社会功能，引导党政领导干部关切环境法治建设，并形成社会示范效应，以为环境法治提供制度动能，促进环境法治的发展。党内法规压实生态文明建设和生态环境保护政治责任，推动建设美丽中国。须注意的是，作为宪法意义上国家性质的党组织具有政府属性，在国家治理与社会治理过程中要重视政党治理逻辑与政府治理逻辑的协调，避免不恰当地过于强调政党属性而遮蔽政府属性。未来还需要增强环境保护党内法规的规范性，加强环境保护党内法规体系化和长效化建设，以党内法规填补环境保护法律漏洞，强化党内法规与国家法律法规的协同实施。

除上述表现形式之外，还有其他表现形式的碳中和政策，包括党和国家的主要报刊（包括公开的和内部的）所发表的重要社论、文章、领导批示、领导讲话，特别是党和国家领导人的报告、讲话、批示、文章和著作等。当然，“双碳”目标的实现路径需要从政策表达转换为法律规范，注重将“双碳”目标从技术命题、政策议题拓展到法治保障命题，促使及时制定综合性应对气候变化法律法规，以重点领域为抓手有序健全“双碳”目标相关单行法律[②]，确立关联立法解释和司法解释，推进碳中和政策规范的法律化改革。“美丽中国”建设需要拓展公共政策的形式，积极关注和研究党内法规、司法解释、会议纪要、行政规范性文件等，加强公共政策学与法学的沟通与协调，必要时候促进“策言策语”向“法言法语”转变，即政策的法律转化。

四、碳中和政策的战略意义

党的二十大报告明确了到2035年我国发展的总体目标，其中一个目标是“广泛形成绿色生产生活方式，碳排放达峰后稳中有降，生态环境根本好转，美丽中国目标基本实现”。这体现了对新发展理念的强调和尊重自然、顺应自然、保护自然的生态文明自觉。新时代，实现碳达峰碳中和，是贯彻新发展理念、构建新发展格局、推动高质量发

① 封丽霞．党政联合发文的制度逻辑及其规范化问题［J］．法学研究，2021（01）：3－19.

② 曹明德．社会系统论视角下实现碳达峰碳中和目标的法律对策［J］．中国法学，2023（05）：128－148.

展的内在要求，是党中央统筹国内国际两个大局作出的重大战略决策。2024 年 7 月 31 日，《中共中央 国务院关于加快经济社会发展全面绿色转型的意见》指出，推动经济社会发展绿色化、低碳化，是新时代党治国理政新理念新实践的重要标志，是实现高质量发展的关键环节，是解决我国资源环境生态问题的基础之策，是建设人与自然和谐共生现代化的内在要求。[①] 加快实现“双碳”目标及其公共政策学的系统研究，具有以下三方面的战略意义：

第一，从加强生态文明建设的角度看，加强“双碳”政策和法律的协同实施，推动经济社会高质量绿色低碳发展，是深入贯彻习近平生态文明思想、习近平法治思想的内在要求。中国式现代化是人与自然和谐共生的现代化。实现“双碳”目标不仅是站在人与自然和谐共生的高度谋划发展的必然要求，也是推进中国式现代化的重要内容。党的十八大以来，我国生态文明制度不断健全，生态文明建设发生了历史性、转折性、全局性变化。但中国是世界碳排放量第一的国家，正处在工业化、城市化发展阶段，经济结构中第二产业比重、高耗能产业比重相对较高。“十四五”时期，中国生态文明建设进入以降碳为战略方向，推动减污降碳协同增效，实现生态环境质量改善由量变到质变的关键时期，是“双碳”工作的关键期、窗口期。因此，要推进节能减排降碳，推动能耗双控逐步转向碳排放双控，大力发展清洁生产和循环经济，加快形成绿色低碳生产生活方式，促进经济结构和能源结构转型升级。

第二，从能源安全的角度看，做好“双碳”工作能够提供法治保障。能源安全是关系国家经济社会发展的全局性、战略性问题，对国家繁荣发展、人民生活改善、社会长治久安至关重要。能源绿色低碳转型，不仅可降低能源对外依赖度、提升能源多样性和自给率、降低能源生产消费环境损害，也是保障能源安全的重要路径。我国能源消费中非化石能源占比较少，不少领域能源利用效率与国际先进水平相比还有较大差距，而且油气资源对外依存度较高。随着工业化和新型城镇化的推进，能源消耗量还将刚性增长。世界经济发展将从资源依赖型向技术依赖型转变，推进碳达峰碳中和，将极大促进绿色低碳循环发展的产业体系和清洁低碳安全高效的能源体系建设。法治兴则国家兴，法治衰则国家乱。[②] 因此，碳中和政策要以保障安全为前提构建气候变化与能源法体系，更好地满足经济社会发展的能源需求，提高能源自给率，增强能源供应的稳定性、安全性、可持续性。

第三，从推动构建人类命运共同体的角度看，做好“双碳”工作能体现大国担当。

---

① 中共中央 国务院关于加快经济社会发展全面绿色转型的意见［EB/OL］. https：//www.gov.cn/gongbao/2024/issue_11126/202401/content_6928805.html. 最后访问时间：2024 年 8 月 25 日。

② 中共中央文献研究室编．习近平关于全面依法治国论述摘编［M］. 北京：中央文献出版社，2015：8.

在21世纪20年代，全球碳中和进程将成为重塑国际体系的重要转折点。中国历来积极参与全球气候治理，为《巴黎协定》达成、生效和实施发挥了重要作用，是全球生态文明建设的重要参与者、贡献者、引领者。中国有序推进“双碳”工作，为全球实现《巴黎协定》目标注入强大动力，并为构建人类命运共同体、共建清洁美丽世界贡献中国智慧、中国方案。中国作出“双碳”目标重大承诺，出台《国家适应气候变化战略2035》，提出一系列提高国家自主贡献力度的具体举措，加快构建“双碳”“1+N”政策制度体系。这有助于为推动构建公平合理、合作共赢的应对气候变化全球治理体系不断贡献中国智慧、中国方案、中国力量，为世界树立中国式可持续发展的新典范。

总之，“双碳”目标不仅关乎国际竞争，从全球角度分析国际低碳发展局势，也是一场广泛而深刻的中国经济社会变革。国家制定的公共政策需要落实到一定的地方场域，通过政策细化或再规划的过程，才能实现其政策目标，从而形成中央统一性和地方多样性的执行格局，说明公共政策往往具有层级性。同时，任何一项重大的公共政策还具有多属性特征，重大领域的改革政策尤为明显，它同时承载经济、政治、社会、文化和生态等多项任务，其政策目标的实现取决于多部门的合作与配套政策的供给。① “双碳”目标对我国绿色低碳发展具有引领性、系统性，可以带来环境质量改善和经济社会可持续高质量发展的多重效应。新时代，全面加强“双碳”工作和政策研究有助于有效处理各种复杂社会经济问题的客观需要，是推动可持续发展与全球合作的客观需要，是加强政府碳中和决策、立法科学化和民主化的客观需要，是提升政府决策水平和管理效率的客观需要，是促进碳中和政策制度优化和治理体系、治理能力与治理效能现代化的客观需要。

第二节 碳中和政策与国家法律、党内法规的关系

一、碳中和政策与国家法律的关系

碳中和政策至少有以下三种形式：一是国家立法机关通过的法律性规范；二是国家行政机关制定的命令、方案、决议等行政性规范；三是国家司法机关在司法过程中对前两种政策规范进行的司法解释，这是一种特殊类型的、受国家强制力保护的规范。公共

---

① 贺东航，孔繁斌．公共政策执行的中国经验［J］．中国社会科学，2011（05）：61.

政策学强调法的本质即政策，法是公共政策的外部形式之一，甚至有学者不主张对法与公共政策做出明确区分，甚至认为，政策是由政治家即具有立法权者制定的而由行政人员执行的法律和法规。法政策学或称政策法学，是为良好的法制度设计提供必要的准则和技法的学问。其主要研究公共政策转化为法律制度的基本原理和路径设计问题。[①]

长期以来，中国法学界在有限的范围和意义上使用政策概念，大多将其限定在政党政策意义上并探讨与法律的关系，以“政策对立法的指导，法律对政策保障”或“政策是立法的先导，法律是政策的体现”等类似的格式语言解释政党政策与国家法律的相对统一性。与法律法规相比，政策适用的范围更加广泛，并且公共政策会呈现更加多样性的表现形态。在公共政策领域，既有执政党的政策，也有国家政策、政府政策、司法政策。一般来说，国家法律法规也是公共政策的重要组成部分。当然，宪法和法律是一种特殊的公共政策，是公共政策的最高表现形式。但是，国家政策可以包括经济、政治、文化、社会、生态等各个领域的政策，因此其所适用的场域不仅更为宽广，适用的主体也更加多元。

碳中和政策与国家法律的具体差异表现在：1）二者制定主体不同。二者在制定主体上有时会重合，都是公共机构。但是，法律的制定主体仅能是立法机关。如果对法律做扩大化理解，司法解释也是法律。基于此，最高人民法院也是法律规范和司法政策形成的重要主体之一，而政策的制定主体一般是党中央、全国人大、国务院、国家发改委等，范围大于法律。2）二者的效力不同。法律的效力高于政策，政策的执行力低于法律。法律比政策有更大的权威性和约束力，但是政策的贯彻实施较之法律则有一定的灵活性。3）二者的稳定性不同。政策因其适用对象和内容的变化需要适时加以调整；而法律一经制定并生效，在较长时间内不能随意加以调整，具有较强的稳定性。[②] 须注意的是，并不是所有的政策都能上升为法律法规，而往往是那些经过实践检验的比较成熟、稳定的政策才用法律法规的形式予以固定下来。比如，在能源政策和法律构建方面，要建立健全化石能源约束与非化石能源促进之间的结构性互补制度，以及政府权力、市场产权与公众权利之间的结构性协同制度。[③]

碳中和政策与国家法律在功能上是互为补充的。法律是政策的转化与固化，政策是法律的渊源与来源。一方面，政策被视为法律渊源的一种，其在一定条件下可以转化为

---

① ［日］阿部泰隆．政策法学と自治条例［M］．信山社，1999：3－4．转引自鲁鹏宇．法政策学初探——以行政法为参照系［J］．法商研究，2012（04）：111－118．

② 麻宝斌，王庆华．公共政策学［M］．北京：高等教育出版社，2016：8．

③ 李静，柯坚．价值与功能之间：碳达峰碳中和目标下我国能源法的转型重构［J］．江苏大学学报（社会科学版），2022（03）：89．

法律；另一方面，一些政策集合（比如规划、标准、基准）不是传统型的法律规范，但却具有了一定的法律约束力特征。因此，不仅要重视促进政策向法律的转化，让法律多一些政策考量，更需要关注公共决策体制、政策过程、决策程序、决策责任和政策的正当性，而且也要让政策多一些法治元素。政策法治化将进一步强化决策的主体法定、程序法定、责任法定，包括确立公众及各类专家在公共决策中的主体地位和程序性权利，既可以有效地避免国家和政府政策部门化，又可以相对地防止政策领域的“俘获政府”现象。中国法治政府建设的一项重要内容就是促进重大行政决策程序化，确保程序正当。

任何环境政策都具有时效性，当条件变化时，它们可能会部分甚至全部失效。[①] 在政策先行的路径之下，推动“双碳”目标的法律与政策之间的协同主要体现为国家“双碳”政策发挥宏观指导作用，立法及其实施及时回应，使“双碳”政策目标、行动计划得以在不同层次的法律文件中落实。同时，这种协同还体现在被实践证明成熟、有效的政策及时地转化成为法律。以碳排放权交易为例，碳排放权交易产品包括碳排放配额和经国务院批准的其他现货交易产品。对此，国家发展改革委于 2011 年发布《关于开展碳排放权交易试点工作的通知》，在北京、天津、上海等七个省市建立碳排放权交易试点，并在 2014 年制定了《碳排放权交易管理暂行办法》。2024 年 5 月 1 日，中国应对气候变化领域的第一部专门法规——《碳排放权交易管理暂行条例》对碳交易的全流程做了综合性规定。之后，《北京市碳排放权交易管理办法》《重庆市碳排放权交易管理办法（试行）》《深圳市碳排放权交易管理办法》等地方的专门立法也颁布实施。

总体上，国家层面的“双碳”政策引导、地方法治探索与实践正在积极推进，“双碳”政策的法治化水平仍然有提升的空间。环境政策的灵活性、及时性与环境法律的稳定性、强制性相得益彰。尤其是随着社会的变迁，在一些环境法律空白的领域，环境政策因其灵活多变的特点，发挥着重要的作用。环境政策为环境法律的制定指引了方向，环境法律为环境政策的实施提供法律保障，两者可以共同为中国走可持续发展道路奠定基础，应重视和研究环境政策对环境立法的意义和促进作用[②]，促进粗放型环境政策向精细型环境政策或法律规制的发展转型。全国人大常委会 2024 年度立法工作计划将生态环境法典列为初次审议的法律案，要求“扎实推进生态环境法典编纂工作，深入贯彻习近平生态文明思想和习近平法治思想，加强组织领导，密切协作配合，广泛吸纳民

---

① 张晓．中国环境政策的总体评价［J］．中国社会科学，1999（03）：88－99．

② 李明华，陈真亮，文黎照．生态文明与中国环境政策的转型［J］．浙江社会科学，2008（11）：82．

意、汇集民智，对现行生态环境法律制度规范进行系统整合、编订纂修，形成高质量的生态环境法典草案，力争年内提请审议”。2024 年 7 月 18 日，《中共中央关于进一步全面深化改革 推进中国式现代化的决定》要求“编纂生态环境法典”。

二、碳中和政策与党内法规的关系

公共政策学中的党的政策主要是中国共产党制定的有关环境和资源保护政策文件，即党内法规。根据《中国共产党党内法规制定条例》规定，党内法规是党的中央组织如中央纪律检查委员会以及党中央工作机关和省、自治区、直辖市党委制定的体现党的统一意志、规范党的领导和党的建设活动、依靠党的纪律保证实施的专门规章制度的总称。党内法规的名称为党章、准则、条例、规定、办法、规则、细则。

党内法规既是管党治党的重要依据，也是建设社会主义法治国家的有力保障①，是中国特色社会主义法治体系的基本构成。党的十八届四中全会《决定》将“形成完善的党内法规体系”确定为建设中国特色社会主义法治体系重要内容。党的十八大以来，党内法规司法适用现象愈发普遍，成为我国司法实践中独有的一种特殊现象。生态文明建设是我国新时代政治顶层设计的选择，生态文明法治体系构建同样需要政治引领，并全面落实习近平总书记“加强党对生态文明建设的领导”的政治要求。② 党内法规在推进生态环境治理体系、治理能力与治理效能现代化中具有重要意义，也是中国共产党领导生态文明建设的基本经验和重要措施。而且，党内法规有力地推进和保障了国家法律的实施。实际上其已经成为生态文明建设诸多领域的规范依据，是正在发生的制度性事实。

因此，党内法规涉及环境资源保护法的法源性问题，是中国特色法治规范二元结构下的“体系交点”问题，是对政党参与环境法治实践必须予以回应的重要理论与实践命题。党的十九大报告明确把“依法治国和依规治党有机统一”与“依法治国和依德治国相结合”共同作为基本法治原则。因此，党内法规在“党的领导”的特色宪制下，有着制定法层面上的独立法治规范的存在空间，可以构成公法领域的硬法法源。③ 党内法规因其内容和法秩序内制度性权威的认可，可以成为规制行政治理的法源之一。党的政策和党内法规是执政党的意愿和行动纲领，但是党的政策和党内法规也具有一定的

---

① 《习近平法治思想概论》编写组．习近平法治思想概论［M］．北京：高等教育出版社，2021：169.

② 张璐．促进人与自然和谐共生的中国式法律协同观［J］．法学研究，2023（03）：19－35.

③ 欧爱民，李政洋．党内法规构成行政法渊源——以新时代二元法治规范体系为分析视角［J］．上海政法学院学报（法治论丛），2020（05）：119－134.

"尺度"，并需要通过"转化"的方式为国家制定法律提供指引。

党内法规是规制党的领导权运行的规范体系，其对行政权的规范具有"代表人民根本利益"的实质民主内核，为其构成行政法渊源奠定了正当性基础。以行政法治一体化为建构导向，借助"行政治理"概念统辖"政府行政"与"政党参与行政"两类行政模式，进而将行政法内涵重构为"规制行政治理之法治规范"，可整合两种规范体系，在党的领导权和行政权功能分野的基础上，建立两者的规范协同。① 在党政机构合并设立或合署办公的背景下，不仅党政机构融合，而且党务政务融合，法治监督体系和责任体系融合，导致了行政法的基本原则、行政法的渊源、行政主体理论、行政行为与行政程序制度、行政法治监督体系以及行政救济理论等一系列行政法的基本理论的变迁。② 总之，党内法规作为中国特色社会主义法治体系多元规范的一部分，在我国环境法治中发挥了无可替代的作用。

生态文明党内法规体系是生态文明法治体系的重要组成部分。③ 根据我国生态文明体制改革进程及环境法治实践，生态环境保护领域中的党政联合发布和党内法规已经对多项国家及社会事务进行调整，并在司法裁判中得到适用或援引，在一定程度上成为了国家法的渊源。其作用方式可以归纳为以下三个方面：

一是对生态环境保护行政权的配置与行使进行直接调整。比如，中办、国办印发的《关于全面推行河长制的意见》《关于在湖泊实施湖长制的指导意见》《关于全面推行林长制的意见》等规范性文件，构建了以党政领导负责制为核心的制度体系；中办、国办印发的《关于深化生态环境保护综合行政执法改革的指导意见》，对生态环境保护综合行政执法改革的主要任务、对象范围、机构设置、职能配置、执法层级、执法事项、执法程序、执法方式、协调联动等问题进行全面规定；2020 年 3 月，中办、国办印发的《中央和国家机关有关部门生态环境保护责任清单》，通过责任清单的方式落实行政自制的理念。

二是对党政领导干部所承担的生态环境保护责任的直接调整。比如，中办、国办印发的《党政领导干部生态环境损害责任追究办法（试行）》，明确了"党政同责"原则；中共中央、国务院发布的《关于全面加强生态环境保护坚决打好污染防治攻坚战的意见》要求"落实领导干部生态文明建设责任制，严格实行党政同责、一岗双责"。自党的十一届三中全会以来，几乎每次党的代表大会的政治报告以及党中央有关农村工作、

---

① 欧爱民，李政洋．党内法规构成行政法渊源——以新时代二元法治规范体系为分析视角［J］．上海政法学院学报（法治论丛），2020（05）：119－134.

② 金国坤．党政机构统筹改革与行政法理论的发展［J］．行政法学研究，2018（05）：3－16.

③ 付子堂．法理学进阶（第 6 版）［M］．北京：法律出版社，2022：310.

工业工作以及经济工作的中央文件中，都有合理开发、利用和保护改善环境资源的内容。如《中共中央批转〈国务院环境保护领导小组办公室保护工作汇报要点〉》（1978年）规定了十项环境保护政策。中国共产党第十九届中央委员会第五次全体会议审议通过《中共中央关于制定国民经济和社会发展第十四个五年规划和二〇三五年远景目标的建议》，提出了“全面提高资源利用效率”“构建资源循环利用体系”“构建绿色发展政策体系”总体要求，遵循“减量化、再利用、资源化”原则，从生产、流通、消费各环节全过程对“十四五”时期循环经济发展作了系统部署。碳排放的控制目标从“十二五”时期开始进入了我国的五年规划，我国在节能降耗过程中也协同实现了降碳的目标。

三是对贯彻落实环境法律法规、政策情况进行监督检查。在党政体制中，规范体系、权力运行体系和政权结构体系以一种特殊的联结形式存在着。党内法规作为中国共产党治国理政规范化的产物，是这种连结的核心与关键。[①] 2015年8月，中办、国办印发的《环境保护督察方案（试行）》创立了生态环境保护督察制度，将各省级党委、政府纳入监督的对象范围，要求在全国全面落实党委、政府环境保护“党政同责”“一岗双责”的主体责任。2019年6月，中办、国办印发《中央生态环境保护督察工作规定》，以党内法规的形式对生态环境保护督察制度加以规范化、体系化，确立了“中央—省”两级督察体制，同时将生态环境保护督察对象拓展到国务院有关部门和有关国有企业，促进了生态环境保护政治责任的法治化。

值得注意的是，党政联合发文制度是新时代中国共产党治国理政的重要制度形式，也是我国独特的制度政策载体形式，在推进国家治理体系和治理能力现代化过程中发挥了重要作用。[②] 从性质上来看，党政联合发文的本质属性应是“制度”，其性质是中国特色社会主义制度体系中的党的领导制度。[③] 比如，2021年10月中共中央、国务院印发的《关于完整准确全面贯彻新发展理念做好碳达峰碳中和工作的意见》指出，实现碳达峰、碳中和目标，要坚持“全国统筹、节约优先、双轮驱动、内外畅通、防范风险”的工作原则。特别强调，要处理好减污降碳和能源安全、产业链供应链安全、粮食安全、群众正常生活的关系，有效应对绿色低碳转型可能伴随的经济、金融、社会风险，防止过度反应，确保安全降碳。党政联合发文是实现政党政治与政府行政联结融通的政策工具之一。在当代中国国家治理的过程中，党政联合发文与国家正式立法具有治理功能相辅相成、权限范围并行不悖、规范内容相互转化等内在关联。党政联合发文是

---

① 柴宝勇，石春林．论党内法规的政策性及其识别［J］．社会主义研究，2023（04）：90.

② 王立峰，孙文飞．新时代党政联合发文制度的“政治势能”优势及其治理效能［J］．河南社会科学，2021（09）：25.

③ 秦前红，张晓瑜．论党政联合发文的制度属性［J］．中共中央党校（国家行政学院）学报，2021（04）：120－128.

实现党领导国家政权和党政双轨权力整合的制度形态，也是党领导立法的重要途径。它在一定程度上提升了政府效能，弥补了国家治理的制度短板，减少了规范性文件的制定成本，提高了制度的供给效率与执行合力。①

总之，党内法规与国家法律是中国特色社会主义法治体系的重要组成部分，二者相辅相成，各自发挥着重要作用。习近平总书记指出："保护生态环境必须依靠制度、依靠法治。只有实行最严格的制度、最严密的法治，才能为生态文明建设提供可靠保障。"② 党内法规对法律法规具有重要的引领、补充、支持作用。党内法规凭依其自身规范功能与社会功能，导引党政领导干部关切环境法治建设，并形成社会示范效应，以为环境法治提供制度动能，促进环境法治的发展。未来还需要增强环境保护党内法规的规范性，加强环境保护党内法规体系化和长效化建设，以党内法规填补环境保护法律漏洞，强化党内法规与国家法律法规的协同实施。

第三节 中国碳中和政策的主要领域及最新发展

一、气候变化应对领域的政策进展

（一）碳减排的政策进展评析

1. 较早启动碳排放交易试点与市场建设

碳排放交易可以促进碳减排、经济生态化和生态经济化，通过碳市场一体化促进城乡的共同富裕，通过碳市场国际合作推动人类命运共同体建设。③ 早在2011年，北京、广东、上海、天津、重庆、湖北和深圳等7省（市）启动碳排放交易试点，产品主要为碳排放配额和国家核证自愿减排量。2021年，中办、国办发布的《关于深化生态保护补偿制度改革的意见》（中办发〔2021〕50号）要求加快建设全国用能权、碳排放权交易市场，健全以国家温室气体自愿减排交易机制为基础的碳排放权抵消机制，将林业碳汇、可再生能源、甲烷利用等温室气体自愿减排项目纳入全国碳排放权交易市场。

2. 完善碳排放交易相关法律制度安排

碳减排交易相关法律制度主要有《大气污染防治法》《清洁发展机制项目运行管理办

① 封丽霞．党政联合发文的制度逻辑及其规范化问题［J］．法学研究，2021（01）：3-19.

② 中共中央文献研究室编．习近平关于社会主义生态文明建设论述摘编［M］．北京：中央文献出版社，2017：99.

③ 沈满洪．论碳市场建设［J］．中国人口·资源与环境，2021（09）：86.

法》《碳排放权交易管理办法（试行）》《温室气体自愿减排交易管理暂行办法》《中国应对气候变化国家方案》《国家适应气候变化战略2035》《减污降碳协同增效实施方案》等。

3. 扩展碳排放交易的行业覆盖范围

2021年，全国碳排放权交易市场启动上线交易，全国碳市场发电行业第一个履约周期正式启动。从2022年起，中国依照“成熟一行、推广一行”的原则，推动碳排放权交易市场覆盖范围由发电行业向石化、建材、化工、航空、有色、造纸、钢铁等高能耗行业拓展。

（二）碳增汇的政策进展评析

1. 实施清洁发展机制

早在2006年，原国家林业局和世界银行合作在广西实施全球首个清洁发展机制（Clean Development Mechanism，CDM）再造林项目，开创CDM林业碳汇造林项目成功交易的先河。2022年，修订后的《中国清洁发展机制基金管理办法》增加“支持碳达峰碳中和、污染防治和生态保护等绿色低碳活动领域，促进经济社会高质量发展”等内容。

2. 设立绿色碳汇基金会

2010年7月19日，中国绿色碳汇基金会（China Green Carbon Foundation）经国务院批准在民政部注册成立，业务主管单位是国家林业和草原局。本基金会是中国第一家以增汇减排、应对气候变化为目的的全国性公募基金会。该基金会属于公募基金会，由中石油和嘉汉林业等企业倡议建立，前身是2007年成立的“中国绿色碳基金”。中国绿色碳汇基金会的设立为企业和公众搭建了一个通过林业措施储存碳信用、展示捐资方社会责任形象的平台。

3. 发展林业碳汇技术与方法学体系

国家林草局碳汇研究院研究开发了《碳汇造林项目方法学》《森林经营碳汇项目方法学》《竹子造林碳汇项目方法学》《竹子经营碳汇项目方法学》等，为开展温室气体自愿减排（CCER）林业碳汇项目奠定了基础。

4. 促进碳捕获、碳利用和碳储存

《关于推动碳捕集、利用和封存试验示范的通知》（发改气候〔2013〕849号）、《二氧化碳捕集、利用与封存环境风险评估技术指南（试行）》（环办科技〔2016〕64号）等规定的出台，有力地推动了碳捕集与封存技术项目发展。

5. 推进农业农村减排固碳

《农业农村减排固碳实施方案》（农科教发〔2022〕2号）要求以实施减污降碳、

碳汇提升重大行动为抓手，建立完善监测评价体系，强化科技创新支撑，加快形成节约资源和保护环境的农业农村产业结构、生产方式、生活方式、空间格局。

（三）碳达峰碳中和政策进展评析

2021 年以来，中国出台了一系列“双碳”有关政策规定。主要梳理如下：

1. 加强“双碳”工作的顶层设计

2021 年，《中华人民共和国国民经济和社会发展第十四个五年规划和 2035 年远景目标纲要》《国务院关于加快建立健全绿色低碳循环发展经济体系的指导意见》《国务院关于印发 2030 年前碳达峰行动方案的通知》《中国应对气候变化的政策与行动》（白皮书）等陆续发布。

2. 加快“双碳”高等教育人才培养

《加强碳达峰碳中和高等教育人才培养体系建设工作方案》（教高丞〔2022〕3 号）要求加强绿色低碳教育，推动专业转型升级，加快急需紧缺人才培养，深化产教融合协同育人，加强师资队伍建设，推进国际交流与合作，为实现碳达峰碳中和目标提供坚强的人才保障和智力支持。

3. 启动“双碳”立法探索

2016 年，修正后的《气象法》将“合理开发利用和保护气候资源”增加为立法目的。2021 年，《碳排放权交易管理办法（试行）》《碳排放权交易管理规则》等规定。《森林法》《草原法》《湿地保护法》等法律肯定森林、草原和湿地碳汇功能。新修订的《科学技术进步法》就“碳达峰碳中和”作出了明确规定。

4. 制订具体领域的“双碳”行动方案

住房和城乡建设部、国家发展改革委印发《城乡建设领域碳达峰实施方案》（建标〔2022〕53 号），要求以绿色低碳发展为引领，推进城市更新行动和乡村建设行动，加快转变城乡建设方式，提升绿色低碳发展质量。

二、自然资源与能源领域的政策进展

（一）资源节约领域的政策进行评析

1. 颁布实施“绿色民法典”

2020 年，《民法典》在全世界范围内首次把绿色原则规定为民法基本原则①，统摄

① 王利明，等. 民法学（第 6 版）[M]. 北京：法律出版社，2020：47.

物权编、合同编和侵权责任编的相关具体制度和规则，并规定近20条与环境资源保护有关的条款，形成了融合性条款、限制性条款、激励性条款、救济性条款、扩展性条款等。[①] 绿色原则涉及公序良俗或公共利益，是代内正义、代际正义、种际正义三重正义观的体现，也是对自愿原则的必要限制，意在谋求人与自然的和谐共生关系。[②] 其增加了一种价值性或体系性限制，要求实现民事主体与生态环境保护之间的利益平衡。

2. 规定环境保护有关的基本国策

《环境保护法》《节约能源法》《土地管理法》分别将“保护环境”“节约资源”“十分珍惜、合理利用土地和切实保护耕地”规定为基本国策，将其效力拓展至所有国家公权力机关、社会主体，构成对双碳工作有普遍约束力的国家目标条款。环境基本国策要求公私主体通力合作，全面推进美丽中国建设，将生态文明建设融入经济社会文化发展的各方面全过程。[③]

3. 构建节能和可再生能源等法律制度

如《节约能源法》规定实行节能目标责任制和节能考核评价制度、固定资产投资项目节能评估和审查制度等；《可再生能源法》规定国家将可再生能源的开发利用列为能源发展的优先领域，通过制定可再生能源开发利用总量目标和采取相应措施，推动可再生能源市场的建立和发展。

（二）资源高效利用的政策进展评析

1. 调整产业结构以促转型增效益

2016年，国务院办公厅发布的《关于促进建材工业稳增长调结构增效益的指导意见》（国办发〔2016〕34号）、《关于营造良好市场环境促进有色金属工业调结构促转型增效益的指导意见》（国办发〔2016〕42号）、《关于石化产业调结构促转型增效益的指导意见》（国办发〔2016〕57号）等文件，要求通过调整产业结构提高资源利用效率。

2. 推进资源型地区高质量发展

《推进资源型地区高质量发展“十四五”实施方案》（发改振兴〔2021〕1559号）要求统筹资源能源开发与保护，提高资源能源利用水平；推动战略性矿产资源开

---

① 吕忠梅．民法典绿色条款的类型化构造及与环境法典的衔接［J］．行政法学研究，2022（02）：17.

② 王利明．民法（上册）（第8版）［M］．北京：中国人民大学出版社，2020：50.

③ 陈真亮．我国环境基本国策之检视与展望——基于法定主义的规范分析［J］．吉首大学学报（社会科学版），2015（03）：79－87.

发与下游行业耦合发展，支持资源型企业的低碳化、绿色化、智能化技术改造和转型升级。

3. 实施工业能效提升行动计划

2022 年，工业和信息化部等六部门印发《工业能效提升行动计划》，要求把节能提效作为最直接、最有效、最经济的降碳举措，统筹推进能效技术变革和能效管理革新，提高能效监管能力和能效服务水平，提升重点用能工艺设备产品效率和全链条综合能效，稳妥有序推动工业节能从局部单体节能向全流程系统节能转变。

（三）能源领域的政策进展评析

1. 制定新能源高质量发展规定

国家发展改革委、国家能源局《关于促进新时代新能源高质量发展的实施方案》（国办函〔2022〕39 号）要求创新新能源开发利用模式，加快构建适应新能源占比逐渐提高的新型电力系统，深化新能源领域“放管服”改革，支持引导新能源产业健康有序发展，保障新能源发展合理空间需求，充分发挥新能源的生态环境保护效益，完善支持新能源发展的财政金融政策。

2. 制定新能源汽车产业发展方面的规定

《新能源汽车产业发展规划（2021—2035 年）》（国办函〔2020〕39 号）要求依照市场主导、创新驱动、协调推进、开放发展的基本原则，推动新能源汽车与能源、交通、信息通信融合发展，大力推动充换电网络建设、协调推动智能路网设施建设、有序推进氢燃料供给体系建设。

3. 推进能源立法更新和体系化

全国人大先后制定《电力法》《煤炭法》《节约能源法》《可再生能源法》等，基本形成能源法律体系。2022 年，作为能源基础性法律的《能源法》列入全国人大常委会立法计划，《能源法（征求意见稿）》开始公开征求意见。

三、生态环境保护领域政策进展

（一）生态保护的政策进展评析

1. 加强“立改废释纂”和法律实施

党的十八大以来，全国人大共制定和修订生态环境保护领域法律 20 多部，新制定《土壤污染防治法》《生物安全法》《湿地保护法》《黑土地保护法》《长江保护法》《黄河保护法》等法律，形成《生态环境法典（草案）》。2022 年，生态环境部联合最高人民法院、最高人民检察院等 14 家单位印发《生态环境损害赔偿管理规定》。自 2014 年修订的《环境保护法》实施以来，立法机关、司法机关依法履行立法检查、司法审判职能，促进相关法律法规的有效执行。

2. 构建自然保护地体系

经过 60 多年发展，中国自然保护地体系经历了类型化发展和体系化发展的阶段，形成了中国式自主创新的自然保护区、风景名胜区、森林公园的类型，以及受国际公约和保护计划影响的湿地公园、地质公园、自然遗产地等类型，大力推进山水林田湖草一体化保护和系统治理，构建以国家公园为主体的自然保护地体系。《刑法修正案（十一）》增加了破坏自然保护地生态犯罪的规定。

3. 鼓励社会资本参与生态保护，构建生态产品价值实现机制

《关于鼓励和支持社会资本参与生态保护修复的意见》（国办发〔2021〕40 号）鼓励和支持社会资本参与生态保护修复项目投资、设计、修复、管护等全过程。2021 年《关于建立健全生态产品价值实现机制的意见》（中办发〔2021〕24 号）要求健全碳排放权交易机制，探索碳汇权益交易试点。

（二）污染防治的政策进展评析

1. 构建污染防治法律体系

专门立法有《大气污染防治法》《固体废物污染防治法》《水污染防治法》《噪声污染防治法》《放射性污染防治法》等，到 2022 年底全国污染防治攻坚战各项阶段性目标任务全面完成。《生态环境法典专家建议稿（草案）》设置“污染控制编”。

2. 协同推进减污降碳

2022 年，生态环境部等 7 部门联合印发《减污降碳协同增效实施方案》，要求科学把握污染防治和气候治理的整体性，以结构调整、布局优化为关键，以优化治理路径为重点，以政策协同、机制创新为手段，完善法规标准，强化科技支撑，全面提高环境治理综合效能。

3. 开展《环境保护法》执法检查

2022 年 3 月至 6 月，全国人大常委会开展《环境保护法》执法检查。执法检查报告建议适时修改环境保护法，增加减污降碳协同增效、绿色低碳发展相关内容，适时制定或修改国家公园法、自然保护地法、矿产资源法等法律，健全完善生态环保法律体系，用最严格制度最严密法治保护生态环境。

（三）循环发展和清洁生产的政策进展评析

1. 推进法律修订和规划实施

相关法律有《循环经济促进法》《清洁生产促进法》等。2022 年，财政部等七部门联合发布《中国清洁发展机制基金管理办法》。国务院将循环经济助力降碳行动作为“碳达峰十大行动”之一，印发实施《“十四五”循环经济发展规划》，安排中央财政资金支持循环经济试点示范建设，探索农业循环经济降碳增汇路径。

2. 构建绿色低碳循环发展经济体系

国务院《关于加快建立健全绿色低碳循环发展经济体系的指导意见》（国发〔2021〕4 号）要求健全绿色低碳循环发展的生产体系，健全绿色低碳循环发展的流通体系和消费体系，加快基础设施绿色升级，构建市场导向的绿色技术创新体系。

3. 构建废旧纺织品循环利用体系

国家发展和改革委员会《关于加快推进废旧纺织品循环利用的实施意见》（发改环资〔2022〕526 号）要求以提高废旧纺织品循环利用率为目标，着力打通回收、交易流通、精细分拣、综合利用等关键环节堵点、痛点，强化全链条管理，完善标准体系，加强行业监管。

可见，加强“双碳”工作的政策和法治保障，是促进绿色低碳发展和应对气候变化的重要保障。旨在推动“双碳”目标实现的国家立法主要体现在一些与污染防治、生态保护、资源能源相关的立法之中，特别是其中一些与减污降碳、适应气候变化相关的规定。为实现应对气候变化目标，中国积极制定和实施了一系列应对气候变化战略、法规、政策、标准与行动。同时，相关领域的立法也呈现出显著的“生态化”特征。《民法典》不仅规定了绿色原则，而且在物权编、合同编和侵权责任编中均作出了关于生态环境保护的规定。《刑法修正案（十一）》修改完善关于污染环境罪的规定，同时还新增了非法引进、释放或者丢弃外来入侵物种罪以及破坏自然保护地罪。《民事诉讼法》《行政诉讼法》也就环境公益诉讼作出了规定。

我国已经颁布《能源法》，正在研究制定能源基本法和应对气候变化专门立法。在这两部立法以及其他相关法律法规中，可将“双碳”目标相关的要求融入其中，以便为气候风险防范、能源安全保障和“双碳”目标的实现提供更有力的法律依据。碳达峰碳中和法律制度的规制目标应当包括温室气体源控制和汇增长，规制路径应当包括温室气体减排、封存、循环和替代。以此为基础，碳达峰碳中和法律制度的内容应当包括规划制度、温室气体排放控制制度、温室气体库管理制度、低碳发展促进制度和碳汇制度。碳达峰碳中和政策和法律制度的构建应当从相关法律规范的“低碳化”改造、《气候变化应对法》的适时制定两个方面展开。①

综上所述，碳中和政策路径主要包括能源清洁化转型、产业绿色化升级、碳交易市场、生态环保与低碳发展等方面。碳达峰碳中和是中国着力解决资源环境约束突出问题、实现中华民族永续发展的必然选择，也是构建人类命运共同体的庄严承诺。中国大力协同推进降碳、减污、扩绿、增长，已基本构建起涵盖气候变化应对、资源能源节约、碳减排碳增汇与低碳发展、生态环境保护等方面的碳中和政策制度体系。中国已形成相对完整的环境法体系，既有综合性的环境基本法，针对各环境要素和针对各污染源的专门立法；既有全国性的法律法规，又有大量地方性法规和部门规章；既有较为系统的法律规范，又有与之相配合的政策、行政规范性文件和技术规范。为进一步落实碳达峰碳中和目标，中国将应对气候变化作为国家战略，纳入生态文明建设整体布局和经济社会发展全局，把系统观念贯穿碳达峰碳中和工作全过程，加强顶层设计，构建具有中国特色的碳达峰碳中和政策和法律法规体系。

① 徐以祥，刘继琛．论碳达峰碳中和的法律制度构建［J］．中国地质大学学报（社会科学版），2022（03）：20－31．

第二章　碳中和政策系统

中国碳达峰碳中和已初步形成“1 + N”政策和规范体系，需要重视政策制定与执行过程中一系列相关因素的分析。在全球气候变化应对和能源绿色低碳的经济发展模式转型过程中，需要加强碳中和政策系统及其工具的运用研究，审视作为连接政策目标和政策实施效果的桥梁，强化政策主体与政策客体的合法性、系统性、协调性，促进政策工具的动态调整与理性选择。本章主要对碳中和公共政策系统运行的基本过程进行剖析，阐释碳中和政策主体、政策客体和环境之间的相互关系，分析不同政策主体和客体在碳中和政策系统中的地位和作用。

第一节　碳中和政策系统的理论内涵

一、政策系统的一般理论

根据系统论的观点，系统是由若干相互联系的并与环境发生作用的要素或部分所构成的、具有特定功能的整体。系统的要素是指系统内部相互联系、相互作用的组成部分。系统与要素之间、各要素之间、要素与环境之间存在着有机联系，系统内外部也形成一定的结构和秩序。系统有如下特性或要求：（1）整体性，即系统、要素和环境之间辩证统一；（2）结构功能性，即系统的结构与功能的辩证统一；（3）相互联系性，即系统各要素之间存在物质和能量的相互交换、转换及守恒的规律，系统整体性须通过信息的传递、交流等形式实现；（4）有序性，即系统是有序的，分层次的和开放的，一般都由低级有序状态向高级有序状态发展；（5）目的性，即系统有明确的目标；（6）适应性，即在反馈机制作用下，系统能保持内部稳定与外部的协调；（7）动态性，即现实的系统都是不断变化发展的。

政策系统是政策制定过程中所包含的一整套相互联系的因素，即公共政策运行的载体，也是政策过程展开的基础。具体到政策系统，政策主体、政策客体、政策环境、政策组织、决策组织、决策体制、政策工具构成的社会政治系统①，也是公共政策的构成要素。在系统论视角下的政策系统，这些政策系统构成要素相互作用、相互影响、在平衡状态下而构成的有机整体。② 在此过程中，公共政策的构成要素往往进行着各种沟通、协调，甚至相互影响，彼此演变。

二、碳中和政策系统的基本内涵

碳中和政策体系是一个综合性政策框架，旨在应对气候变化挑战，减少温室气体排放并最终实现碳中和或净零排放的目标。这个政策体系通常由一系列政府政策、法律法规、措施和行动计划等组成，以推动社会、经济和能源系统向更可持续和低碳的方向转变。政策系统复杂多变，往往政策制定过程所包含的一整套相互联系的因素，包括公共机构、政治制度、政府官僚机构以及社会总体的法律和价值观。

从构成要素分析，碳中和政策可以概括为“1 + N”体系。“1”表示主要目标，即特定时间内，国家或组织将减少温室气体排放到几乎为零，并且任何剩余的排放都会被吸收或抵消，以维持零净排放状态。主要目标是政策体系的核心，为《中共中央国务院关于完整准确全面贯彻新发展理念做好碳达峰碳中和工作的意见》所确定。“N”表示众多的支持性政策、措施和行动，主要表现为以国务院印发的《2030 年前碳达峰行动方案》为主的一系列政策文件，包括能源、工业、交通运输、城乡建设等分领域分行业碳达峰实施方案。目前，煤炭、石油天然气、钢铁、有色金属、石化化工、建材等重点行业实施方案，科技支撑、财政支持、统计核算、人才培养等支撑保障方案，以及 31 个省区市碳达峰实施方案均已制定。这一系列文件已构建起目标明确、分工合理、措施有力、衔接有序的碳达峰碳中和“1 + N”政策体系。

从结构上分析，碳中和政策系统是由不同的部分或子系统构成，如信息子系统、咨询子系统、决策子系统、执行子系统、监控子系统、评估子系统、反馈子系统等。这些子系统既相对独立，承担和发挥其独特的功能，同时又相互联系、相互依存、相互作用。如信息子系统作为公共政策系统中的一个基础子系统，利用人力、物力有效地收集、整理关于碳排放与碳汇问题的信息，加工处理、储存传递，并及时将信息传输给决策中枢系统和咨询系统，为形成政策提供信息支撑。决策子系统是公共政策系统的中枢神经，根据信息子系统、反馈子系统、咨询子系统提供的信息和选择方案，作出正确的

---

① 李国正．公共政策分析［M］．北京：首都师范大学出版社，2019：76.

② 郭渐强，方放．公共政策分析［M］．北京：北京大学出版社，2021：64－65.

判断和决策选择。评估子系统由政策评估人员、评估对象、评估目的、评估标准和评估方法五大要素组成。它根据信息子系统、决策子系统、反馈子系统提供的信息并对比政策实施的实际情况，对政策的可行性及政策实施的效果进行评估，为政策的修改完善和再决策提供服务。监控子系统的任务是预防和减少政策失误，确保政策目标的实现，主要对公共政策的制定与执行进行动态监控，及时发现政策实施中可能存在的偏差。各政策子系统功能完善的程度和相互协调水平的高低，直接决定着碳中和政策系统能否科学运转及其制度效能、治理效能。

第二节 碳中和政策主体

碳中和政策主体是指直接或间接地参与碳中和政策制定、执行、评估以及监督、督察等各个阶段的个人、团体或组织。受政治制度、经济制度、文化传统及公众意识等社会条件差异的影响，政策主体的结构及作用方式也存在一定的差异。碳中和政策主体一般包括立法机关、行政机关、司法机关、监察机关、政治党派、利益集团、智库、非政府组织、大众传媒和公众个人等。根据是否拥有法定权威性，可以将政策主体划分为官方决策主体和非官方参与者。

一、官方决策主体

（一）政党

现代国家的政治统治几乎都是通过政党政治的途径来实现的。与政府直接制定政策不同，政党是政策的间接制定者，在政治活动中发挥着“利益聚合”的功能，将不同利益集团的特定需求转变为一般性的可供选择的政策方案，承担制定政策、执行政策和监督政策执行的职能。在我国，中国共产党是中国特色社会主义事业的领导核心。中国共产党在政治活动中发挥“利益聚合”功能，通过法定方式将党的意志上升为国家意志，并以方针、政策、法律法规等形式表现出来。重大行政决策必须坚持和加强党的全面领导，全面贯彻党的路线方针政策和决策部署，发挥党的领导核心作用，把党的领导贯彻到重大行政决策全过程。

面对日益严峻的气候挑战，中国共产党诸多文件中表达推动经济社会发展绿色化、低碳化是实现高质量发展的关键环节。《中国共产党第二十次全国代表大会报告》明确指出：“实现碳达峰碳中和是一场广泛而深刻的经济社会系统性变革。立足我国能源资源禀赋，坚持先立后破，有计划分步骤实施碳达峰行动。完善能源消耗总量和强度调控，重点控制化石能源消费，逐步转向碳排放总量和强度‘双控’制度。推动能源清洁低碳高效利用，推进工业、建筑、交通等领域清洁低碳转型。深入推进能源革命，加强煤炭清洁高效利用，加大油气资源勘探开发和增储上产力度，加快规划建设新型能源体系，统筹水电开发和生态保护，积极安全有序发展核电，加强能源产供储销体系建设，确保能源安全。完善碳排放统计核算制度，健全碳排放权市场交易制度。提升生态系统碳汇能力。积极参与应对气候变化全球治理。”[①]

中共中央和国务院在2021年9月发布实施《关于完整准确全面贯彻新发展理念做好碳达峰碳中和工作的意见》。党的方针政策为新时期碳达峰碳中和工作指明了方向，成为各级政府制定和执行具体政策的依据。在地方层面，早在2018年山东省委就与省人民政府共同发布了《关于推进新旧动能转换重大工程的实施意见》。虽然以地方党组织的名义直接发文的情况仍较少，但却不乏地方行政机关依据地方党组织会议精神制定与颁发碳中和政策，如浙江省2021年颁布的《碳达峰碳中和科技创新行动方案》。

（二）立法机关

立法机关是政策主体最重要的构成因素之一，主要职责是制定相关的法律规范，即通过民主集中制的原则将公众意志上升到国家意志，通过法律的方式付诸实施。立法机关是相对于行政机关和司法机关而言的，通常是指具有代表性质的权力机关。根据我国《宪法》和《立法法》的规定，立法主体包括国家权力机关和国家行政机关中的某些机关；国家审判机关和国家检察机关不属于立法主体。根据国家机关的性质的不同，可以分为国家权力机关（或议会）的立法和国家行政机关的立法。根据国家机关的地位的不同，可以分为中央的立法和地方的立法。

相对于行政机关，全国和地方各级人民代表大会在“双碳”领域制定和颁布的立法文件无疑具有较强的刚性、普适性和稳定性。但我国碳中和领域的法律体系还有待完善，在全国人大及常委会颁布的法律和其他文件中，仅有两部直接引入“碳达峰”“碳中和”概念，即《黄河保护法》第八十七条规定：黄河流域县级以上人民政府推进碳达峰碳中和工作的责任，具体包括推动制造业高质量发展和资源型产业转型，因地制宜发展特色优势现代产业和清洁低碳能源，推动产业结构、能源结构、交通运输结构等优化调整。《科学技术进步法》将碳达峰碳中和、实现高质量发展列为国家鼓励科学技术研究开发的目标之一。

---

① 习近平．高举中国特色社会主义伟大旗帜 为全面建设社会主义现代化国家而团结奋斗——在中国共产党第二十次全国代表大会上的报告［M］．北京：人民出版社，2022.

此外，全国人大在2021年3月12日发布的《国民经济和社会发展第十四个五年规划和2035年远景目标纲要》用大段篇幅明确“双碳”目标：“落实2030年应对气候变化国家自主贡献目标，制定2030年前碳排放达峰行动方案。完善能源消费总量和强度双控制度，重点控制化石能源消费。实施以碳强度控制为主、碳排放总量控制为辅的制度，支持有条件的地方和重点行业、重点企业率先达到碳排放峰值。推动能源清洁低碳安全高效利用，深入推进工业、建筑、交通等领域低碳转型。加大甲烷、氢氟碳化物、全氟化碳等其他温室气体控制力度。提升生态系统碳汇能力。锚定努力争取2060年前实现碳中和，采取更加有力的政策和措施。加强全球气候变暖对我国承受力脆弱地区影响的观测和评估，提升城乡建设、农业生产、基础设施适应气候变化能力。加强青藏高原综合科学考察研究。坚持公平、共同但有区别的责任及各自能力原则，建设性参与和引领应对气候变化国际合作，推动落实联合国气候变化框架公约及其巴黎协定，积极开展气候变化南南合作。”

基于法律和全国人大制定的其他文件仅作出指引性和目标性的规定，还需将行政法规、规章中一些成熟的条款上升为法律，兼容并蓄，破立结合，以推动我国双碳工作健康、有序发展。鉴于气候变化应对的系统性、复杂性特征，单一法律部门或者法律制度无法切实实现双碳目标，因此多元法律制度与政策性文件的协同共治才是必由之路。[①]

（三）行政机关

行政机关包括行政决策机关与行政执行机关。伴随着经济社会事务的不断扩大，政府职能也呈膨胀趋势。西方传统三权分立政治体制中，行政机关的政策主体主要是具有决策权的行政首长和各级政府的政务官系统。行政机关在政策制定过程中的地位和作用越来越突出，“行政国家”已成为一个司空见惯的提法。发展中国家的行政部门对政策制定比在发达国家具有更大的影响。这一现象受到发展中国家权力较为集中，政策问题相对较少进而受到进入核心政府决策层的议事日程等因素的影响。[②] 基于此，无论是决策体制和结构相对简单的发展中国家，还是与之相反的发达国家，在社会事务日趋纷繁复杂、政府职能不断扩张的背景下，行政决策机关对政策制定构成实质性的影响。

在碳中和政策主体的讨论中，不能忽视行政执行机关。在现代国家政策制定与政策执行相互缠绕、不可分割的特点日益凸显的背景下，行政执行部门对政策制定有很大影响。[③] 这是当下主流的认识。传统上政策政治与行政二分的观点认为政策制定一般是由

---

① 曹明德．社会系统论视角下实现碳达峰碳中和目标的法律对策［J］．中国法学，2023（05）：128－148.

② 李明华．环境政策学［M］．吉林：吉林人民出版社，2012：57－58.

③ 郭渐强，方放．公共政策分析［M］．北京：北京大学出版社，2021：67.

其政府中的“政治”部门主导的，行政执行部门只是单纯地执行这些政策。然而，随着社会事务日趋复杂，并且具有越来越明显的技术性特征，立法机关将许多问题的处理权以及规制决定权授予了行政执行机关。行政执行机关在特定领域政策方面具有以下优势：第一，具有专业知识和经验，掌握与特定政策相关的不对称信息；第二，往往长期参与，连续控制，与利益集团、公众有密切的联系。因此，行政执行机关往往在正式的立法出台之前先行制定具体的规定、办法，同时行政执行机构还是立法建议的重要来源之一。

自2020年9月22日中国首次提出“双碳”目标，国家发展和改革委员会、科学技术部、工业和信息化部、生态环境部、住房和城乡建设部、交通运输部、国家能源局等部门是“双碳”目标有关的政策性文件的主要制定主体。其中，中共中央、国务院《完整准确全面贯彻新发展理念做好碳达峰碳中和工作的意见》明确国家发展和改革委员会承担统筹工作，其他各部门“协调配合，形成工作合力，确保政策取向一致、步骤力度衔接。”① 这些文件涵盖了“双碳”目标需要落实的多层次和多领域的各项要求，也是双碳实践初期，行政决策机构和执行机构摸索和总结的工作“路线图”。与制定主体的职权相一致，碳中和政策呈现如下特点：从政策类型看，多数以规划、纲要、建议及意见、标准为主，顶层设计的法律相对欠缺；从政策手段看，减排责任制等行政命令手段与市场化手段并存。

碳达峰碳中和工作与传统生态环境保护一样，具有明显的外部性，同时也伴随着交易成本较高、产权不明晰等因素，市场调节失灵或效率低的弊端展现。在这样的背景下，公共政策介入具有较为充分的必要性。

我国各级人民政府作为政策制定和执行的主体，在“双碳”立法体系尚未健全的条件下，起到了重要的补充作用。由于“双碳”目标涉及各领域的深度参与，法律和政策不可能对所解决的问题做非常细致的规定，这要求行政机关在不违背法律政策基本精神的前提下，具有一定的自由裁量权。在政策实施过程中，行政机关所持有的积极或消极的态度也对政策实施的效果产生影响。就此而言，行政执行机关在碳中和政策过程中作用应不可忽视。如何在完善“双碳”法律法规、政策的基础上，加强法治政府建设和依法行政，综合运用法律、经济和行政手段，促进生态环境治理体系与能力现代化，已成为行政执行机关的一项重要任务。

（四）司法机关

司法机关作为国家权力机构的组成部分，也是政策主体系统的重要构成之一。司法

① 中共中央 国务院关于完整准确全面贯彻新发展理念做好碳达峰碳中和工作的意见［M］. 北京：人民出版社，2021.

机关的基本任务是通过适用法律来处理各种诉讼案件和非诉讼事务，从而影响环境政策的制定和实施，以实现其司法社会功能。在西方国家，司法机关能通过司法审查权、法令解释权和判令的使用权而对公共政策的性质和内容产生很大影响。特别是在遵循判例法的英美法系国家和地区，法院通过判例对能源政策、环境政策、经济政策和社会政策的执行产生影响。法院对法律政策的态度如何，直接关系到它的权威认可和执行效果，也正因如此，法院被认为不仅是司法机构，而且是对某些有争议的政策问题形成最后决定的政治机构。

但是，我国的司法机关没有成为真正的政策制定主体，原因在于我国实行议行合一的政治体制，司法机关由人大产生，受人大监督，对人大负责，在政策制定层面不具有独立性；即使司法机关有权向全国人大提交立法提议，但在立法过程进入实质性阶段未起到实质的主体作用。我国司法机关所作出的判决与裁定，虽然对其后的案件审判具有一定的参考意义，但并非规范性法律文件，不具备公共政策表现的一般性特征。[①] 尽管如此，司法机关在行使司法权时仍具有较大的独立性，可以通过履行司法职能的方式，比如发布“双碳”有关司法解释、指导性案例、典型案例等，运用法律解释方法等将公共政策融入司法裁判，在司法管理和个案审判中实现政治与法律的连接，从而对包括碳中和在内的公共政策施加影响。

2023 年 2 月 16 日，最高人民法院发布《关于完整准确全面贯彻新发展理念为积极稳妥推进碳达峰碳中和提供司法服务的意见》及 11 个配套典型案例。该司法文件对温室气体排放侵权纠纷案件、大气污染防治案件、适应气候变化行政补偿案件、企业环境信息披露纠纷案件、产能置换纠纷案件、高耗能、高碳排放企业生态环境侵权纠纷案件、碳排放配额清缴行政处罚案件、涉碳排放配额、核证自愿减排量金钱债权执行案件等 17 种案件提出具体的指导意见。这标志着全国各级司法机关将进一步落实绿色发展理念，贯彻最严格制度最严密法治，维护碳市场交易秩序，推动产业结构绿色低碳转型，以及坚持生态修复优先、协同推进固碳增汇。再者，这也反映了未来一段时间法院作为司法裁判机关对涉碳纠纷案件的倾向，如将民法典中的“绿色原则”、绿色发展理念作为司法裁判的依据，法院将依法衔接刑事、民事审判与行政执法，用最严格制度最严密法治推动降碳减污。相应地，涉环境监测数据、碳排放数据弄虚作假等方面的违法行为受到严厉打击。此外，相关司法案例也已确认碳排放配额作为新型财产的法律属性。

---

① 王洛忠．公共政策学［M］．北京：北京大学出版社，2022：52－54.

二、非官方参与者

（一）利益集团

利益集团是基于相同立场、观点和利益需求或某种职业、行业而形成的正式或非正式的社会组织，其职责和功能是通过组织形式实行群体利益的聚合，并通过各种活动影响官方决策者，以获得集团利益的最大化。利益集团对公共政策的影响程度主要取决于自身的实力和政治地位，包括团体的规模、获取资金及其他资源的能力、组织领导者的素质及政治影响力、团体的凝聚力及社会地位、官方决策者的态度等。利益集团为了获得政策支持，常常采取多种多样的方式来影响决策者，如院外活动、舆论宣传、政治捐款、抗议示威等，有时直接向决策者陈述政策意图、提供决策信息，甚至提供决策备选方案。

利益集团对公共政策的影响有利有弊，其参与公共政策制定无疑增加了民主性和合法性，且利益集团内部掌握专业知识并有一方面从业经历的成员能够在博弈过程中利用专业知识和相关经验提供公共决策过程的科学性，但利益集团发展及其作用的不平衡性影响公共政策的公平性。“利益集团化”的特点折射其利益诉求的狭隘性，这也是影响公共政策偏离公众目标的重要因素之一。虽然“自然之友”组织曾在其编写的中国环境绿皮书《中国环境的危机与转机（2008）》中尖锐地指出利益集团对节能减排目标的实现造成了负面的影响，但在利益集团的行为对环境政策的影响无法避免的情况下，充分发挥政府和公众的监督作用，有助于碳中和政策的完善和执行效果的提高。

（二）公众

公众作为最广泛的非官方政策主体，享有参与政府管理并影响公共政策的权利，具体表现为享有知情权、参与权、表达权、监督权。公众的参与甚至成为公共政策政治合法性的重要依据，政策制定者考虑公众的愿望是其责任所在，“投票选举之所以是公众影响政策制定的重要手段，不仅是因为它允许公民选择政府官员，而且在某种程度上指导这些官员对政策的态度”①。具体到政策制定层面，公众参与也是一些具有一般性和普适性的法律法规、政策性文件制定过程中的法定程序。公众影响公共政策的途径可以分为两类：一种是以主权者身份，通过国家政治制度的设定如参加总统选举、议会选举、全民公决等方式影响政策的形成；另一种是以反对者身份通过游行、示威、罢工等

① ［美］查尔斯·林德布洛姆．决策过程［M］．竺乾威，胡君芳，译．上海：上海译文出版社，1988：73－74.

方式影响政策的形成。

在我国，公众主要通过参加各级人民代表大会及常务委员会等形式参与环境资源立法工作，也可以通过信访、政府批准的游行等方式来进行意愿表达。公众参与原则是公民环境权、国家环境义务的重要保障性原则，可谓“环境法的精髓和灵魂”[①]。纵观现行碳中和政策和法律规范，“公众”是高频词汇。在立法方面，我国《宪法》规定“中华人民共和国一切权力属于人民”，并赋予“人民依照法律规定，通过各种途径和形式，管理国家事务，管理经济和文化事业，管理社会事务”等宪法权利。2023 年 3 月修改后的《立法法》规定：“立法应当坚持和发展全过程人民民主，尊重和保障人权，保障和促进社会公平正义。”《环境保护法》将公众参与规定为基本原则，并在第五章专章规定“信息公开和公众参与”。《水污染防治法》《环境影响评价法》等法律已将公众参与明确为基本原则。部门规章有《环境保护公众参与办法》（环境保护部令第 35 号）、《环境影响评价公众参与办法》（生态环境部令第 4 号）等。此外，中共中央、国务院在 2021 年印发的《关于推动城乡绿色发展的意见》将公众纳入城乡建设绿色发展的评价体系中。不少能源有关立法、规划等也明确公众以监督方式参与“双碳”政策的制定与执行，例如，《碳排放权交易管理暂行条例》第十条规定：依照本条例第六条、第八条、第九条的规定研究提出碳排放权交易覆盖的温室气体种类和行业范围、制定重点排放单位的确定条件以及年度碳排放配额总量和分配方案，应当征求省级人民政府、有关行业协会、企业事业单位、专家和公众等方面的意见。

生态环境的保护与自然资源的开发利用必须依靠公众的广泛参与，通过各种法定程序和途径确立公众参与的资格，鼓励公众积极参与生态文明建设事业。“全过程人民民主”的政策和立法实践，为“双碳”决策的民主化提供了坚实的基础和广阔的空间，但公民参与还存在如下困境：公众参与利益表达和博弈能力失衡，公众参与的组织者不熟悉公众参与的形式、方法和技术，决策者与如何解决公众参与过程中出现的冲突束手无策，政府回应能力低等。需注意的是，个人环境保护义务的实现可能对公民的基本权利造成负面影响，政策制定者须谨防其违反分配正义给弱势群体带来过重负担和对个人的自由权、财产权等基本权利造成不当限制。[②]

中国的民主是人民民主，人民当家做主是中国民主的本质和核心，精髓是“中国共产党领导人民实现全过程人民民主”。2021 年，《中国应对气候变化的政策与行动》白皮书提出要以人民为中心，在绿色转型过程中努力实现社会公平正义，增加人民获得

---

① 陈真亮．现代环境法总论［M］．北京：法律出版社，2022：165.

② 王慧．个人环境保护义务的实现进路［J］．法商研究，2023（05）：144.

感、幸福感、安全感。为保障公众更广泛、更有效地参与碳中和政策过程，应着重抓好三方面工作：一是抓源头，通过保障公众的知情权促进政策的全面贯彻。二是抓过程，充分发挥行业协会商会桥梁纽带作用和群团组织广泛动员作用，完善公众生态环境监督和举报反馈机制。三是抓末端，通过私益诉讼和公益诉讼来保障双碳法律、政策的有效实施。2023 年 12 月 27 日中央全面深化改革委员会第三次会议通过《关于全面推进美丽中国建设的意见》，要求开展美丽中国建设全民行动，培育弘扬生态文化践行绿色低碳生活方式；构建绿色低碳产品标准、认证、标识体系，探索建立“碳普惠”等公众参与机制。

（三）大众传媒

现代大众传媒主要是指电视、网络、广播、书籍、报纸、杂志等人们赖以表达观点、传递信息和沟通思想的舆论工具。大众传媒具有覆盖率高、传播速度快、影响力广等特点，对政策制定、执行、评估等环节都产生着积极的影响，素有“第四种权力”之美誉。大众传媒在现代政策体制中的地位和作用日益明显，已被普遍视为政策主体的一个重要组成部分。

大众传媒凭借对政府行为构成的舆论制约，之所以成为碳中和政策主体的构成之一，主要取决于以下三个方面：第一，大众传媒是宣传教育的重要手段。通过电视、网络等大众媒介揭露碳排放中的各种问题，增强公众绿色减排的观念和意识。第二，大众传媒也是公众参与碳中和政策制定的渠道。一方面大众媒介以自己独特的方式向公众传递信息，另一方面，公众也可以用自身的行动来影响媒体，给碳中和政策制定部门和执行部门带来压力，从而促进新政策的产生或原政策的改变。第三，大众传媒是传播和反馈政府政策信息的有效工具。碳中和政策离不开公众的广泛参与。通过大众媒介，“双碳”政策制定部门能够及时了解社会舆论，将公众迫切需要解决的和广泛关注的问题纳入政策日程。同时决策中心也可以将政策意图及时、有效地传递给公众，以获得必要的反馈。

第三节 碳中和政策客体

碳中和政策客体是指碳中和政策的作用对象及其影响的范围。公共政策的目的是解决社会的公共问题，由于社会问题是由相关人的活动所导致，政策需调整政策涉及的相关社会成员的行为，在内容上包括环境问题（事）和目标群体（人）两个方面。

一、碳中和政策的直接客体

就“事”而言，碳中和政策面临着传统的生态环境破坏问题和气候变化与能源短缺双重社会问题。气候变暖给人类的生存带来的灾难性影响，极端气候、生态失衡等现象严重影响了人类的正常生产生活。为了可持续发展，需要通过公共政策促进经济发展模式和产业结构的转型，并保护生态环境。联合国政府间气候变化专门委员会（IPCC）第三次评估报告指出，全球气候变暖主要是由人类活动大量排放的二氧化碳、甲烷、氧化亚氮等温室气体的增温效应造成的。与此相一致，2007 年中国政府发布《应对国家气候变化方案》，指出气候变化已产生了一系列严重后果，包括农业布局和生产结构将发生改变，伴随着农业生产不稳定因素增加，构成对粮食安全的威胁；我国西北冰川面积减少了 21%，西藏冻土最大减薄了 4—5 米，内陆湖泊面积缩减，森林火灾频发；极端气候和水文事件频发，北方的水资源矛盾加剧；海平面将继续上升，台风等自然灾害概率增大。而碳中和政策是应对气候变化的关键战略，着力于减缓全球变暖、减少温室气体排放、改善环境质量，并为经济可持续发展创造条件。

除上述目标外，碳中和政策要解决的“事”还包括：改善空气质量，即减少化石燃料的使用和增加清洁能源的比例，能够减少大气中的颗粒物和有害气体排放，降低空气污染对人类健康的影响；推动新能源和绿色技术发展，即碳中和政策鼓励投资和创新，推动清洁能源技术（如太阳能、风能、核能）和低碳技术的发展，促使相关产业的壮大，增加就业机会，推动经济结构转型；增加能源安全性，即减少对化石能源的依赖，增加可再生能源的比重，提高能源供应的多样性，减轻能源安全风险；提升国际竞争力，即提高国家的国际竞争力，增强在新兴产业领域的话语权；保护生态系统，即通过减少人为排放的温室气体，碳中和政策有助于减轻气候变化对生态系统造成的压力，维护生物多样性，保护濒危物种。

碳中和政策所要解决的问题反映了实际状态与理想状态之间的偏差。在纷繁复杂数目众多的问题中，并不是所有问题都可以进入碳中和政策的议程。单一或影响较小，不具有普遍性的区域性或特殊性问题，以及在当前生产力水平下还不能找到较好的解决方法的问题，均难以在一国或一个区域内形成政策输出。因此，需要政策处理的问题只是其中一部分，这些政策问题一般具备所涉及人数众多、符合社会主义核心价值观，且解决具有现实可行性等要求。

二、碳中和政策的间接客体

碳中和政策间接客体是指碳中和政策直接影响和作用的对象，包括受到影响的社会群体或直接规范、管制、调节和制约的社会成员等目标群体。可以将碳中和政策理解为政治权威以实现碳达峰和碳中和为目标，对政府、企业及公众相关利益的调整和分配。影响政策目标群体态度、行为的因素有很多，也很复杂。以下主要从政策的价值取向、政策的认知能力等方面略作阐述。

（一）政策价值取向

公共政策是对社会价值的权威性配置，在不同时期，目标群体中的主流价值观、伦理道德和传统观念有所不同，如果碳中和政策的价值目标能与目标群体中的主流价值观保持一致，符合目标群体的需要，那么政策就容易得到目标群体的认可和有效执行。反之，公共政策就会受到排斥、抵制甚至形同虚设。当然，并不能因此简单地认为，碳中和政策的内容必须一味地与目标群体的价值倾向保持一致或是一种单向、消极的适应过程。假如目标群体的价值取向与客观实际之间存在着一定的偏差，且不能较好地反映社会发展的趋势，政策主体在制定和推行政策时就要坚持正确的方向，加强政策的科学性与民主性，争取获得目标群体的接受和支持，以减少政策实施过程中的阻力。

碳中和政策的价值取向是多方面的，反映了社会、经济和环境利益的平衡，以应对气候变化和减少温室气体排放，包括：（1）环境与资源的可持续性，国家发展改革委2011年发布的《关于印发“十四五”循环经济发展规划的通知》（发改环资〔2021〕969号）采取的系列提高资源利用效率，提升再生资源利用水平的措施，所追求的目标即在于为经济社会可持续发展提供资源保障。（2）社会公平，双碳目标的实现须确保所有社会阶层都能分享政策的好处，而不会增加贫富差距或对弱势群体施加不公平的负担。2021年10月中共中央、国务院印发的《关于推动城乡建设绿色发展的意见》，将坚持公平列为工作原则，其中重点提及统筹城镇和乡村建设。（3）经济增长，碳资产固定和交易可以创造新的商机和就业机会，推动绿色经济增长。这反映了对可持续经济的关切，以及经济利益和创新的重要性。（4）国家安全，碳中和政策有助于减少对化石燃料的依赖，从而降低能源供应方面的国家安全风险。这涉及减少对进口石油和天然气的依赖，以及推动国内可再生能源的发展。国务院2021年发布的《2030年前碳达峰行动方案》，将推进煤炭消费替代和转型升级、发展新能源、因地制宜开发水电等措施列为确保国家能源安全的重要举措。（5）全球合作，碳中和政策反映了国际合作的价值，因为气候变化是全球性问题，需要跨国界的努力来解决。国际社会合作可以减少跨境排放和碳泄露的问题。(6) 创新与技术发展，碳中和政策鼓励技术创新和发展，以开发更有效的碳减排技术。这有助于推动科学和技术的前沿，以消减气候变化带来的不利影响。

（二）执行政策所产生的利益变化

政策总是表现为对相关群体的利益调整。一部分人由于政策的执行而获得利益的增加，而另一部分人则意味着利益的减少。目标群体对某项政策的态度往往基于“经济人”思考。如果他们认为执行某项政策所产生的成本比不执行这项政策要大，他们就会消极执行，甚至拒绝执行。同样，如果目标群体受规避惩罚的心理支配作用，违法或违规成本高于收益，他们就会自觉遵守政策。

具体到碳中和政策，气候变暖问题形成的原因主要在于企业排放了过量的二氧化碳，相应地碳中和政策的直接目的主要在于通过政策规制的作用将企业的外部成本内部化，使得企业的私人成本等于社会成本。在我国高耗能产业产值占据 GDP 主要份额，政策的规制必然导致企业生产成本的增加，如何将发展低碳经济给企业带来的劣势转化为企业发展低碳经济的动力，需要灵活运用政策工具。产业转型是发展低碳经济的必经之路，高碳产业发展模式给生态环境带来巨大的破坏，环境承载力已经达到极限，如果任其自然发展，人类生存的家园将被毁灭。在这样的背景下，公共政策的促进和调节是发展低碳经济的必要工具。① 而发展新质生产力不仅有助于传统产业升级，还能推动新兴产业成长，避免行业内的同质化竞争和泡沫化现象，是实现绿色低碳高质量发展的着力点。

（三）政策环境的变化

目标群体对碳中和政策接受程度还取决于政策环境的变化。政策在实施过程中会产生“振动效应”。随着社会环境的变化以及人们主观认识的改变，最初不受欢迎的政策可能逐渐被人们理解和接受，而最初深受欢迎的政策也可能逐渐被人们认清并排斥。②公众生活方式的转变也是实现双碳目标的重要部分，政府通过影响产业链的生产、流通、消费、回收等领域而形成全阶段减碳，在消费环节的减碳就是针对公众的消费模式而提出的。因此，碳达峰碳中和政策实践需要对时代的变化进行及时回应和调整。随着信息化时代、智能化时代、数字化时代的加快推进，需要从目前的“化石能源时代”转变到“可再生能源时代”甚至“核能时代”。比如，随着衢州市柯城区人民政府牵头编制的全国首个生活垃圾分类居民碳账户地方标准《生活垃圾分类居民碳账户应用规

---

① 闫佳彤，黄书培，李文龙．“双碳”目标下基于演化博弈的高耗能企业节能降碳机制［J］．资源科学，2022（08）：1723－1734.

② 王洛忠．公共政策学［M］．北京：北京大学出版社，2022：67.

范》（DB33/T 1379—2024）的实施，有望形成倡导和示范效应，为建设低碳环保社会提供有力支持和地方样本经验。

第四节　碳中和政策的环境

政策与环境是一个紧密互动的生态系统，政策环境是“作用和影响公共政策的外部条件的综合”[①]。碳中和政策作为公共政策的重要组成部分，是政策系统对外界环境压力所做出的反应，与政策环境处于相互联系、依存、彼此制约与影响的状态中。因此，碳中和政策的环境可以概括为影响和作用环境政策制定和实施的一切外部因素的总和，主要包括自然、经济、政治、文化和国际等方面。

一、碳中和政策的自然环境

在全球气温不断升高，极端天气事件频繁，海平面上升和生态系统受损的条件下，全球气候治理紧迫性凸显是碳达峰碳中和行动的直接动因。[②] 气候变化威胁人类生存，可持续发展理念下碳减排刻不容缓。最近 20 年，全球变暖、冰川融化、海平面上升、雾霾天气等一系列现象表明温室效应带来的气候变化正严重影响着人类未来生存。随着蒸汽机的发明以及煤炭的大量使用，欧洲开启工业革命、进入机械时代。在 1824 年，温室效应被发现，即温室气体使得地球表面变得更暖，类似于温室截留太阳辐射，并加热温室内空气的作用，即造成“温室效应”。温室气体指大气中能吸收地面反射的长波辐射并重新发射辐射的一些气体，主要为二氧化碳、甲烷、氧化亚氮、氢氟碳化合物、全氟碳化合物、六氟化硫。气候变化不只是简单地体现为气候或者可监测的海平面上升，它对于整个地球的影响是致命且难以预测的，例如灾害性气候事件频发、岛国沿海洼地被淹没、物种灭绝加速、水资源分布失衡、影响物种分布、加重生态系统的脆弱性、加剧疾病传播等，均威胁着人类的生存和发展。人类活动是导致气候变化的主要原因这一观点已成共识。1995 年、2001 年以及 2007 年联合国政府间气候变化专门委员会（IPCC）的评估报告分别指出全球气候变化由人类活动引起的可能性依次是 50% 以上、66% 以上及 90% 以上。在 2013 年《环境研究快报》（Environmental Research Letters）

---

① 谢明．公共政策导论［M］．北京：中国人民大学出版社，2008：47.

② 袁学良，杨月，盛雪柔，等．碳达峰碳中和政策解析与对策建议［J］．山东大学学报（工学版），2023（05）：1－11.

上的研究文章表明，1991—2011 年发表所有有关全球气候变化主题的 12000 份学术论文中，97% 认可气候变暖是因为人类活动造成的。在工业化进程中，化石能源燃烧导致了大量温室气体排放。IPCC 第五次评估报告指出，二氧化碳、甲烷和氧化亚氮的大气浓度超出过去 80 万年以来的最高的水平。工业化的发展使得空气中二氧化碳浓度已增加了 40%，这首先是由于化石燃料的排放，其次是由于土地利用变化导致的净排放。

资源禀赋和用能结构也是影响碳达峰政策的重要因素之一。就我国而言，电热力生产及工业集中用煤、交通领域大量耗油是导致中国碳排放量较大的主要原因。我国突出煤炭资源储量丰富但质量较低且分布不均、油气资源相对不足依赖进口、可再生能源储量丰富技术水平领先等特点，为加快经济绿色低碳发展，我国形成了以煤炭为基础，以电力为中心，在石油、天然气、可再生能源等方面发展的能源生产供应体系。在资源使用上，煤炭等燃料燃烧是碳排放量较大的主要原因。根据 BP 石油公司的 2019 年统计数据，中国 93% 的碳排放来自化石燃料的使用，其中 68% 来自固体燃料如煤炭，23% 来自液体燃料如石油等，9% 来自气体燃料如天然气等。能源领域的自然因素也导致我国实现碳达峰与碳中和目标面临更严重的挑战。2023 年 12 月 27 日，中共中央、国务院联合印发的《关于全面推进美丽中国建设的意见》指出，当前我国经济社会发展已进入加快绿色化、低碳化的高质量发展阶段，生态文明建设仍处于压力叠加、负重前行的关键期，生态环境保护结构性、根源性、趋势性压力尚未根本缓解，经济社会发展绿色转型内生动力不足，生态环境质量稳中向好的基础还不牢固，部分区域生态系统退化趋势尚未根本扭转，美丽中国建设任务依然艰巨。[①]

二、碳中和政策的经济环境

经济环境是指对公共政策系统具有重要影响的各种经济要素的总和，包括物质和制度两个层面。物质层面主要有资源、人口、生产力水平、人民生活水平等内容。制度层面主要有所有制形式、经济体制或资源配置方式、劳动产品的分配制度等内容，一般以公有制或私有制、计划经济或市场经济、按劳分配或按资分配等标准来判断。经济环境是制定和执行公共政策的基本出发点，提供了公共政策系统运行所必需的资源，并直接影响政策系统的经济目标取向。比如在改革开放初期，国家大力倡导发展生产力，乡镇

① 中共中央 国务院关于全面推进美丽中国建设的意见［EB/OL］. https：//www.gov.cn/gongbao/2024/issue_11126/202401/content_6928805.html. 最后访问时间：2024 年 9 月 4 日。

企业得到突飞猛进的发展，逐渐形成了“村村点火、户户冒烟”的产业格局。乡镇企业带来农村繁荣的同时也造成了环境与资源的极大浪费。转变经济发展模式，促进产业结构绿色化转型，与延缓气候变化并行，是碳中和政策的重要目标之一。

经济结构的低碳转型受降碳政策体系的影响，同时经济结构也会对降碳政策的实施效果产生影响。这是因为在经济低碳发展水平较高时，实施更严格的降碳政策对经济社会发展的冲击较小，从而使这些政策容易被广泛接受和实施。从产业结构来看，如果一个地区的高耗能产业占比较低，淘汰这些高耗能产业落后产能造成的工人失业等问题就相对容易解决，加大对这些产业的节能技术改造补贴不会对政府财政产生太大压力，实施严格的节能标准对大多数产业的冲击也不会太大，从能源结构来看，如果一个地区的可再生能源在能源消费中占比很高，实施严格的碳总量控制对地区的经济社会发展影响就比较有限。从需求结构来看，由于消费主要拉动服务业等低碳行业发展，其他最终需求特别是投资对碳密集型产业的拉动作用较大，因而经济增长以消费驱动为主的地区能够承受更严格的降碳政策，投资在需求结构中占主导地位的地区就相对较难实行更严格的降碳政策。①

随着我国经济进入转变发展方式、优化经济结构、转换增长动力的攻关期，绿色转型及配套政策与法治建设也正在进入攻坚期。而碳中和政策把应对气候变化作为加快经济发展方式转变的重大战略机遇，通过大力推动绿色发展，淘汰落后产能，调整经济结构、产业结构和产品结构，促进了经济增长和应对气候变化的双赢。碳排放权交易作为运用市场机制控制温室气体排放、应对气候变化的有效手段，成为推动低碳经济转型的重要政策工具。新质生产力本身就是绿色生产力，碳中和、新能源、电力市场、绿色科技、新型工业化等是新质生产力的重要组成部分，是未来中国经济增长主引擎之一。因此，需要大力推动经济社会发展绿色化、低碳化，加快能源、工业、交通运输、城乡建设、农业等领域绿色低碳转型，加强绿色科技创新，增强美丽中国建设的内生动力、创新活力。

三、碳中和政策的政治环境

政治环境是指影响一个国家或地区环境资源政策制定和实施过程的各种外部政治因素的总称，其内容包括一个国家或地区的政治制度、体制、方针政策、法律法规、国际关系等。政治环境对碳中和政策的制约最为直接，具体表现如下。

---

① 张友国．中国降碳政策体系的转型升级［J］．天津社会科学，2022（03）：90－99.

（一）政治环境因素决定碳中和政策的性质

碳中和政策属于公共政策，体现了社会价值的权威性分配。一国的政治体制和政治结构决定了立法机关、行政机关、司法机关、政党、阶级、阶层、社会组织和公众等政策主体的权力、权利及义务关系。这实际与政治密切相关。政治是各种集团进行集体决策的一个过程，是经济上不同利益的阶级和集团为维护自身的利益而进行的合作或斗争。在我国，各族人民积极参与政治生活，通过全国人民代表大会及地方各级人民代表大会将民意集中起来，最终形成法律和政策。我国碳中和政策本质上体现了全过程人民民主，聚焦着群众对绿色低碳美好生活的向往，体现广大人民的根本利益。至于行政决策机构通过的环境方面的法规、决策，按照人大与政府之间的关系，实质上也是相关法律法规内容的细化或权力机关意志的贯彻。

（二）决定碳中和政策的民主化程度和有效性

科学的公共政策是民主性和有效性的统一。民主性体现了公共政策的民意集聚功能，是代表社会大多数公众的整体利益和长远利益，而不是个别行政领导主观意志的体现。如果体制外的政策主体缺乏参与公共政策过程的制度化途径，体制内外主体缺乏良性互动，政策系统就会成为封闭而专断的系统。有效性是将科学的决策迅速、合理地贯彻到实践中去，把绿色低碳发展融入经济社会文化的总体发展战略中。碳中和战略是一场绿色工业革命，需要集结政府政治力量、资本市场力量、科学技术力量等。科学的决策如果没有合理的政治制度做保证，很难实现政策目标。因此，政策环境对于碳中和政策的基础性影响是全方位的，有时甚至可以说是决定性的。政治环境决定了碳中和政策的民主性和有效性，进而影响政策执行的最终效果。

四、碳中和政策的文化环境

公共政策中的文化环境是指对政策过程产生直接或间接影响的社会状况和文化状况的总和。包括人口规模、性别比例、受教育程度、社会道德风尚、科技发展水平等。具体到碳中和政策的文化环境，以下三方面值得特别关注：第一，低碳及碳汇科学与教育知识，如降低能耗以及碳捕集、利用与封存技术；第二，碳中和政策价值观和环保意识；第三，特定的政治文化背景，包括政治思想、政治心理、政治价值、政治社会化的状况等。文化环境对公共政策的影响主要为公共政策的制定和实施提供智力条件、技术支持及精神动力。无论是碳中和政策的制定，还是其执行、监督和评估都对政策主体提出一定的素质要求，而且随着社会生产力的发展及政策环境的日趋复杂化，这种要求越来越强烈。政策主体和政策目标群体的素质状况很大程度上又取决于教育、科技等文化因素。

党的十八大以来，党中央和国务院提出了一系列关于碳达峰碳中和的新论断新战略。在习近平生态文明思想、习近平法治思想、习近平文化思想的引领下，各界深入贯彻新发展理念，形成“双碳”目标共识。这一方面表现为“双碳”价值取向和“双碳”价值追求，凝结为一定的“双碳”价值目标；另一方面表现为“双碳”价值尺度和准则，要求以生态状况及利用质量作为评价人类经济、社会、生活等活动和事物的尺度。① 双碳文化构建的过程也是双碳理念沉淀在法律体系、政策体系和道德规范的过程。值得关注的是，现行碳中和政策文件或地方立法不乏规定要求教育部门和学校将双碳知识纳入学校教育内容，培养学生的绿色低碳意识，如《天津市碳达峰碳中和促进条例》。碳中和政策通过对“双碳”文化的建构，让人们在实践中吸收文化时感受和理解个人、集体乃至全人类的目标，从而在追求正义的事业中满足自身高尚人格需要，“双碳”文化也外显为一种自觉行动。

五、碳中和政策的国际环境

国际环境是指对某一国家环境政策产生影响的一切外部因素的总和，包括经济、政治、文化、军事、外交等方面。国际环境对国内碳中和政策产生影响主要表现为如下方面。

（一）全球气候环境具有一体化特征

地球是人类唯一赖以生存的家园，面对全球气候挑战，人类是一荣俱荣、一损俱损的命运共同体，没有哪个国家能独善其身。应对气候变化代表了全球绿色低碳转型的大方向。由于温室气体具有流动性、循环性特征，使全球气候环境具有一体化特征，一个国家和地区的环境问题，可能成为其他国家的环境问题。如巴西热带雨林的大量砍伐，对全球大气的质量产生消极影响。应对气候变化是人类共同的利益所在。工业污染对环境产生的影响直接关系着全球气候变化情况，也成了全世界发展过程中面临的最严峻挑战之一。

（二）在生态环境治理方面的国际合作

关于全球气候治理，三个国际公约具有里程碑意义。1992 年 5 月 9 日通过的《联合国气候变化框架公约》确立了全球应对气候变化的目标和原则，是全球气候治理最基

---

① 易艳．论“双碳”文化的建构［J］．武汉理工大学学报（社会科学版），2023（02）：73－79.

础和最根本的制度文件。1997 年通过的《京都议定书》使温室气体减排成为发达国家的法律义务。2015 年 12 月 12 日，第 21 届联合国气候变化大会通过了《巴黎协定》，提出了全球应对气候变化的目标和机制，其实施原则为公平和共同但有区别责任，考虑各国国情，全面、平衡和有效地推进各要素的实施。[①]

此外，多国也采取行动，宣布实现碳达峰或碳中和目标，或承诺履行期限。截至 2022 年 12 月，马达加斯加等 6 个国家宣称已实现碳中和；德国、加拿大、日本、欧盟等 18 个国家和地区在法律层面承诺了碳中和时间；中国、美国、澳大利亚、意大利等 37 个国家在政策文件中承诺了碳中和时间；有 16 个国家仅在一些声明或承诺中提及碳中和时间，其余国家并未正式做出碳中和目标的承诺。

此外，一些地区和国家的减排行动对全球的气候治理有深刻的影响。欧盟于 2005 年启动了碳排放交易计划，成为欧盟气候政策的支柱之一。欧盟制订的国家气候行动计划和欧盟气候政策的目标是到 2030 年温室气体的排放比 1990 年至少减少 40%，要求到 2030 年，各成员国属于欧盟排放交易系统的部门排放量较 2005 年减少 43%，不属于欧盟排放交易系统的部门排放量较 2005 年减少 30%。美国在实现碳中和方面的态度并不稳定，曾在 2020 年退出《巴黎协定》，又在 2021 年重新加入该协定后公布了到 2050 年实现“净零”温室气体排放的战略，即在 2030 年前使净温室气体排放较 2005 年减少 50% 至 52%，在 2050 年前实现温室气体净零排放。俄罗斯于 2021 年 10 月通过了《俄罗斯到 2050 年前实现温室气体低排放的社会经济发展战略》，该战略提到 2050 年俄罗斯的温室气体排放量较 1990 年净减少 80%，同时最大限度地提高森林和其他生态系统的吸收能力，并在 2060 年实现碳中和。

（三）全球碳市场快速发展成为重要减排手段

碳市场是指由于碳排放权交易而形成的市场，通过市场定价。自 2005 年欧盟建立欧盟碳排放权交易机制（EU - ETS）以来，美国加州、韩国、新西兰等多个国家或地区开始建立碳市场，并将其作为重要的减排手段。世界银行发布的年度《碳定价机制发展现状与未来趋势报告》显示，碳税和碳排放权交易体系（ETS）收入达到约 950 亿美元，全球近四分之一的温室气体排放（23%）为 73 种机制所覆盖。根据国际碳行动伙伴组织（ICAP）发布的《全球碳市场进展 2023 年度报告》，2022 年，占全球 GDP（国内生产总值）55%、人口三分之一的地区运行着 28 个碳市场（一般是强制碳市场），覆盖全球 17% 的温室气体排放量。全球碳市场有超国家碳市场、国家级碳市场和区域碳市场等。从

---

① 李岚春，陈伟，郭楷模，等．政策工具视角下发达国家碳中和战略行动政策分析及对我国启示［J］．情报杂志，2021（12）：63 - 71.

覆盖碳排放量看，中国碳市场是全球碳市场中体量最大的一个。国外碳市场的快速发展可以为我国碳市场的建立和发展提供可参考的示范样本、可借鉴的经验或教训。

第五节　碳中和政策的主要工具箱

公共政策是社会公共权威在特定的社会背景下为解决特定问题而采取的行动，具有目标性和工具性。[①] 碳中和政策为实现双碳目标而采用的或必须遵循的行动路径和机制，正是环境政策工具自身功能的体现。如何从错综复杂的“政策工具箱”中选择与使用工具，不仅关系生态环境甚至气候治理的合法性，也关乎政策制度实施效能。碳中和政策工具可分为“自愿性工具”“强制性工具”和“混合型工具”等。

一、命令—控制型工具

命令—控制型工具，又称强制性工具，是公共权威通过立法等强制手段迫使污染者必须遵守既定的排放目标、排放标准和技术要求，对违规者进行制裁，增加其逃避责任的成本，从而达到环境治理的目标。就控制方式而言，可分为直接和间接两种类型：直接管制是政府直接对生产过程中排放温室气体数量和种类进行规定的强制手段；间接管制是对生产投入和消费的前端过程所可能产生的温室气体数量、种类进行规定的强制手段。实施强制性政策工具更多依靠政府行政强制力，目标群体及其行为只能被动接受规制。

命令—控制型工具由政府主导，由其直接将政策措施传递到目标群体来达到政策目标，该类政策工具包括：排放管制，指通过行政强制力量对各类碳排放行为进行约束指导的强制性政策工具，主要通过强制性减排改造、行业准入、产能压减淘汰、排放数据统计预警、惩罚性税收、要素刚性约束等方式实现；能源调控，指通过调控能源生产消费结构来指导各类排放主体碳排放行为的强制性政策工具，主要通过政府主导的能源替代、能源消费调控、能源体制机制改革等方式实现；公共事业，指通过政府力量主导建设工程项目来服务于“双碳”目标的强制性政策工具，主要通过建设基础设施、实施政府开发工程、生态环境修复项目、政府购买等方式实现。

以能耗的双控目标这一强制性工具为例，为助力碳达峰与碳中和目标，“十三五”

---

① 黄栋．国家治理现代化中的政策协同创新［J］．求索，2021（05）：160－169.

期间，我国已经形成了相对完善的能源消耗总量和强度双控政策体系，即能源消费强度和总量双控制度，尝试借助环境规制倒逼企业调整能源结构，实现产业创新升级；“十四五”规划进一步提出了完善能源消耗总量和强度双控制度的目标。“能耗双控”政策目标的提出，对高耗能行业产生了较大的冲击。国家发展改革委于 2021 年 9 月 11 日发布《完善能源消费强度和总量双控制度方案》，该方案提出了优化指标分配、市场交易、预算管理的方法。双控目标除在控制能源消费总量层面具有较为直接的影响外，也降低经济社会发展对能源和碳排放增长的依赖，实现路径在于高能耗企业的技术迭代。2024 年 7 月 30 日，国务院办公厅印发《加快构建碳排放双控制度体系工作方案》，要求将碳排放指标及相关要求纳入国家规划，建立健全地方碳考核、行业碳管控、企业碳管理、项目碳评价、产品碳足迹等政策制度和管理机制，并与全国碳排放权交易市场有效衔接，构建系统完备的碳排放双控制度体系，为实现碳达峰碳中和目标提供有力保障。

碳税制度，作为强制性政策工具，是一种以课税方式实现环境成本内部化，倒逼企业减排，从而达到一定减排效果的碳减排工具。实行碳税通过行政性课税适度调节不同企业的绿色生产成本，促进碳减排效果的实现，并增加财政收入，也可能加重企业税收负担。但是，由于传统税制结构的改革难度以及能源消费结构的复杂转型，碳税的开征问题在我国政策制定过程中被暂时搁置。随着中国碳排放总量与强度双控制度构想的落地实施，有学者认为我国出台碳税制度的时机已趋成熟，且碳税应当成为我国绿色税收体系的核心。[①] 日益完善的环境保护税、资源税等绿色化税制也为碳税制度的构建提供了路径基础。碳税的减排目标实现途径有两个，即促进企业采纳创新研发手段，或引入环保技术，以提升能源使用效率，以及倒逼企业探索替代性的清洁能源，优化其能源消耗构成，进一步影响整体能源消耗格局。[②]

命令—控制型工具在环境管理方面具有很强的确定性和可操作性，能够确保环境业绩得到迅速的、可测量的改善，不同的国家和地区都可以适用。但是，当这种政策工具面临公共决策民主程度提高、政策客体复杂的挑战时，不足和缺陷也日益显现，如决策信息的获取和加工能力日益受到挑战，政策成本巨大，缺乏灵活性和应变性，重视公平而忽视效率，缺乏激励企业自觉控制污染的动力等。这些局限性正促使从强制手段转向自愿型工具和经济激励型工具。

---

① 李思存，蒋书豪，朱谷锐，等．论“双碳”目标下我国绿色税收体系的优化［J］．税务研究，2024（06）：32－37.

② 蒋佳妮，梁存吉．“双碳”目标下中国碳税制度构建研究［J］．中国政法大学学报，2024（04）：18－28.

二、自愿型工具

自愿型工具手段灵活，在碳中和政策中表现为市场化和社会参与，其突出特点是完全由市场和社会力量主导碳减排相关行为，政府力量干预程度最低。自愿型工具的优势在于，与法律管制的环境手段相比，具有灵活性且执行成本低；与经济手段相比，不需要大量的信息成本，执行相对简单和容易操控①。在这样的背景下，自愿协议型工具得到越来越普遍地使用，特别是发达国家。常见的自愿型工具包括社会参与和自愿型协议。

社会参与主要是指通过激发社会各方主体自愿进行碳排放行为优化的自愿型政策工具，政府政策工具运用的重点在于进一步激发引导相关企业、社会公众自愿参与“双碳”目标，具体包括引导社会资本参与、自发碳排放服务创新、绿色低碳生活方式倡导、凝聚社会减碳共识、生态知识科普等方式。

碳排放权交易和绿电交易均是较为典型的资源型工具，其中碳排放权本质上为官方或许可机构授予企业及团体的一种许可，准许其在一定期限内释放固定量的温室气体。这些排放权多以碳排单位的形式出现，单个单位象征着一定量的二氧化碳释放。碳排放权交易是通过市场机制控制和减少二氧化碳等温室气体排放、助力积极稳妥推进碳达峰碳中和的重要政策工具。碳排放权市场是依托排放权交易建立的机制，在此机制下，企业得以进行碳排权的交易。市场的运行机理是，官方或许可机构首先设定年度排放的限额，随后向企业分配或竞拍相应额度的排放权。企业基于自身的排放量状况，自主决定是否增购额外的排放权，此机制旨在降低温室气体的排放量，同时为企业提供经济上的奖励，促使其采取减排行动，以实现或低于排放限额。

绿色电力交易涉及购买及出售由可再生能源发电产生的电力，这类能源不会排放温室气体，且在能源生产过程中对环境的影响较小。绿色电力交易市场的崛起，激励了清洁能源的应用，助力减少对化石能源的依靠，推进可持续能源产业的发展。此市场让消费者及企业得以主动参与气候变化的应对及可持续能源的转型，通过采购绿色电力，支持清洁能源发电项目的实施。

碳市场和绿色电力市场之间存在互动关系。碳市场是借助于市场机制对温室气体排放进行控制、减小降低碳排放量成本的核心制度创新，也是推动实现“双碳”目标的

① 秦颖．新的环境管理政策工具——资源协议（VAs）的理论、实践与发展趋势［M］．北京：经济科学出版社，2011：42.

重要政策工具。[①] 从全国层面看，全国碳市场已初步形成以《碳排放权交易管理暂行条例》《碳排放权交易管理办法（试行）》等行政法规和部门规章为统领，以碳排放权登记、交易和结算等规范性文件为补充依据的碳交易规则体系。绿色电力市场推动了可再生能源的发展，这些能源在发电过程中不排放温室气体，因此，有助于降低总体的碳排放水平。企业和消费者可以通过购买绿色电力来支持可再生能源，减少对传统高碳能源的需求，这种联动机制可以协同助力温室气体减排和可再生能源发展，使其成为一体化的解决方案。[②]

自愿型协议意味着参与方在存在互惠基础的条件下，依据自由意愿决定是否订立合同。与此同时，自愿协议的遵守与执行，依赖于协议主体的自由意志和协议本身约定的违约责任，没有外部压力或强制。有学者认为目前并没有有力的证据证明自愿型环境政策对企业降低成本与增强意愿有显著影响。因此，自愿协议往往在利益诱惑后缺乏长期有效的行政约束，企业往往在协商与谈判中充分争取自己的权利而导致后续效果并不稳定。

碳普惠，作为一种具有推动全民参与、全社会共同减排可能性的政策工具，值得被关注。它是以个人和小微企业为对象的减排激励机制，通过为节能减碳行为赋予价值，将公众的日常低碳行为转化为可以量化和受益的碳减排量。碳普惠机制包含以下要素：行为量化，即通过碳排放数据采集和碳核算，将个人的节能减排行为（如绿色出行、节能减排的生活习惯等）转化为可量化的碳减排量。赋予价值，即可量化的碳减排量可以以碳积分、碳货币等形式赋予价值，参与者可以利用这些碳减排量进行碳交易、抵消个人碳排放或兑换其他社会福利。激励机制，即通过奖励机制激励人们采取更多的低碳行为，比如使用公共交通、减少能源消耗、选择绿色产品和服务等。平台支持，即为了实现碳普惠，多地建立了碳普惠平台或碳账户体系，如金融机构推出的个人碳账户，企业和地方政府主导的碳普惠项目。碳普惠政策还需要配套精确的数据管理和核算系统，以确保碳排放数据的准确性和透明度。碳普惠机制在我国已经具有多种应用场景，例如蚂蚁森林是目前用户较多的典型案例，类似的一些商业银行也开设个人碳账户；政府主导的碳普惠应用有苏州工业园区启动"碳普惠服务中心"并发布碳中和普惠服务体系，满足条件的参与企业可申请零碳认证。[③] 碳普惠是否能实现全社会参与的减排目标，取决于激励方式与公众参与动机的匹配程度。比如，有研究以蚂蚁森林为例关注公众参与碳普惠制度的动因，认为享乐动机、成就积累、社交互动、环保规范是参与者的主要动机。[④]

---

① 张叶东．中国式现代化视域下的碳市场法治保障研究［J］．经济发展研究，2023（01）：31－44．

② 李婷．碳排放权与绿电交易的联动机制研究［J］．中国集体经济，2024（22）：29－32．

③ 何玥颐．碳普惠应用场景迎更多创新实践［N］．新华日报，2024－07－29（10）．

④ 陈瑜．基于文本挖掘的碳普惠用户参与动机研究——以蚂蚁森林为例［J］．科技和产业，2024（08）：72－78．

三、混合型工具

混合型工具中的政府干预力量强制程度介于强制型和自愿型之间，政府有权通过采取鼓励性或者限制性措施进行干预，迫使生产者和消费者把他们产生的外部效果纳入经济决策之中以实现政策目标，但具体行为的决定权仍在政策目标群体一方。这些经济激励型工具有税收优惠、要素支持、排污权交易、信息与劝诫、财政补贴、引导性政策、环境创造等。具体而言，常见的税收调节做法有征收碳税与对植树造林、退耕还林还草、建立生态保护区等有益于生态保护的行为给予税收优惠。

在要素支持方面，政府通过优化土地、科技、人才、金融等要素配置从而指导各类碳排放行为的混合型政策工具，主要采取财政补贴、金融支持、制度保障、税费减免等方式途径实现。就金融支持而言，我国的绿色信贷规模和绿色债券规模分别居全球第一位和第二位。引导与劝诫指政府释放引导性信息对碳排放行为进行约束和激励以及通过产业类引导性政策优化整体碳排放结构的混合型政策工具，主要通过预期释放、行为劝诫、示范试点、业态激励、教育培训、产业规划、产业扶持、资源开发等方式途径来实现。

我国碳中和政策中采取政府专项扶持与财政补贴，包括：（1）对低碳产业发展的扶持，支持绿色建筑、智能交通等低碳产业发展，推进传统高碳行业的转型升级，2016年国务院《关于煤炭行业化解过剩产能实现脱困发展的意见》设立工业企业结构调整专项奖补资金，探索煤炭产业转型升级的路径。（2）对低碳技术研发的补贴，《国务院关于进一步加强淘汰落后产能工作的通知》《淘汰落后产能中央财政奖励资金管理办法》提出加强财政资金引导，支持企业淘汰落后产能。（3）低碳消费补贴。2020年12月财政部、工业和信息化部、科技部、国家发展和改革委员会发布《关于进一步完善新能源汽车推广应用财政补贴政策的通知》，明确补贴范围和补贴标准。①

此外，碳标签也是一种介于强制型和自愿型之间的政策工具。碳标签的性质为环保标签，用于显示产品或服务在其整个生命周期（包括生产、运输、使用和处置等环节）中产生的温室气体排放量。这种标签通过量化的碳排放数据，向消费者传达产品的环境足迹，帮助消费者做出更加环保的购买选择，同时也鼓励生产商减少产品的碳排放。各国就碳标签的强制性或任意性采取不同策略。法国在2011年通过了“绿色标签”法案，

① 王文举，孔晓旭．中国2030年碳达峰的省级目标、政策工具与路径选择［J］．社会科学战线，2022（11）：78－88.

要求对某些产品和服务实施强制性碳标签制度，这是国际上较为罕见的强制性碳标签措施之一。我国目前碳标签主要是自愿性质的，企业可以自愿申请对其产品进行碳足迹评估，并获得相应的碳标签。碳标签机制实现减排。碳标签体系的基本构成要素有制定碳足迹核算技术规范、审定和核查、碳标签认证认可以及碳标签的规范应用。目前我国碳标签体系存在着核算标准不统一、审核签发制度不规范、场景应用尚不明确等问题亟待解决。[①] 但碳标签的应用逐渐增加，特别是在农产品、食品、纺织品等领域。例如，吉林省发布的国内首个鲜食玉米碳标签，就是一个旨在引导消费者选择低碳产品、推动农业绿色低碳发展的举措。通过推广碳标签，可以促进产品的绿色转型，加快形成绿色生产和消费的新模式。

四、中国碳中和政策工具的理性选择

政策工具是政策部署、推行和贯彻的手段，连接政策目的、政策执行和政策的结果。政策工具的成功运用对政策执行至关重要，集中体现了价值理性、制度理性和工具理性，是三者的自洽与耦合。

有学者对碳达峰碳中和文本中的政策工具进行编码，经统计发现，混合型工具使用最多，占比52.9%，其中信息与劝诫、环境创造类工具占绝大部分，说明国家充分利用鼓励支持类政策，集聚各方面力量推动实现目标，集中表现为鼓励绿色低碳科技革命等的政策。与此同时，承载着鼓励性政策工具的多是方向性、指导性的条文，缺少量化指标和操作方法，需要在下一步的落实方案中进行细化。强制性政策工具总量适中，但内部结构不均。管制类政策工具独大，占比达80.70%，这表明，国家在创造良好市场环境、推出一系列鼓励支持政策的同时，也注重通过强制力进行管控，从而更好、更直接地实现政策目标。自愿型政策工具短缺，特别是公众参与、第三方参与等政策工具数量较少。特别是在产业升级方面自愿型政策工具缺失，其原因可能是管制等刚性政策工具在促使企业完成产业绿色低碳转型更为直接和高效。[②]

评价政策工具的配置与选择，应当从以下方面考量：第一，政策工具的合法性，具体包括争取目标群体的认可和支持，助力经济转型与统筹社会民生，引领国际规则和塑造话语体系，保证政策工具在使用认同和使用价值上的合法性。第二，政策工具的系统性，“双碳”目标实现需考量相互叠加的多重因素，又受到工业化是否业已实现或即将

---

① 丁斐，窦晓铭，宋杰．农产品碳标签体系：构成要素、国际经验与政策启示［J］．环境保护，2024（Z1）：42－47.

② 宋敏，龙勇．政策工具视角下我国碳达峰碳中和政策文本分析［J］．改革，2022（06）：145－155.

实现等外部政策环境的制约，政策工具的选择需考虑系统的完整性以及内外部的协调与互适。[①]

在此背景下，碳中和政策工具的运用需要关注平衡使用、细化政策举措和激发政策主体能动性等问题。在政策工具的平衡性方面，在贯彻落实现行政策中增加公众参与和第三方组织参与等自愿型政策工具的使用比例的同时，也要适度提升混合型政策工具中税收和补贴类政策工具的使用，用经济手段支持和激励企业组织、社会公众开展绿色低碳行动，撬动社会资本投向碳达峰碳中和有关行业领域。在细化政策举措方面，当碳达峰碳中和顶层设计搭建完成后，应根据各领域实际情况，推出更具针对性和专业性的政策工具，可将重点集聚到能源革命方面中的大型风光电基地建设、清洁能源消纳、新能源技术开发，产业结构转型升级方面中的绿色制造体系和服务体系等方面。在激发政策主体能动性方面，为形成齐抓共推的局面，政府组织层面应推动政策工具协同使用，加强降碳、减污、扩绿、增长等方面政策的协同实施。企业组织层面应以企业实际需求为导向，落实好财税支持、环境创造等方面的政策工具。而针对不同企业和区域制定差异化的低碳经济发展政策制度，有利于兼顾公平和效率，促进低碳发展和区域经济协调发展。社会公众层面应运用好自愿型政策工具，大力倡导简约适度、绿色低碳、文明健康的生活方式，引导绿色低碳消费，加快形成节约资源和保护环境的产业结构、生产方式、生活方式、空间格局。

---

① 杨书房．碳中和目标下国际社会政策工具的配置与选择［J］．国外社会科学，2022（06）：140－150.

第三章　碳中和政策的决策体制

政策决策体制在现代国家治理体系中发挥着重要作用，攸关制定和实施国家的发展战略和政策。加强政策决策体制研究，有助于提高政府的决策效率和执行效果，促进政府与社会的沟通和互动，增强政府的公信力和执行力。本章主要对碳中和政策决策体制的定义、作用、结构及中国决策体制现状进行分析考察，然后在总结碳中和政策的理性、感性和综合决策模式理论基础上，阐释碳中和政策制定的一般程序以及碳中和政策方案的确定与法律转化等内容。

第一节　碳中和政策决策体制的理论内涵

一、碳中和政策决策体制的定义

体制即规范体系，是用制度加以固定的体系，或者说是用制度加以固定的事物各个方面的相互关系。① 换言之，体制是决策权力分配的制度和决策程序、规则、方式等的总称，是公共政策决策工作的组织形态。碳中和政策决策体制是指用制度加以规范的承担碳中和政策决策任务的机构和人员的职权划分、结构组成和相互关系的总称。其实质是围绕决策权力的分配而设计出来的包括决策程序、决策规划、决策方式、具体实施制度在内的总称。

碳中和政策的决策体现了一种权力的分配，为保证这种分配的正常有序，在分配过程中需要遵守一定的规则和程序，从而形成了公共决策体制。其中，碳中和决策必须遵循一定规则和程序，这既是决策理性的要求，也是公共决策实践检验的结果。只有遵循一定的普遍规则，决策才有可能是科学和有效的。这些普遍的规则主要包括投票规则、听证规则、专家咨询规则和群体协商规则等程序性规则。广义上，碳中和政策体制分为决策信息系统、决策咨询系统、决策中枢系统、决策执行系统、决策监控系统和决策评

---

① 许文惠，张成福，孙柏瑛．行政决策学［M］．北京：中国人民大学出版社，1997：76.

估系统等方面。总的来说，公共决策体制是与政治体制密切相连的，尤其表现在其决策权力的分配制度上。科学合理的碳中和决策体制为决策职能的实现提供有力的组织保证和制度保证，在决策中规范决策活动，降低决策成本，使决策方案科学、合法、合理、可行。

二、碳中和政策决策体制的作用

（一）有助于保证碳中和政策决策的程序化

决策程序是决策过程各个环节和步骤的逻辑顺序，科学的决策程序揭示了决策活动的必然过程，是决策固有规律的重要反映。在政策决策的过程中，科学程序的遵循是政策具有有效性、科学性和政策制定效率化、法制化的一个重要保证。[①] 由于环境问题中涉及的利益主体的多元性和碳中和政策制定过程的复杂性，都内在地要求碳中和政策的制定和决策的程序化和规范化。决策体制反映决策系统内部的结构和功能，决定政策的产生方式和形成机制。[②] 良好的碳中和政策决策体制，要求碳中和政策的制定必须符合宪法法律和法定程序，重视碳中和政策决策步骤的完备化、具体化、标准化、规范化，从制度上保障制定决策要严格遵循决策程序，使决策的每一个环节和步骤有章可循，确保碳中和政策在严密的制度和程序的约束下产生，可有效预防主观随意决策、草率决策、胡乱决策，从而避免碳中和政策决策的盲目性和不规范性，从而走上严谨的程序化决策的健康轨道。

（二）有助于实现碳中和政策决策的科学化

决策科学化主要是指决策这一主观活动要符合客观事物的实际，坚持符合实际的思想路线，运用科学的理论、方法、手段、体制等进行综合决策。科学的碳中和政策决策体制，可以促进先进的科学技术在碳中和政策决策中的广泛应用，有利于实现由经验决策向科学决策的彻底转变，进一步实现决策方式、方法和手段的现代化。所以，科学的碳中和政策决策体制，在提高碳中和政策决策的质量上发挥着不可替代的作用，有助于实现碳中和政策决策的合法化。因此，要坚持系统观念，将碳达峰碳中和工作纳入国家发展战略体系，与“十四五”规划和新发展阶段目标任务有机衔接、一体推进，科学合理规划各地区、各行业的碳达峰碳中和目标计划，科学制定碳达峰碳中和领域科技创

---

① 刘雪明．政策决策的科学化与民主化问题研究［J］．求实，2002（04）：49－52.

② 王占军，傅俊楼．科学化、民主化是保证政策决策社会主义方向的根本途径［J］．理论探索，2002（06）：27－28.

新战略规划和行动方案，确保经济社会发展与碳达峰碳中和工作相协调。

（三）有助于推进碳中和政策决策的民主化

良好的碳中和政策决策体制，以制度的形式规定了各种决策主体的决策权力，确保了对决策权力的合理分配，构建了全方位、多层次的科学决策的权力体系，从组织上保证了公众和专家学者参与碳中和政策决策，在决策中畅所欲言，充分表达自己的观点，并积极献计献策，形成各决策主体的直接和良性互动，易于调动利益相关群体的广泛参与，从而有效防止决策的片面性，避免或减少决策的失误，有利于更好地集思广益、统筹兼顾，科学地做出综合决策。2003 年 10 月，党的十六届三中全会提出："完善政府重大经济社会问题的科学化、民主化、规范化决策程序，充分利用社会智力资源和现代信息技术，增强透明度和公众参与度。"① 这反映了党和国家在推进决策机制民主化方面的决心。同时，科学合理的碳中和政策决策体制，有利于坚持"集体领导、民主集中、个别酝酿、会议决定"的原则，有利于形成高效的碳中和政策决策过程的监督制约机制，防止由于权力过分集中而造成决策中的"独断专行""自以为是"和"长官意志"现象，有助于实现由个人决策向集体决策的转变。

（四）有助于实现碳中和政策决策的高效化

良好的碳中和政策决策体制能够保证决策机构和层次的设置更加合理，人员更加精干，决策中多谋与善断相对分工，职责分明，不同决策主体之间既相互独立，又相互协调，有利于实现决策中的优势互补。另外，坚持科学决策、民主决策、依法决策，能最大限度地把各种先进知识和现代化手段有机结合起来，综合运用到碳中和政策决策中，决策快捷，并能有效降低决策成本，从而有利于实现决策的高效化。

党的十八大以来，党中央、国务院高度重视科学民主依法决策，完善公众参与、专家论证和政府决定相结合的行政决策机制。党的十八届四中全会提出，健全依法决策机制，把公众参与、专家论证、风险评估、合法性审查、集体讨论决定确定为重大行政决策的法定程序。2015 年 12 月，《法治政府建设实施纲要（2015—2020 年）》提出了推进行政决策科学化、民主化、法治化的具体目标和措施。为规范重大行政决策程序，国务院在 2019 年 4 月 20 日颁布《重大行政决策程序暂行条例》。2024 年，国家发展改革委印发的《国家发展改革委重大项目后评价管理办法》（发改评督规〔2024〕1103 号）规定，后评价项目主要从包括"对实现碳达峰碳中和、节约资源、保护生态环境、促进社会发展有重大影响的项目"项目在内的 10 大类型项目中选择列入后评价年度计划。

---

① 中共中央关于完善社会主义市场经济体制若干问题的决定［M］. 北京：人民出版社，2003.

三、碳中和政策决策体制的结构

（一）决策中枢系统

决策中枢系统是指拥有最终决策权的领导机关和领导者，是碳中和政策决策体制的核心，其主要职能是确立目标和抉择方案。决策中枢系统是公共决策体制的核心，它的主要职责是根据决策目标，从诸多的备选方案中作出选择。决策中枢系统的决策方式可分为领导个人决策和领导集体决策两类。领导个人决策方式的优点在于：决策果断、应变灵活、事权集中、责任明确，不足之处是，限于决策者自身因素，易出现决策失误，往往还易造成个人专断、滥用职权等弊病。立法机关、行政机关、司法机关和执政党是公共决策主体的核心主体，一般采取领导集体决策方式。其优势在于能博采众长、集思广益，较为客观全面地做出决策，但有时易出现决策迟滞、责权不分、争功诿过的现象。国家行政机关实行首长负责制与集体领导相结合的原则。2015 年，行政机关负责人（或称“行政首长”）出庭应诉制度首次写入修订后的《行政诉讼法》。被诉行政机关负责人依法应当在第一审、第二审、再审等诉讼程序中出庭参加诉讼，行使诉讼权利，履行诉讼义务。

在全面推进美丽中国建设的新时代，中枢系统的领导者所需要的是积极的创新精神、面对未来的领导观念、敏锐的预测能力和准确的判断力；需要的是开放的思维结构、丰富的经验和渊博的知识；需要有为人民服务的精神和实事求是的精神；需要有民主宽容的品格和强健的体魄。① 由于决策质量与掌握公共权力的决策人员素质高低有较密切的关系，要求决策人员具备科学的世界观、较高的文化知识、丰富的决策阅历和良好的民主作风。因此，要不断提高决策者的责任意识，加强服务观念，尽可能避免决策失误。

（二）决策信息系统

信息系统是碳中和政策决策的支持和保障系统。因为信息是决策的基础和前提，碳中和政策决策从某种意义上讲也就是一种对碳中和政策相关信息的收集、加工、处理和利用的过程。现代社会正处于信息爆炸时代，政府作出的决策有赖于信息的完整性和真实性。决策信息系统是决策信息人员通过信息收集、加工、储存、传递等工作，为决策咨询系统和决策中枢系统提供决策信息服务的有机整体。各级政府一般都设置信息主管部门，负责处理信息收集等工作。比如，2023 年 3 月，中共中央、国务院印发《党和

---

① 陈庆云，戈世平，张孝德．现代公共政策概论［M］．北京：经济科学出版社，2004：37－38.

国家机构改革方案》，新组建国家数据局，负责协调推进数据基础制度建设，统筹数据资源整合共享和开发利用，统筹推进数字中国、数字经济、数字社会规划和建设等工作。建立健全决策信息系统，将有助于推进数字生态文明建设。

决策主体所需要的信息，必须贯彻真实性、及时性、适用性和足够性等原则，而这些，都与决策信息系统相关联。[①] 随着信息的作用日益重要，碳中和政策决策信息系统在碳中和政策决策体制中的地位也不断上升，引起了人们的高度重视。从信息角度分析，无论是中央还是地方政府，上级决策层信息来源众多、渠道广泛，掌握的信息相对完备。

（三）决策咨询系统

决策咨询系统也被称为“思想库”“智囊团”“智库”，是指由专家组成的多学科的，为决策者在处理社会、经济、科技、军事、外交等各方面问题出谋划策，提供最佳理论、策略、方法、思想等的公共研究机构。在中国，决策咨询系统以政府的政策研究室为主，以社会科学院、科学院等研究机构和高等学校咨询力量为辅。

现代社会分工精细，科技昌明，信息剧增，国际交往频繁复杂，使得现代决策呈现大型化、多变化、综合化、复杂化等趋势。一项重大决策往往涉及政治、经济、文化、社会、生态、法律等各个领域，其所需要的知识、经验、智慧、信息，是任何决策者个人无法包容的。也就是说，现代决策者所要解决的问题，所承担的责任，所行使的职权与他们的知识、能力之间的差距越来越大。要弥补这一差距，就必须发挥由专家学者和专业人员组成的咨询系统的作用。[②] 在领导者决策之前，智囊团可以积极地发挥作用，为领导者提供各种信息资料，拟订各种可供选择的方案。因此，新时代要大力推进国家高端战略智库建设，充分发挥理论研究和决策咨询作用。

（四）决策执行系统

决策中枢系统作出决策以后，大量的具体实施工作就依赖于决策执行系统。决策执行系统是由实现决策目标、完成决策任务为宗旨的组织和人员组成，其范围有具有行政处罚权的行政机关；具有管理公共事务职能的组织；行政机关委托的组织；国务院或者经国务院授权的省级人民政府决定授权的行政机关等。对决策执行系统而言，它需要全面理解决策中枢系统的决策指令，在规定的时间内，根据具体情况，有计划、有步骤地完成决策目标。公共政策在经过“制定—执行—评估—终结”的过程中构成一个政策

---

① 邱汉中．论当前公共政策决策中存在的问题及对策［J］．西藏民族学院学报（哲学社会科学版），2003（04）：60－64.

② 陈庆云，戈世平，张孝德．现代公共政策概论［M］．北京：经济科学出版社，2004：37－38.

周期。在政策制定与政策成功之间不能出现一个“错失的联结”（the missing link），政策制定后的实施对于实现政策目标同样也是至关重要的。进言之，政策执行是将政策理想转化为政策现实、政策目标转化为政策效益的唯一途径，实践中需要加强碳中和政策的组织实施，健全任务分解、责任分工、定期调度等推动落实机制。同时，要加强碳中和政策实施效果的评估，健全政策执行情况评估机制，不定期对已出台的碳中和政策效益进行“回头看”。

（五）决策监控系统

法国思想家孟德斯鸠指出：“自古以来的经验表明，所有拥有权力的人，都倾向于滥用权力，而且不用到极限绝不罢休。谁能想到，美德本身也需要极限！为了防止滥用权力，必须通过事物的统筹协调，以权力制止权力。”[①] 这说明权力必须处于有效的监督和控制之下，须对决策权力实行有效的监控，形成严密高效的碳中和政策决策监控系统。即构建保证碳中和政策决策安全的防火墙系统，以确保碳中和政策决策的科学性、规范性、严谨性和严肃性。对于涉及公共利益的问题，我国政府决策过程越来越透明，强调公众的有序参与，并且决策过程与诸多决策环节逐步以政府规章等法制的形式予以明确。为规范重大行政决策程序，国务院于 2019 年颁布《重大行政决策程序暂行条例》，重点规定了公众参与、专家论证、风险评估、合法性审查、集体讨论决定等方面的具体要求。该条例还规定，违反条例规定造成决策严重失误，或者依法应当及时作出决策而久拖不决，造成重大损失、恶劣影响的，倒查责任并实行终身责任追究。

碳中和政策决策体制的结构及其组成要素之间的相互关系见图 3 - 1。上述各个系统分工明确、职责分明，既相互协作又相互制约。决策信息系统是决策中枢系统和决策咨询系统决策的基础，决策咨询系统为决策中枢系统服务，而这三者又都处于决策监控系统的监控之下，它们有机统一地构成碳中和政策决策体制。

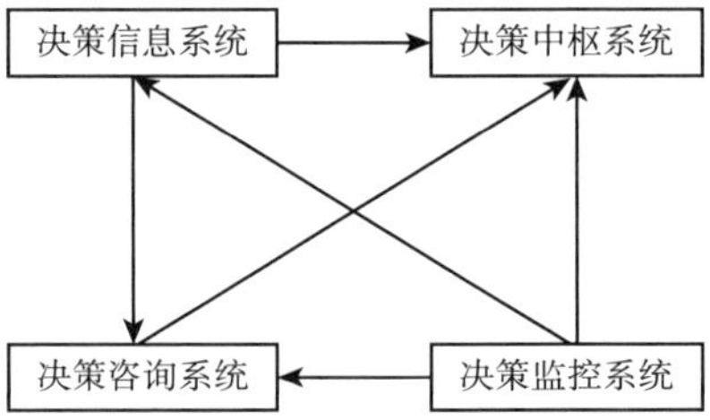

图 3 - 1　碳中和政策决策体制的结构及其组成要素之间的相互关系

① ［法］孟德斯鸠．论法的精神［M］．许明龙，译．北京：商务印书馆，2009：185.

四、中国现行碳中和政策决策体制

（一）中国碳中和政策决策体制的特色与优势

中国强调作决策、定政策必须充分考虑群众利益、充分尊重群众意愿，统筹协调各方面利益关系，最大限度防止因决策不当带来损害国家利益和公众利益问题。在这一思想指导下，中国共产党逐步提出了“着力建立健全体现以人为本、执政为民要求的决策机制”的民本决策思想。从党的十一届三中全会以来，中国共产党从社会主义初级阶段的国情出发，确立了有中国特色社会主义政策实践的根本指导思想，并且从政治体制改革入手切实解决政策实践中存在的问题。从体制上解决党的政策决策的职能问题，克服权力过分集中、以党代政的弊端，既保证了党对国家政策决策工作的领导，又维护了全国人民代表大会作为国家最高权力机关的立法决策职能和国务院作为国家最高行政机关所应有的政策决策作用。[①]

政党在公共决策中一般扮演五种角色和功能，即政策目标的创制者、利益表达和聚合者、公共政策的决策者、公共政策的执行者、公共决策的监控者。[②] 在 2011 年 1 月举行的十七届中央纪委第六次全会上，胡锦涛指出，要着力建立健全体现以人为本、执政为民要求的决策机制，强调“作决策、定政策必须充分考虑群众利益、充分尊重群众意愿，统筹协调各方面利益关系，坚持问政于民、问需于民、问计于民，坚持科学决策、民主决策、依法决策”。这是党中央第一次关于建立什么样的决策体制的完整准确表述，是党的决策思想的新发展。党的十六大报告指出：“正确决策是各项工作成功的重要前提。要完善深入了解民情、充分反映民意、广泛集中民智、切实珍惜民力的决策机制，推进决策科学化民主化。各级决策机关都要完善重大决策的规则和程序，建立社情民意反映制度，建立与群众利益密切相关的重大事项社会公示制度和社会听证制度，完善专家咨询制度，实行决策的论证制和责任制，防止决策的随意性。”[③] 相对于党的十五大的决策机制完善要求，党的十六大对于决策机制的完善，在制度设计上完成了从注重“民情、民意、民智”三位一体到注重“民情、民意、民智、民力”四位一体的变革。在了解民情、反映民意、集中民智的基础上，增加了珍惜民力的维度。这一新的改革决策体制思路再次突出了决策思想的民本导向。

---

① 王春福，梁亮．中国共产党政策实践基本经验述要［J］．中共中央党校学报，2002（02）：108－111.

② 汪伟全．论公共决策中的政党因素［J］．理论探讨，2007（04）：148.

③ 江泽民．全面建设小康社会，开创中国特色社会主义事业新局面——在中国共产党第十六次全国代表大会上的报告［J］．求是，2002（22）：3－19.

2013年5月15日，习近平总书记在天津考察时提出“要坚持从大局出发、从党和人民利益出发、从党性原则出发进行决策，努力提高决策能力和水平”。[①] 党的十五大报告指出，要逐步形成深入了解民情、充分反映民意、广泛集中民智的决策机制，推进决策科学化、民主化，提高决策水平和工作效率。习近平总书记提出要在求深、求实、求细、求准、求效上下功夫。“深”，就是要深入群众，深入基层，善于与工人、农民、知识分子和社会各界人士交朋友，到田间、厂矿、群众和社会各层面中去解决问题。“实”，就是要作风要实，做到轻车简从，简化公务接待，真正做到听实话、摸实情、办实事。“细”，就是要认真听取各方面的意见，深入分析问题，掌握全面情况。“准”，就是不仅要全面深入细致地了解实际情况，更要善于分析矛盾、发现问题，透过现象看本质，把握规律性的东西。“效”，就是提出解决问题的办法要切实可行，制定的政策措施要有较强操作性，做到出实招，见实效。[②] 2015年10月29日，党的十八届五中全会明确提出坚持以人民为中心的发展思想，强调人民对美好生活的向往就是我们的奋斗目标。党的十九大报告对“以人民为中心”这一重要命题的丰富内涵作了更深入的阐述。总之，民主决策是全过程人民民主的重要一环，发展全过程人民民主本质上要求公共政策过程的民主化。以人民为中心的政策议程设置，人民群众广泛深度参与公共政策过程是全过程人民民主的基本要求和应有之义，是国家治理体系和治理能力现代化一种浓缩式呈现。

实践中，一些地方政府仍存在行政决策尊重客观规律不够，听取群众意见不充分，违法决策、专断决策、应及时决策而久拖不决等问题，严重损害了政府公信力，影响改革推进和经济社会发展。通过长期不懈的努力，现在中国政策决策体制，较之以前，更加注重科学的政策理论的指导和先进的政策决策方法和技术的运用，注重政策自身的特殊运动规律的研究，民主化、科学化水平相对大大提高。政策的决策系统、咨询系统、信息系统和监控系统能够较好地相互协同，各种碳中和政策相对较为配套和协调，有效地发挥了政策的整体效应，提高了碳中和政策的质量。实践证明，中国特色政策决策体制可以集中全国的力量和智慧及时进行重大决策，能够有效地解决突发性环境问题，并能够较为高效地利用各种行政资源协调处理不同区域之间的环境事件。在国家治理体系有效性视角上，政策议程设置权是政治权力最真实的存在方式，议程设置模式既是治理体系中一项基本的制度安排，又是实现治理的关键工具；政治权威持续和有效地控制政策议程设置，是推进社会和谐发展的前提，而政治权威控制政策议程设置的方式和水

---

① 习近平在天津考察：稳中求进推动经济发展持续努力保障改善民［EB/OL］.（2013-05-16）［2023-11-2］. http://cpc.people.com.cn/n/2013/0516/c64094-21500344.html? ivk_sa=1024320u.

② 习近平．之江新语［M］．杭州：浙江人民出版社，2007：1.

平，最直接和具体地体现了执政党的治理能力。①

（二）中国碳中和政策决策体制现状

1. 决策中枢系统方面

党中央重大决策是指中国共产党中央委员会及其领导机构按照党章党规和宪法法律规定，对关于“党和国家战略”重大问题进行决策的活动。中央重大决策在党和国家发展中发挥不可或缺的关键作用，体现的是决策创制权的集中维度。其决策体制可分五个层次：一是党的全国代表大会；二是中央委员会全体会议；三是中央政治局会议；四是中央政治局常委会议；五是中央政治局常委的工作决策。党的全国代表大会的决策体现为党代会报告、修改党章和选举中央领导层；中央委员会全体会议决策主要体现为决定、决议和建议。中央重大决策体制的特点是以党中央为决策核心，基于层次分明的基本会议制度，充分体现会议民主，重大决策公开透明。②

全国人民代表大会是我国最高权力机关，全国人民代表大会常务委员会是其常设机关。国务院即中央人民政府，是最高权力机关的执行机关，是最高国家行政机关。国务院对全国人民代表大会负责并向其报告工作。因此，从宪法规定上看，我国各级人民代表大会及其常务委员会是我国的决策机关，所有重大决策都要由它作出或得到它的批准；而国务院及各级人民政府是它的执行机关。全国人大的环境和资源保护委员会负责碳中和政策的制定和监督等工作，而生态环境部及其他负有环境保护责任的部委和各级地方人民政府，它们也依法享有法律规定的各项独立决策职权。

2018 年修正后的我国《宪法》第八十九条关于国务院职权的第六项新增“生态文明建设”的内容，将“领导和管理经济工作和城乡建设、生态文明建设”规定为国务院的一项重要职权。国家发展改革委、生态环境部、自然资源部、科技部、国家林业与草原局、农业农村部、住房和城乡建设部、水利部等国务院部委与全国人大及其环资委等，共同构成了碳中和政策的决策中枢系统。在横向结构上，国务院或地方人民政府同级政策决策组织之间平等合作与协商的关系。横向结构中的决策组织之间不存在领导被领导的隶属关系，是一种平等并列的关系，它们在履行各自职能的同时，形成了一种既相互独立又相互协调和制约的关系。在纵向结构上，各级政策决策组织之间形成的领导和被领导的主从关系。这种纵向结构体现为五级行政级别，即国家级、省部级、司厅局级、县处级、乡镇科级。各级政府主要分为中央（国家）、省（自治区、直辖市）、市

① 孔繁斌，向玉琼．新中国成立 70 年来政策议程设置的嬗变：政治逻辑及其阐释［J］．行政论坛，2019（05）：5－12.

② 李雪勤，王冠．中央重大决策体制研究［J］．人大复印报刊资料：中国共产党，2022（11）：21－29.

（地区、自治州、盟）、县（区、旗、县级市）、乡（镇、街道）等。其中各级公务员职务分为领导职务（包括正职、副职）和非领导职务。其中，层级越高决策权越大，决策的法律效力也就越大。

中国在碳中和政策制定过程中往往是政府及生态环境、自然资源、发展与改革等主管部门首先提出政策性文件草案，然后与相关部门沟通协商，达成共识，最后根据该项碳中和政策的重要程度和成熟程度，分别提交人大会议通过并颁布或由政府签发。所以，实际上政府部门在碳中和政策决策中也具有关键性的作用，这是由我国的政治文化、政府运作惯性、立法体制等因素决定的。随着经济社会的发展，市场经济体制的建立与不断完善，在政治体制改革的大背景下，我国公共政策决策体制在结构上也发生了许多调整，其变化的趋势主要体现在：在纵向结构上，分权成为政治体制改革的一大趋势，中央在一定范围内让政策决策权下移，以利于地方对本地区进行因地制宜的管理，而中央则集中精力进行宏观政策的制定，提高宏观调控的能力。在横向结构上，一方面越来越趋向于决策与执行相对分离。另一方面，在参谋与决断的分工中参谋部门的作用越来越受到重视。

2. 决策监控系统方面

碳中和政策决策监控系统是由立法机关、司法机关、行政机关、政党组织、利益集团、新闻媒体和人民群众等所构成的完整体系。其中的各个组成部分既相互联系、相互补充，又相互制约，共同执行碳中和政策决策监控功能，对碳中和政策决策主体的决策行为和决策内容依法进行监督和控制，以保证碳中和政策决策的依法进行。另外，全国人大的环资委除负责起草环境方面的政策法规外，也在一定程度上担负着监控政府碳中和政策决策的职能。

3. 决策咨询系统方面

（1）官方咨询机构

官方咨询机构是指隶属于党委或政府及其下属部门的决策咨询机构。在最高决策层，设有中共中央政策研究室、国务院政策研究室、生态环境部、自然资源部等，这些机构在碳中和政策决策方面，为最高决策层积极出谋划策，提供有价值的咨询方案和参考意见。

（2）学术性咨询机构

学术性咨询机构主要是中国科学院、工程院、社会科学院、各专业研究院以及高等院校系统中下设的与生态文明有关研究所、研究中心、研究室等。这类机构中研究人员的理论基础较强，具有扎实的专业知识，科研环境、科研条件比较优越，资料比较齐全，学术思想活跃，吸收新理论、新方法速度快、周期短，是我国碳中和政策研究的重要力量。这类机构又是我国咨询人才的培养基地和储备库，研究与教学并重，既出成果又出人才。[①]

（3）民间咨询机构

民间咨询机构主要包括一些民营的与生态文明有关的研究所、研究会、咨询公司及有关环保非政府组织等。这类咨询机构较少受政府制约，地位相对超脱，独立性较强，可以保证一定的见解或结论的客观性与预见性。

（4）国际咨询机构

加入 WTO 后，随着中国对外开放的全面深入，涉外环境法治问题会越来越多。如国际贸易中的绿色壁垒问题、洋垃圾入境问题、污染转嫁问题、进口转基因食品安全问题、外来物种入侵问题等，都是当前和今后需要下大力气解决的问题。因此，必须进一步制定和完善相关碳中和政策。而制定和完善这些碳中和政策，就需要全面把握国内外的客观情况。一些国际机构或组织提供了一些援助和咨询服务，可以有效地弥补信息的不足。这些国际机构或组织对国际惯例和各国的情况相对比较熟悉，有助于使涉外的碳中和政策更为科学和符合实际。

4. 决策信息系统方面

我国现行的碳中和政策决策信息系统，主要包括各种环境科学信息中心、环境保护网站及数据库、各级环境监测中心、监测站以及环境类报纸杂志等。

中国特色的碳中和政策决策体制的构成见图 3－2。其中各级环境监测中心、监测站或观察站等在获取第一手的环境信息资料方面发挥着重要作用，开辟有环境板块或专栏的各种媒体在环境信息的收集和传递中也功不可没。近年来建立的各类环境保护网站及数据库，为及时、准确、全面地反馈碳中和政策决策信息提供了更加便捷的现代化条件。

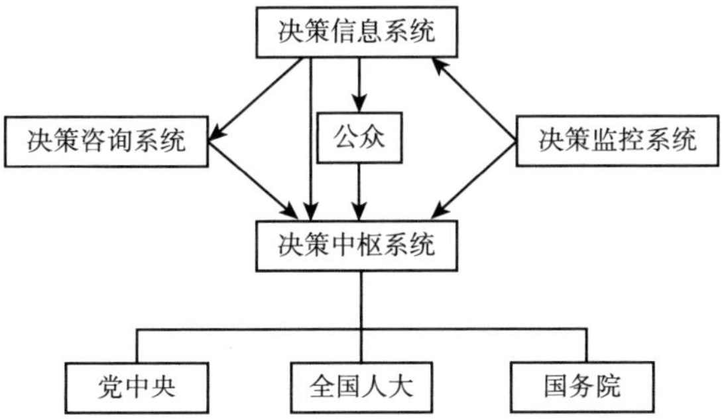

图 3－2　中国碳中和政策决策体制的构成

---

① 贺善侃，黄德良．现代行政决策［M］．上海：上海大学出版社，2001：52.

第二节　碳中和政策决策的主要模式

一、碳中和政策决策的一般模式

模型或模式是现实世界的现象或过程的简化后的表达，它们的主体是为了实现某种特定的目的，依据相似性原则而创造或选择的一种系统，以用于代表被研究的对象，在形式上是一些概括、假定或程式。它有助于人们运用抽象思维，从整体上与动态中分析复杂的现实系统。[①] 碳中和政策的决策事关重大，决策涉及众多的领域和部门，也是一个非常复杂的系统。碳中和政策的决策过程实际上也是一种思维过程，最具有代表性的是理性主义模式和渐进主义模式。根据决策中所采取的主要思维方式和决策方法的不同，可以把碳中和政策的决策模式分为理性决策模式、感性决策模式和综合决策模式等。

二、理性决策模式

理性决策模式是指根据所获得的决策信息，对可能的政策方案用数理手段进行量化分析，然后从中择优的决策模式，可以分为完全理性决策模式和有限理性决策模式。

（一）完全理性决策模式

完全理性决策模式是指在决策前尽可能地获取完全的信息，然后据此穷尽所有的可能方案，并对各可能方案用数理手段进行量化分析，然后从中选择最佳方案的决策模式。完全理性决策模式可用图 3 - 3 来概括地表示。

完全理性决策模式的假设是，人是完全理性的，人们在决策时遵循利益最大化原则，抉择最优方案。其基本特点是：充分发挥决策系统每个成员的主观能动性，运用科学的方法技术全面认识决策对象及其与环境的关系，事先有通盘规划和严密论证，并对全过程均有控制。所以这种决策模式能对问题进行客观的、冷静的、科学的分析研究，体现出高度的决策自觉性，可降低决策的失误率，它是适应现代化需要的。[②] 完全理性决策模式有利于客观地进行决策，促进决策的程序化、科学化，有助于减少决策过程中的主观随意性，克服经验决策的片面性。

---

① 贺恒信．政策科学原理［M］．兰州：兰州大学出版社，2003：141 - 146.

② 王传宏，李燕凌．公共政策行为［M］．北京：中国国际广播出版社，2002：211 - 212.

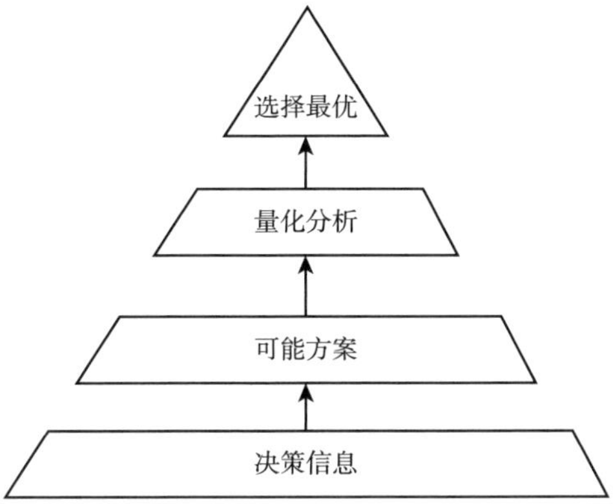

图 3-3　完全理性决策模式示意图

完全理性决策模式要做到真正的“完全”，至少要具备以下四个条件：(1) 获取决策需要的完备资料和全部的信息；(2) 寻找出解决问题的所有可能的决策方案；(3) 准确地预测和计算各个方案的各项指标；(4) 全面把握参与决策的人员的价值偏好。同时，公共决策必须遵循一定的规则，这些普遍的规则主要包括投票规则、听证规则、专家咨询规则和群体协商规则等。

但是，这些条件在现实的决策实践中几乎是不可能同时得到满足的。[①] 例如，由于政策问题往往都是新的问题，因而会造成知识不完全；政府对政策制定的独占性，会造成竞争的不充分；政策问题本身的复杂性，会造成界定和分析问题原因以及进行量化的困难；资料信息搜集往往是困难的，并且会受到搜集成本的制约；尽可能详尽的资料收集与决策时间的紧迫性之间往往存在着矛盾；社会各阶层价值标准的不一致性；宗教、民族等非理性因素的影响等。所有这些都会使得在碳中和政策决策中要实现完全理性将会遇到重重困难，以至于在实际的碳中和政策决策中很难严格地运用完全理性决策模式。不过，完全理性决策模式仍不失其重要的理论和实际价值，可以说，完全理性决策模式是人们在追求决策尽善尽美时的一种理想和一种愿望，它为人们进行科学决策指明了前进的方向和目标。

（二）有限理性决策模式

有限理性决策模式又称满意决策模式或次佳决策模式。在传统的完全理性决策中，人们使用的是包括各种均衡理论和线性规划在内的最适化方法，相信的是理性的选优模式。这些方法与模式是建立在某些假设基础之上的，但这些假设其实都是有问题的。参

---

① 贺恒信．政策科学原理［M］．兰州：兰州大学出版社，2003：146.

与决策的人不可能是富有完全理性的“经济人”，人们所能获取的信息、知识其实是不完备的，市场也不是充分竞争的。因此，决策活动中的人事实上是一个处于不确定的环境之中、具有非理性的心理因素的、掌握着不完备信息与知识的有限理性的“行政人”。到20世纪80年代，西蒙进一步对“有限理性”进行研究，并列举了几种对完全理性决策构成挑战的情况：一是风险与不确定性的情况。完全理性决策只能适用于具有确定性和无风险的行动，但是，绝大多数的行动和政策选择都是具有高度风险和不确定性的。二是高度复杂性的情况。完全理性的决策所使用的完备性的计算往往只适用于解决包含因素比较少的公共政策问题，但是，实际需要解决的公共政策问题却是异常复杂的，它超出了一般的计算能力。三是完全理性的决策往往只适用于少量决策者的政策决定。当决策主体矛盾时，就会产生相互竞争与博弈的情况。[①]

西蒙认为，在上述情况下只能运用有限理性，寻求解决政策问题的“满意”方案。满意决策所寻求的不是最佳，而是次佳或“第二最佳（second best）”。次佳或第二最佳并不是字面意义上的第二，而是指下述两种情况：一是指存在“市场失灵”或市场出现少数人独占的情况下，政府采取有效措施来解决公共政策问题，这种解决政策问题的方案只是“令人满意”的。二是指通过限制的办法来求得问题的解决。有限理性的政策模型是相对于完全理性政策模型提出来的。完全理性的政策模型试图追求最佳或最优的决策效果，但这需要有非常严格的条件限制，这些条件往往是很难满足的，于是人们转向有限理性政策模型。有限理性政策模型不是去一味地追求效益的绝对最大化，而是只希望求得效益的相对最大化，即在决策时，只追求选择的方案是较佳的或较优的。在完全理性政策模型中是次佳的方案在有限理性模型中可能就是令人满意的方案。有限理性政策模型又可以细分为两种亚类型：次佳政策模型与满意政策模型。次佳政策模型不坚持决策中的“最佳标准”，而愿意选择次佳的或再次佳的政策方案。满意政策模型同样不坚持决策中的“最佳标准”，而愿意采用被人们认为是“满意的”标准。在实际决策中，有限理性政策模型重视的是可行性研究和成本与利益分析。一项政策方案如果被认为是满意的，其必要条件是它必须是可行的。这种可行性最主要的是经济上的可行性，但有时也需要有政治上的可行性与管理上的可行性。可行与最佳不同，后者是要对全部方案进行研究，然后才能确定哪一个方案最佳；而前者只要找出几个比较满意的方案就行了。尽管有限理性决策模型可能在决策的周全性上稍逊一筹，但是在实用性、可行性方面具有比较优势。

理性决策模式的缺陷同它的优势一样是十分明显的：一是理性主义政策分析的逻辑

---

① 严强，王强．公共政策学［M］．南京：南京大学出版社，2002：25.

性特征使其在应用上受到一定的限制。二是政策环境的不确定性使政策决策很难达到理性主义政策分析所要求的程序化。三是研究框架和模型主义政策分析的模式化要求很难实现。四是理性方法希求的最大化事实上根本达不到。总之，无论最后结果怎样，决策者的初衷都是追求理性，但实践证明，纯理性只存在于人们的希求之中。[①]

三、感性决策模式

决策是思维的产物，因此在碳中和政策决策中也离不开感性思维；感性思维如幻想、想象、猜想、直觉、灵感、顿悟等在碳中和政策决策中也发挥着不可替代的作用。因此，在碳中和政策决策中主要采取感性思维方式的决策模式称为感性决策模式，主要有渐进决策模式、精英决策模式和预测决策模式等。

（一）渐进决策模式

渐进决策模式是主张决策者在既有的合法政策的基础上，采用渐进方式对现行政策加以修改，逐渐实现决策目标的理论。渐进决策模式的内容主要包括：决策者必须保持政策的延续性；决策者应着重于现实政策的修改与补充；决策者应着重于目标与备选方案之间的相互调适；决策者着重于修补现行政策的缺陷。

渐进决策模式的依据在于决策者没有足够的时间、信息和资金去调查所有可能的政策变量；政策制定者接受先前政策的合法性是因为他们对全新的或不同的政策所能产生的后果无法确定；已实施政策可能投入了巨额的资本使得任何根本性变革都很困难；社会稳定以及政治系统内部妥协，等等。

渐进决策模式有如下特点：决策目标是逐渐明确的，在尚未确定清晰目标之前，先制订一个大致的方案，在摸索前进中确定目标；决策方案的分析活动比较简化，评价的方案数量少和范围小；决策制定过程中注意协调和平衡各方面利益以达成大多数人能共同接受的方案。[②] 这种方法的特征是稳妥可靠，渐进发展。在碳中和政策决策中经常会用到渐进决策模式，如很多碳中和政策都是先以草案或暂行办法的形式出台，然后在以后的实施中不断地加以改进和完善的。

采用渐进决策模式必须具备如下条件：（1）国家政局稳定，社会安定团结，人心思定，社会变化速率缓慢，在这样的社会里，萧规曹随才是最佳的政策。（2）现行政策的成果大体上能够满足决策者与群众的需要，在这个基础上进行的局部政策调整方案，又比较

---

① 张晓峰．非理性因素与中国转型时期的公共政策［J］．中国行政管理，2003（10）：42－46.

② 李燕凌．公共政策行为［M］．北京：中国国际广播出版社，2002：211－230.

易于被接受。前者所面对的问题，在本质上必须具有稳定的持续性。(3) 决策者处理问题的方法，也须具有稳定的持续性。[①]

渐进决策一般遵循三个基本原则：(1) 按部就班原则：按部就班，修修补补的渐进主义者或安于现状，或许不像个英雄人物，但却是个正在进行勇敢的角逐的足智多谋的问题解决者。(2) 积小变为大变原则：从形式上看，渐进决策过程似乎行动缓慢，但由微小变化的积累可以形成大的变化。渐进决策要求变革现实是通过一点一点的变化，逐步实现根本变革的目的。(3) 稳中求变的原则：政策上的大起大落是不可取的，欲速则不达，势必危害到社会的稳定。为保证决策过程的稳定性，要在保持稳定的前提下，通过一系列小变达到大变之目的。[②]

综上所述，渐进决策模型从认识论与方法论的角度，具有一定的合理性。从认识论上讲，它在于以历史和现实的态度将决策的运行看成是一个前后衔接的不间断过程；从方法论上看，它注重事物变化的量的积累。以量变导致质变，主张通过不间断的修正，达到最终改变政之目的。显然，渐进主义看到了政策制定过程中的政治、价值等因素的作用，注意到政策的连续性和稳定性问题，但是，它低估甚至否定了理性分析在政策研究中的地位和作用，而且具有明显的保守倾向。[③] 在理论上和实践上都带有维持现状与缺乏革新的色彩，因而是不太适合于科学技术革命迅猛发展、社会关系急剧变化、改革成为历史潮流的大变革和大发展时代。同时，决策者对政策问题的解决方案只注重纠正、减少现行政策的缺陷，过于重视短期目标和现实行为，并不注重长远目标的改进和方案的重新选择。

（二）精英决策模式

精英决策模式又称杰出人物决策模式。该政策模型关系到两大利益集团，一个集团是有权力的少数人，另一个集团是没有权力的多数人。前者是有组织的、自觉的团体，因而能对社会价值加以分配，并享受权力带来的好处。后者则是分散的、不自觉的团体，因而只能服从分配。精英不是多数公众的代表，但也与统治阶级不同，他们主要依靠公共权力，通过对财富、资讯、地位、知识、技能、教育等资源的控制，来巩固自己的地位。

精英们对基本社会制度和基本的价值观念的看法是一致的，并能为此而奋斗；非杰出人物要想成为精英就必须加入精英集团并要承认他们的共同价值观念，并为此而奋斗。[④] 在碳中和政策制定上，精英们相对于公众而言，更富有热情、更积极主动、更具

① 兰秉洁，刁田军．政策学［M］．北京：中国统计出版社，1994：138－145.

② 陈庆云．公共政策分析［M］．北京：中国经济出版社，1996：123－124.

③ 陈振明．公共政策分析［M］．北京：中国人民大学出版社，2003：530.

④ 胡宁生．现代公共政策研究［M］．北京：中国社会科学出版社，2000：298－300.

责任心。而且精英们是各行各业出类拔萃的代表，被寄予厚望，享有崇高的威信，被认为是能够做出英明决策的。在实行精英决策模式制定碳中和政策时，一般是由精英们即各个领域中的杰出人物发现和确定碳中和政策问题，并选择解决碳中和政策问题的政策方案，在决策过程中，精英们一般较为重视智库、智囊团或思想库的作用，有时也会吸收部分公众意见，但政策的制定以精英们的决策为主，这样精英们的直觉、灵感、情感、意志、信仰等因素不可避免地会在决策中起到主要的制约作用。尤其是在民主政治建设处在初期阶段或人们对民主政治还不太习惯的国家中，公众还不可能完全自觉地关心碳中和政策制定，相当多的公众还不具备参与决策所必需的知识和技能时，在碳中和政策的实际制定中，精英决策模式依然是一种较实用的决策模式。

在信息不足，而时间又非常紧迫，需要当机立断时，精英决策模式不失为一种有效的决策模式。但是，精英决策模式存在一个最大缺陷，那就是决策的成效严重依赖精英们的个人素质，而且精英们事实上很少受公众的影响，而他们能够影响公众，所制定的碳中和政策直接反映了精英们的价值观，忽视了碳中和政策制定中公众的参与，容易影响碳中和政策决策的公开、公平和公正，以及决策的科学化、民主化。

（三）预测决策模式

古人云："凡事预则立，不预则废"。碳中和政策的制定要特别重视预测的作用。因为，随着经济社会文化的发展变迁，如果不在现有决策信息的基础上进行科学评估与合理预测的话，可能在碳中和政策决策做出的同时，碳中和政策决策就已经过时了。这样制定的政策将很快滞后于发展，严重落后于时代，其科学性和适应性将荡然无存。所以，为了延长决策的时效性，使碳中和政策决策尽量与时代保持较长的适应性，决策时必须要紧密地将决策经验与决策信息有机地结合起来，进行定性或定量的分析，据此做出大胆的、务实的和前瞻性的预测，才能达到"运筹帷幄之中，决胜千里之外"的目的。比如，党的二十大报告指出要完善能源消耗总量和强度调控，重点控制化石能源消费，逐步转向碳排放总量和强度"双控"制度。2023 年 7 月，中央全面深化改革委员会第二次会议审议通过《关于推动能耗双控逐步转向碳排放双控的意见》，意味着能耗"双控"转向碳排放"双控"。

四、综合决策模式

碳中和政策决策是涉及多方面和达到多目标的，单独用哪一种方法，很容易犯片面性错误。所以，可以将理性和感性决策模式结合起来，实行综合决策，以利于博采众长，扬长避短，提高决策的质量。综合决策模式包括规范优化决策模式、领导集体决策模式、多方协商决策模式、系统循环决策模式等。

（一）规范优化决策模式

规范优化决策模式是将理性决策模式和渐进决策模式有机结合的模式。规范优化决策模式基于以下的假设：(1) 通过更为细化的努力，比如寻求新的政策方案、精心论证政策目标、明确规定政策界限、确定政策评估标准，是可以增加政策的理性程度的。(2) 决策者虽然不能完全占有实现理性思维所要求的所有客观资源和所有的主观能力，但是，充分利用判断、静思等思维形式，还是能最大限度地提高政策的理性水平。(3) 通过敏感性训练，自由讨论，增加诸如时间、决策者专业水平等各种资源的投入，也可以增加政策的理性。①

规范优化决策模式具有下面一些主要的过程和特点：(1) 必须确认重要的政策目的、决策标准、基本的价值判断标准。(2) 要通过比较研究、历史研究、实践经验总结和学习新的成果产生灵感，并形成具有创意的政策方案。(3) 可先运用渐进的方法分析先行的政策，再用多种相关知识、理论、分析技术预测现行政策的后果，确定主要政策的期望，从而决定是否需要制定新的政策。(4) 要充分考虑各种政策方案的政策期望与代价，尽量选择风险最小、效果最佳的方案。(5) 在政策制定中，不同的分析者在整个分析过程中必须进行坦诚和自由的讨论，以便取得协商一致的意见。(6) 要提高公共政策的质量，必须切实改进政策制定系统，其中包括提高决策者的个人素质和整体素质，优化政策组织结构等②。

（二）领导集体决策模式

领导集体决策模式是建立在领导者优秀的素质和治国经验的基础上，由领导者或领导集体依据自己的应变能力和判断力进行决策，主要实行在民主基础上的集中和在集中指导下的民主。其优点是能集思广益，减少决策的片面性，有效预防个人专断和拍脑袋决策。其优点是决策迅速，但决策的质量同领导者个人的素质、经验密切相关，是决策是否成功的决定性因素。

由于政策问题的复杂性，决策者在进行决策时要带头遵法学法守法用法，要依靠各种政策研究机构和专家的支持。实践中，政府在研究出台重要重大决策等事项前，一般都会要求司法部门领导列席会议，要求法治审核部门依法审核把关并出具法律意见。在

---

① 胡宁生．现代公共政策研究［M］．北京：中国社会科学出版社，2000：298.

② 严强，王强．公共政策学［M］．南京：南京大学出版社，2002：368－369.

民主阶段感性决策占优势，在集中阶段理性决策占优势，在整个领导集体决策过程中综合利用了感性和理性决策模式，所以不妨把领导集体决策模式也归入综合决策模式。

（三）多方协商决策模式

多方协商决策模式的实质是决策集团利用民主与法制的手段和民主集中的权力，邀请或吸收与某项碳中和政策有关的各方，通过民主讨论、平等协商和多方对话，由不同利益主体从不同的角度和价值观对拟将决策实施的政策提出各自的见解和意向，最后由决策者从全局利益和发展需要出发，分析综合大家的意见，其中包括吸收建设性意见、对双方或多方的某些利益冲突进行适当的折中等，再根据变化情况作出决策[①]。多方协商决策模式的基本假设是：在社会生活中，存在着各种有着自身利益的群体或团体。这些团体或群体经常会围绕不同的利益、权力、价值进行竞争。要使社会稳定地发展，就必须对各种群体利益或团体利益进行沟通、协调，以实现利益、权力、价值上的平衡[②]。

党的二十大报告指出，要健全人民当家作主制度体系，扩大人民有序政治参与，保证人民依法实行民主选举、民主协商、民主决策、民主管理、民主监督，发挥人民群众积极性、主动性、创造性。[③] 碳中和政策影响深远，因此决策一定要慎之又慎，要以天下苍生为念，在碳中和政策制定过程中应组织各方面的个人和群体进行讨论、对话、协商等沟通活动，尽量缩小各方在政策期望上的差别，在充分协商的基础上，科学确定政策目标，然后选择各方都能接受的政策方案。这样先经过广泛的讨论、对话和协商，才能尽得民情，才好据以定案，而不是一厢情愿，逞个人英雄主义。在党的决策思想中，党委决定、实事求是、人民中心贯穿决策全过程，是党的决策思想的精髓要义。[④] 因此，公共决策制定中协商合作的运用，可以使政治系统的政治合法性基础转向公共理性。对此，2023 年 3 月修改后的《立法法》第六条规定："立法应当坚持和发展全过程人民民主，尊重和保障人权，保障和促进社会公平正义。"[⑤]

（四）系统循环决策模式

系统循环决策模式又称体系决策模式，是指在制定碳中和政策时综合考虑环境和政治、经济、文化、社会等因素，统筹兼顾碳中和政策制定、执行、评估、监控和终结等各个环节，以实现整个碳中和政策系统内部的优化和与外部的协调。系统决策模式视公

---

① 李康．环境政策学［M］．北京：清华大学出版社，2000：119.

② 胡宁生．现代公共政策研究［M］．北京：中国社会科学出版社，2000：298－299.

③ 习近平．高举中国特色社会主义伟大旗帜 为全面建设社会主义现代化国家而团结奋斗——在中国共产党第二十次全国代表大会上的报告［M］．北京：人民出版社，2022.

④ 沈传亮．论中国共产党决策思想的精髓要义［J］．中共中央党校（国家行政学院）学报，2021（05）：48.

⑤ 《中华人民共和国立法法》（2023 年修正）第六条。

共政策为政治系统的一种产出。比如，1996 年 8 月，国务院《关于环境保护若干问题的决定》（国发〔1996〕31 号）规定："各级政府在进行经济、社会发展的重大决策中，必须对环境保护与经济、社会发展加以全面考虑、统筹兼顾、综合平衡、科学决策。"

系统决策模式具有以下优点：（1）注重政治、经济、文化和社会等因素对碳中和政策运行的重要影响，特别是充分考虑到经济和社会发展的现实需要和客观条件，提高了碳中和政策外部的适应性和协调性。（2）注重政策运行过程中各个环节的相互作用，加强了碳中和政策系统内部的协同和优化。传统的碳中和政策决策只重视政策制定主体的作用，而忽视其他相关环节的影响。在系统框架内，相互关联的机构在碳中和政策制定中都会起作用，只有对碳中和政策系统内的各个环节都加以认真系统地考虑，才能更好地制定碳中和政策。

从社会学、心理学等方面来考虑碳中和政策的制定，系统决策模式突出了以人为本，重视了传统文化和公众参与，尤其是女性的参与，提高了碳中和政策的可行性和实效性。在碳中和政策发展史上，女性具有丰硕的理论建树；在环境保护实践中，女性更是发挥了重要的作用，作出了巨大的贡献，理应平等地参与解决环境问题。联合国第四届世界妇女大会指出，妇女"在政策制定和决策机构中往往处于边缘地位"，妇女在促进环境道德的建立、减少资源使用以及通过资源的再利用和回收减少废物和过度消耗的问题上确实发挥了作用。妇女，特别是在本地土生土长的女性，极有可能具备生态联系和脆弱生态系统管理的一些特定知识。这些信息在形成有效的碳中和政策时可能至关重要。

第三节　碳中和政策制定的一般程序

一、碳中和政策议程制定概述

政策议程是指将政策问题提上政府议事日程，纳入决策领域的过程。碳中和政策议程的制定程序有宏观程序和微观程序之分。碳中和政策制定的宏观程序即广义的碳中和政策制定过程，一项碳中和政策出台后，经过政策执行、评估、监控和终结等环节，在各个环节中又会发现新的问题，然后反馈给碳中和政策制定环节，形成一个循环往复、螺旋上升的过程，使碳中和政策得到不断调整或更新。碳中和政策制定的微观程序即狭义的碳中和政策制定过程，一般要经过碳中和政策问题的确认、碳中和政策议程的确立、碳中和政策方案的确定、碳中和政策方案的合法化等过程。其中后面的环节出现的问题都要及时反馈到前面的环节中。

所以，碳中和政策制定的微观流程实际上也是一个循环往复、不断优化、螺旋上升的复杂动态过程。碳中和政策制定的流程如图 3－4 所示。

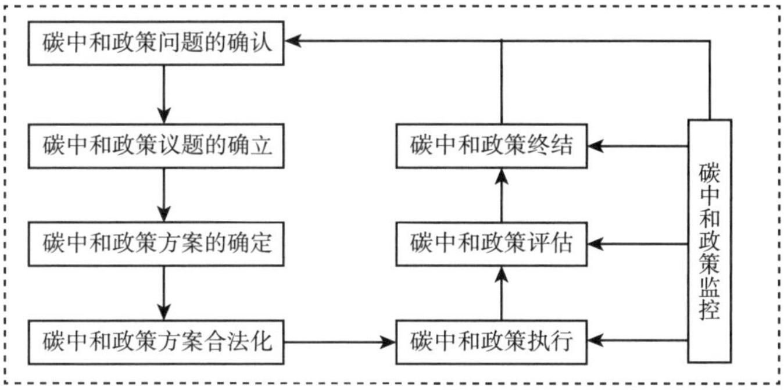

图 3－4　碳中和政策制定的流程

二、碳中和政策议题的确认

（一）碳中和政策议题的含义

碳中和政策议题主要是指在公共政策制定过程中，涉及政策决策者关注并列入政策规划的特定事项或问题，是政策制定者与公众关心和讨论的议题，也是政策制定者通过法定程序要解决的问题。政策议题是连接经济社会文化发展问题与公共政策之间的桥梁，它提供了一个焦点，能够使决策者、利益相关者和其他公众就特定问题开展讨论，提出解决该问题的政策方案。碳中和政策具有问题取向性，碳中和政策问题的提出和确认是制定碳中和政策的起点，制定碳中和政策实际上也就是为了有效地解决特定的环境资源问题。所以，在制定碳中和政策时，首先要对碳中和政策问题进行准确的议题认定，要全面考虑问题的各个方面，包括问题的性质、利益相关者的需求和意见、碳中和政策实施的可行性和各方面效果等。总之，它是对碳中和议程制定前的综合评估。

（二）碳中和政策议题的特性

一是关联性。碳中和政策问题涉及众多的领域和部门，与政治、经济、文化和社会等因素密切相关。政策问题不是孤立的，碳中和政策问题之间、碳中和政策问题与其他领域中的政策问题之间、碳中和政策问题与政策环境之间都是相互依赖、相互影响和相互作用的，要考虑碳中和政策涉及的纵向与横向关系。

二是动态性。碳中和政策问题不是一成不变的，而是动态的、不断发展变化的。随着时间的推移和相关因素的变化，碳中和政策问题也会随之变化和转化，甚至通过立改废释等得到优化。

三是主客观的统一性。客观性是构成碳中和政策问题的前提，主观臆断的碳中和政策问题是不可能成为真正的碳中和政策问题的。碳中和政策问题是通过一定的概念对问题情境加以分析后的产物，没有人的主观感受和认定，环境客观现象再严重，也不能成为碳中和政策问题。比如，“十四五”规划提出单位国内生产总值二氧化碳排放降低18%的目标，就是基于中国的碳排放在全球碳排放的占比不断增加，而且远超美国、欧盟和日本等发达经济体的事实。

四是影响的深远性。政策问题是一个复杂的系统，被确认为碳中和政策问题的，往往是意义重大、影响深远的问题，如果不加以解决或解决得不好可能会造成严重的后果。比如，为加快构建结构合理、层次分明、适应经济社会高质量发展的碳达峰碳中和标准体系，国家标准委联合国家发展改革委、工业和信息化部等部门印发《碳达峰碳中和标准体系建设指南》（国标委联〔2023〕19号）。该指南提出如下主要目标：围绕基础通用标准，以及碳减排、碳清除、碳市场等发展需求，基本建成碳达峰碳中和标准体系。到2025年，制修订不少于1000项国家标准和行业标准（包括外文版本），与国际标准一致性程度显著提高，主要行业碳核算核查实现标准全覆盖，重点行业和产品能耗能效标准指标稳步提升。实质性参与绿色低碳相关国际标准不少于30项，绿色低碳国际标准化水平明显提升。①

（三）碳中和政策议题的发生

随着人类生产力的发展和人类文明的提高，环境问题也相伴产生，并从小范围低程度危害，发展到大范围、对人类生存造成不容忽视的危害，即由轻度污染、轻度破坏、轻度危害向重污染、重破坏、重危害方向发展。中国早在2005年就制定了《可再生能源法》，2008年制定了《循环经济促进法》；2021年10月27日，国务院新闻办公室发表《中国应对气候变化的政策与行动》白皮书。自《京都议定书》签订以来，气候变化成为世界范围的重要议题，减少温室气体的排放以应对气候变暖成为世界各国的共识。从长期来看，能源进入高成本时代。能源消费国更加注重安全而非单纯的效率，加大油气储备和本国油气生产，加快布局新型能源，推动风能、光能、水能、核能等可再生能源建设，提高能源安全水平，世界各国环境资源政策与法律不断完善。再加上碳税等环境成本不断提升，发展新型能源，是全球可持续发展的必然结果。因此，气候变化已经成为全人类的共同挑战，应对气候变化事关中华民族永续发展，关乎人类前途命运。

---

① 《碳达峰碳中和标准体系建设指南》（国标委联〔2023〕19号）。

（四）碳中和政策议题的发现

发现问题是解决问题的前提，观察和发现政策问题的渠道通常有如下四种：

一是领导人的讲话，上级的文件、通报。一般来说，领导人处的位置较高，能够通过视察、调查及时地发现一些带有全局性、普遍性的政策问题。上级的党政机构，可以借助于各种途径和手段进行多种形式的调研，从而能较迅速地发现政策问题，并通过下发内部文件或其他各种形式的文件通报情况。

二是媒体的报道、评述。在现代社会中，大众传媒具有形式多样、传输迅捷、渗透面广的特点。社会各个领域出现的大大小小的问题，其中包括碳中和政策问题，记者们都会及时地加以捕捉，借助于广播、电视、报刊、计算机网络等多种形式，通过图像、声音、文字直接或间接地加以报道、评论。

三是民意和公众意愿的直接表达。在民主意识增强、公众参与面扩大、民意表达制度化的社会中，许多政策问题可以借助某些正式的渠道得到反映。比如，各级人大代表和政协委员在每年定期召开的会议上，可以以提案、甚至质询的方式反映具有代表性的政策问题。同时，他们在平时也可以通过视察，发现政策问题，并将它们及时地反映给政府部门。普通公众可以通过来信、来访等形式反映各类政策和法律问题。

四是政策主体的直接觉察。政府等公共机构有调研部门和人员，定期以专题调查的方式了解社情民意，从中可以发现政策问题。① 比如，气候变化问题最初来源于科学研究发现，竺可桢先生曾援引《左传》和《诗经》中的物候资料来证实气候变迁。世界气象组织和联合国环境规划署于 1988 年成立政府间气候变化专门委员会（IPCC），先后发表六次气候变化评估报告，认为只有人为温室气体排放导致全球变暖，才能完整解释工业革命以来的气候系统变异。第六次评估报告认为人类造成的气候变化影响了全球所有地区的天气和极端气候，给自然和人类带来了广泛的损失和破坏。温室气体排放将导致近期全球变暖加剧，而且很可能在 2030—2035 年达到 1.5℃。近两百年来，无数学者从原理、实验、观测、模拟、集成等方面不断迭代、反复检验，全球气候变暖成为数千位专家经过反复讨论和研究达成的共识。

（五）碳中和政策议题的确认

1. 碳中和政策议题确认的含义

碳中和政策问题的确认是发现政策问题的内涵和界限，界定政策问题的性质、深度

---

① 严强，王强．公共政策学［M］．南京：南京大学出版社，2002：227－228.

和广度、严重程度和关联性，寻找进入政府政策议题的途径以及进行政策议题分析的过程。[①] 这一过程是一个从客观事实到主观认知的过程，从感性认识到理性认识的过程，也是一个从碳中和政策问题过渡为碳中和政策议题的关键过程。

2. 碳中和政策问题确认的准则

问题是否能被确认为正式的碳中和政策问题，需要有一定的判断标准或准则：(1) 形势需要。由于客观形势的变化，产生明显的政策需求，迫切需要制定碳中和政策来有效应对环境问题，即可确认为碳中和政策问题。比如，我国加入 WTO 以后，为适应形势所需，废止了一些原有的与 WTO 规则相违背的环境政策，并重新制定了一些与国际接轨、符合 WTO 规则要求的环境政策。(2) 危害严重。当现实环境问题危害异常严重，已到了非解决不可的地步，这时即可确认为政策问题。(3) 影响深远。若一个环境资源问题，它的解决意义重大、影响深远，而不解决可能会遗患无穷时，这时即可确认为政策问题。比如工业生产过程中排放的废水、废气、噪声等对于环境造成的污染和破坏问题。(4) 职权范围。必须是在政府及其环境保护职权范围内的，才有可能成为公共政策议题。超出了它们的职权范围的，将不会成为碳中和政策问题。如个人家居装修中的一些环境问题等。

界定碳中和政策问题的方法有很多，主要有边界分析法、分类分析法、层次分析法、类比分析法、头脑风暴法、多面透视分析、假设分析法、论证图示法和问题文件法等。

3. 碳中和政策问题确认的影响因素

在碳中和政策问题确认的过程中，达到问题实质的认识将受到多种因素的影响[②]：(1) 客观现象掌握程度的影响。反映政策问题的信息、数据、现象越充分，问题的认定就越顺利。反之，在缺乏充足信息、数据、现象说明问题的情况下，认定问题将会产生很大困难。这就要求在提出问题的同时，要掌握尽可能充足的说明材料。(2) 价值观念的影响。从某种意义上说，问题的认定也是一种价值观念的社会选择。依赖不同生产模式甚至秉持不同价值观念的群体可能会对同一政策问题的认定产生差异，甚至排斥抵制。(3) 分析界定方法与水平的影响。在问题的分析界定过程中采用的方法和达到的分析水平也将直接影响对问题实质的认识。方法不正确或综合分析水平不高，也不能准确地认定问题。(4) 政府态度的影响。政府作为社会权威机构的代表，对问题的态度往往带有一定的权威性和强大的社会影响力。对一项政策问题来说，如果政府态度明确、积极，将提高问题认定和解决的速度，也将有利于促进对问题认识的统一；反之，

---

① 张金马. 公共政策分析：概念 · 过程 · 方法 [M]. 北京：人民出版社，2004：313.

② 王骚. 政策原理与政策分析 [M]. 天津：天津大学出版社，2003：117 - 118.

就有可能使问题认定长时间地停留在议论阶段，不能达成统一的认识。（5）媒体和公众。如果一个环境问题得到媒体和公众的普遍关注，并保持与碳中和政策的决策机构之间的经常性联系，则一个环境问题有可能转变为碳中和政策问题。

三、碳中和政策议程的确立

（一）碳中和政策议程的基本含义

政策议程就是将政策问题提上政府议事日程，纳入决策领域的过程。① 类似地，碳中和政策议程就是将碳中和政策的各种问题提上碳中和政策决策机构议事日程，纳入决策领域的过程。其本质上是社会的各阶层、各种利益团体和人民群众反映和表达自己的愿望和要求，促使政策制定者制定政策予以满足的过程，也是政党或政府集中与综合所代表的阶级、阶层和集团的利益，并通过政策制定予以体现的过程。

从政策活动的功能方面，可分为问题确认议程、提案议程、协议或讨价还价的议程以及持续议程。碳中和政策问题的发现和确认，只是提出了一种需求，需要制定碳中和政策，可以看作是提出问题阶段。但不能仅仅只停留在提出问题阶段，还要认真细致地去分析问题和解决问题。为此，要想方设法地将碳中和政策问题提到碳中和政策决策机构的议事日程之上，成为碳中和政策研究的对象，以达到最终制定碳中和政策的目的。

（二）碳中和政策议程的分类

1. 公众议程

公众议程是指由非政府机构的个人或团体提出政策问题，在社会中形成广泛议论，从而成为一种问题分析界定的政策议程。② 碳中和政策公众议程是指某些生态环境问题已引起社会公众和利益相关者的普遍关注和广泛议论，积极提出政策诉求，要求决策部门采取措施加以解决的一种过程。虽然公众议程还处于公众的议论阶段，表现为众说纷纭的情形，但是可以制造舆论和扩大影响，以引起决策者或决策机构的关注，有利于碳中和政策问题进一步进入政府议程。比如，随着垃圾处理厂、污水处理中心、火电站、核电站等基础服务设施给周围居民带来负外部效应的“邻避设施”大量出现，抵制“邻避设施”的抗争行为或突发环境事件日渐趋增多。为控制、减轻和消除突发环境事件引起的危害，规范突发环境事件应急管理工作，保障公众生命安全、环境安全和财产

---

① 陈振明．公共政策分析［M］．北京：中国人民大学出版社，2003：182.

② 王骚．政策原理与政策分析［M］．天津：天津大学出版社，2003：119.

安全，2015 年原环境保护部制定了《突发环境事件应急管理办法》。

2. 政府议程

碳中和政策政府议程是指政府自己提出或接受公众议程而提出的某些碳中和政策问题，并将其纳入政府议事日程的过程。政府议程在程序上较为固定和严格，在方法方式上比较慎重，有时也被称为正式议程。比如，“邻避运动”在一定程度上能有效克服环境政策激励和日常环保教育所面临的“理性人模式”“态度—行为偏差”“针对性不足”与“动员力有限”等困境，是环境公民培育路径中的必要补充。① 随着“邻避运动”在全国范围内不断出现，从政府管理角度来讲，一方面要客观理性地看待“邻避运动”，这是社会进步的必然；另一方面，更要做好应对“邻避运动”的制度设计，构建生态型政府、资源节约型社会、环境友好型社会，促进环境治理的生态化和法治化。

公众议程和政府议程处于政策议程的不同阶段，二者区别如下：一是公众议程对应的是一种自下而上的参与模式，一般对碳中和政策问题的实质和范围相对较为模糊，仅是发现问题、提出问题、议论问题，它可以不提出具体的解决方案或治理措施。二是政府议程则相对明确和具体，不仅要提出问题，而且一般要附带提出相应的解决方案或治理措施，甚至是专门的立法。三是两者可以进行一定的转化。有的政府议程要经过公众议程，有的公众议程可能会发展为政府议程。但有时候可能会出现有些环境问题没经过公众议程而直接进入政府议程，或者已成为公众议程的问题而最后没有进入政府议程的情况。

（三）碳中和政策议程确立的条件

1. 大众传媒的广泛普及

数字时代大众传媒的广泛普及为碳中和政策问题进入政策议程提供了便捷的条件。现代社会报纸、广播、电视和电话已相当普及，电脑与网络甚至人工智能技术发展迅速，为公众及时反映和了解碳中和政策问题提供了十分便利的数字化治理工具和手段。大众传媒具有传播及时迅速、面广量大的特点，易形成轰动效应，能使碳中和政策问题很快引起全社会的关注和决策者的重视，形成强大的舆论压力，从而有助于碳中和政策议程的尽快确立。

2. 政策问题的明显暴露

就具体领域或内容而言，有些碳中和政策议程由来已久，而有些碳中和政策议程是潜藏的。人们往往很难察觉潜藏着的碳中和政策问题，这些碳中和政策问题也就很难得

① 谭爽．我国邻避运动背景下的环境公民培育［C］．杜志淳主编．中国社会公共安全研究报告（第 11 辑）［M］．北京：中央编译出版社，2017：121.

到确认进而被确立为碳中和政策议程。若某个碳中和政策问题不断发展，日积月累，随着矛盾日益尖锐而逐渐暴露出来，甚至成为突发性的碳中和政策问题，这时就会引起社会的普遍关注和政府的高度重视。在这种情况下，可能很快就进入政策议程。例如，甘肃省玛曲县草地沙漠化的问题由潜藏的环境问题逐渐演化为碳中和政策问题，最终成为政府关注的碳中和政策问题而被纳入政府的政策议程。

3. 利益相关群体的政策诉求

利益相关群体对碳中和政策议程的形成具有举足轻重的作用。任何碳中和政策问题都会涉及相应群体的一些利益。利益受到威胁的个体往往会行动起来，组成具有某种共同利益的群体，以多种方式向政府呼吁、申诉和请求，甚至是提起公益诉讼。这种利益相关群体的直接政策诉求活动往往有利于促进政策问题进入政策议程。

4. 政策精英预测性行动

政策精英在碳中和政策议程的形成中具有不可替代的作用。政策精英主要指执政党和政府中的杰出领导人和著名专家学者等。为了防患于未然，政策精英往往对可能发生的碳中和政策问题进行主动研究和风险预防，未雨绸缪，采取超前的政策预测性行动。不过，这种行动不是突发奇想、心血来潮，也不是主观臆断、随心所欲的，而是建立在科学的理论和科学的预测基础之上的，是以渊博的知识、丰富的经验和高超的智慧为后盾的。政策精英们预见到的一些重大碳中和政策问题，更容易被确立为碳中和政策议题。

5. 决策体制的组织保障

决策体制是确立政策议程最重要的基础条件。碳中和政策议程在很大程度上是建立在科学、规范的碳中和政策决策体制上。一个好的决策体制是碳中和政策议程最重要的制度性及结构性保障。应对气候变化工作覆盖面广、涉及领域众多。为加强协调、形成合力，中国成立由国务院总理任组长，30 个相关部委为成员的国家应对气候变化及节能减排工作领导小组，各省（区、市）均成立了省级应对气候变化及节能减排工作领导小组。2018 年 4 月，中国调整相关部门职能，由新组建的生态环境部负责应对气候变化工作，强化了应对气候变化与生态环境保护的协同。2021 年，为指导和统筹做好碳达峰碳中和工作，中国成立碳达峰碳中和工作领导小组。各省（区、市）陆续成立碳达峰碳中和工作领导小组，加强地方碳达峰碳中和工作统筹。

四、碳中和政策议程确立的模式

（一）外部提出模式

碳中和政策问题的察觉和提出者是执政党和政府系统以外的个人或利益群体，一般先将问题扩散到更广的范围，引起社会公众的广泛注意，进入社会公众议程；然后再通过公众诉求、公众压力等途径引起政府的高度关注，从而使问题最终进入政府议程。不过，根据这种模式建立的政策议程，一般历时较长，而且政策问题列入正式议程的议事地位，并不意味着就是政府的最后决定，更不能说明决策者完全按照提出者最初所要求的那样进行决策。但是，外部提出模式有利于发扬碳中和决策全过程人民民主，提高公众的参与意识，能够充分发挥公众的积极性、主动性和创造性。

（二）内部提出模式

内部提出模式的主要内容是：（1）政策建议或政策方案起源于执政党和政府内部的某个单位，或者起源于接近执政党和政府的某个团体；（2）问题扩散的对象是与这个团体或单位有关的团体或单位，而不是一般公众；（3）问题扩散的目的是形成足够的压力或影响，促使政策制定者将问题列入正式议程。在整个议程建立和政策形成的过程中，社会公众的直接参与不多，这是因为提出者不希望把问题列入公众议程中，而希望凭借自身的力量直接将问题纳入正式议程。[①]

（三）领导动员模式

领导动员模式主要是政治领袖自己提出政策问题，并把它列入政策议程的过程。当政府宣布一个新政策时，就等于将这个问题列入了正式议程，而且它也可能是政府的最后决定。在此，政策已被决定，之所以还要建立政策议程，是为了寻求社会大众的理解和支持，以便更好地贯彻实施政策。领导动员模型旨在说明决策者为了执行行政命令，如何将问题从正式议程扩散到公众议程的意图。

以上三种模式是政策议程确立的典型模式，实际中往往会形成各种政策组合或策略选择。“双碳”话语（政策）纳入我国生态文明建设整体布局并成为全面建设人与自然和谐共生中国式现代化的任务目标和实践进路，使“碳政治”成为继“可持续发展”之后国际绿色话语实现国内主流化的又一个实例。30 多年来，国际“碳政治”话语（政策）体系的构建与传播经历了围绕《联合国气候变化框架公约》及其《京都议定书》的初步形成、哥本哈根气候大会及其发展议题挑战、《巴黎协定》与“国家自主（碎片）化”落实架构三个主要阶段，而中国作为世界最大发展中国家和新兴经济体则表现为对这一不断演进发展中话语（政策）系统的、从“低碳”逐渐转向“双碳”目标指向的国内化适应与重构。[②]

---

① 陈振明．公共政策分析［M］．北京：中国人民大学出版社，2003：190.

② 郇庆治．“碳政治”话语的构建、传播与中国化：自主知识体系视角［J］．中国石油大学学报（社会科学版），2023（05）：60－72.

第四节　碳中和政策方案的确定

一、碳中和政策目标的确立

（一）碳中和政策目标确立的原则

政策方案的确定是碳中和政策制定过程中一个核心环节。其中，问题构建是在其他方法之上的。因此它是元方法（“方法的方法”）。[①] 碳中和政策问题被政府提上议事日程之后，接着就进入分析问题和寻找问题解决办法的阶段，即确定碳中和政策方案的阶段。从程序上讲，碳中和政策方案的确定包含碳中和政策目标的确立、碳中和政策方案的设计、碳中和政策方案的评估、碳中和政策方案的抉择、碳中和政策方案的可行性论证五个相互关联的阶段或环节。

碳中和政策目标是碳中和政策方案设计和抉择的基础依据，也是碳中和政策执行的指导方针，同时也是碳中和政策评估的依据。为保证政策目标确立的科学性，在确立碳中和政策目标时一般应遵循 SMART 原则。SMART 是被世界银行及许多国家政府部门和组织作为在评价工作中所普遍遵循的评价指标体系设计准则。SMART 原则同样适用于确立碳中和政策目标。SMART 是由五个英文单词的首字母组成的简写，基本内涵如下：

Specific（特定的、具体的）：政策目标必须具有针对性，应明确具体，切中要害，不能笼统。尤其是碳中和政策目标必须表达准确，内涵和外延都要有清晰的界定。否则碳中和政策方案的设计就失去了可靠的依据，容易无所适从。

Measurable（可测量的、可度量的、可衡量的）：政策目标必须有定性或定量的指标限制，即碳中和政策所要达到什么样的状态，什么样的标准才算完成。在碳中和政策目标的确立过程中，碳中和政策目标应尽可能量化，要有具体的分层次的衡量标准，以利于碳中和政策目标的实现。

Attainable（可得到的、可实现的、可操作的）：政策目标必须切合实际，即目标不能过高，也不能太低，应该是在现有条件下通过努力可以实现的。所以在确立碳中和政策目标时，既不能好高骛远，也不能裹足不前，而应立足现实，确保碳中和政策目标的切实可行，符合当下国情和具体实际情况。

---

① ［美］威廉·N. 邓恩. 公共政策分析导论（第4版）［M］. 北京：中国人民大学出版社，2011：4.

Relevant（相关的）：政策目标往往不是单一的，而是多目标的体系。所以确立的碳中和政策目标之间应该具有一定的内在逻辑关系，是相互关联的。当然，也应该是相互协调和配合的，而不应是相互矛盾和抵触的。

Time - bound（有时限的）：政策目标要有一定的时间限定。政策有一定的时效性，对于碳中和政策目标的实现一般要有准确的时间限制，否则碳中和政策目标的实现将遥遥无期。

（二）碳中和政策目标体系的构成

一是方向性目标。方向性目标要解决的是政策问题。它可以分为方向目标和阶段目标。方向目标是指分几个方面去解决政策问题；阶段目标是指分几个阶段去解决政策问题。比如，国务院《2030 年前碳达峰行动方案》要求到“十五五”期间，产业结构调整取得重大进展，清洁低碳安全高效的能源体系初步建立，重点领域低碳发展模式基本形成，重点耗能行业能源利用效率达到国际先进水平，非化石能源消费比重进一步提高，煤炭消费逐步减少，绿色低碳技术取得关键突破，绿色生活方式成为公众自觉选择，绿色低碳循环发展政策体系基本健全。

二是调适性目标。调适性目标是指政策调适对象的范围和行为调适幅度。政策调适对象是指政策实施直接针对的社会成员。这些成员将根据政策要求改变自己的利益、处境或行为。一项政策方案必须有明确的调适目标，即政策方案是针对哪些人、社会团体、社会系统而发布，政策方案的发布将对这些调试对象的权利义务、利益、处境和行为产生多大影响。

三是量化指标。量化指标是指达到政策目标的具体数量规定，可以包括完成指标、资源投入指标和时速指标。完成指标亦称为效益指标，可以分为理想指标（希望达到）和最低指标（必须达到）；资源投入指标包括人力、物力、财力投入的控制指标，与完成指标结合在一起就构成政策方案成本效益分析的两大因素；时速指标是达到政策目标的时间限制和工作速率要求，是政策目标如期实现的时间保障和工作效率保障。比如，国务院《2030 年前碳达峰行动方案》要求到 2025 年，非化石能源消费比重达到 20% 左右，单位国内生产总值能源消耗比 2020 年下降 13.5%，单位国内生产总值二氧化碳排放比 2020 年下降 18%。到 2030 年，非化石能源消费比重达到 25% 左右，单位国内生产总值二氧化碳排放比 2005 年下降 65% 以上，顺利实现 2030 年前碳达峰目标。

四是保障条件。保障条件是指为了达到政策目标，在自然、社会、执行能力等方面必须具备的各种条件。比如，国务院《2030 年前碳达峰行动方案》要求加强党中央对碳达峰碳中和工作的集中统一领导，碳达峰碳中和工作领导小组对碳达峰相关工作进行整体部署和系统推进，统筹研究重要事项、制定重大政策。碳达峰碳中和工作领导小组成员单位要按照党中央、国务院决策部署和领导小组工作要求，扎实推进相关工作。碳达峰碳中和工作领导小组办公室要加强统筹协调，定期对各地区和重点领域、重点行业工作进展情况进行调度，科学提出碳达峰分步骤的时间表、路线图，督促将各项目标任务落实落细；落实情况纳入中央和省级生态环境保护督察；实施以碳强度控制为主、碳排放总量控制为辅的制度，对能源消费和碳排放指标实行协同管理、协同分解、协同考核，逐步建立系统完善的碳达峰碳中和综合评价考核制度。

（三）碳中和政策目标确立的影响因素

在拟定预案阶段上，政策制定主体必须谨慎地、全面考虑政策内外部系统中与政策目标发生关联的一系列因素。政策目标正是一系列影响因素相互作用的产物。影响政策目标确立的主要因素有：

（1）前期政策实施的情况。先行政策或先前政策实施的结果是确定后续政策的一个依据。

（2）可能争取到的资源。整个政策过程周期中可能得到的人力、物力、财力及权威方面的支持是政策目标选择的基础。

（3）政策制定主体的观念。是选择稳健的目标还是选择有风险的目标与政策制定主体的价值观念、创新意识关系极大。

（4）上级政府下达的政策任务。许多政策目标直接来源于上级政府的指令，即便如此，具体政策目标仍须与政策主体所处的实际情况相一致。

（5）政策运行时的政治因素。任何政策目标的设定，必须具有政治可行性，政策目标必须和现实政治制度和政治目标相吻合。

（6）政策运行时的社会因素。政策的制定与实施是一个社会过程，政策目标必须与社会运行相协调。

（7）政策运行时的经济因素。有些政策在制定和实施时所需要的资源不仅和一定的经济状况有关联，而且与经济结构、经济运行直接相关，在选择政策目标时，必须考虑经济可行性。

（8）政策运行时的技术因素。许多政策的制定和实施过程中包含着较多的技术要求，在选择政策目标时，必须考虑技术的可行性。

（9）政策运行时的自然因素。有些政策与自然地理状况有关，政策目标的确定离不开对自然状况的考虑。

二、碳中和政策方案的设计

（一）碳中和政策方案设计的原则

1. 信息完备性原则

信息是政策方案设计的基础和依据。碳中和政策方案的设计实际上就是一个与碳中和政策问题有关的信息的输入—处理（设计方案）—输出的过程。碳中和政策方案的科学性与信息的全面性、真实性是呈正比的。信息越全面、准确，方案的设计就越具有科学性。现代社会是信息社会，信息在碳中和政策制定中的地位越来越重要。充分、及时而准确地获取信息，是方案设计活动成功的根本保证。

2. 系统协调性原则

在碳中和政策方案设计时，要从系统论的观点出发，进行综合分析，将整体利益与局部利益相结合，内部条件与外部条件相结合，眼前利益与长远利益相结合，主要目标与次要目标相结合。还要考虑到各项政策之间的相互关系、相互影响、相互制约关系，既要考虑不同层次政策之间的纵向协调，又要考虑到相同层次政策之间的横向协调，从而使各项政策成为一个有机的整体，相互支持，协调配套，以产生尽可能好的整体效应。比如国务院《2030 年前碳达峰行动方案》要求“全面准确认识碳达峰行动对经济社会发展的深远影响，加强政策的系统性、协同性。抓住主要矛盾和矛盾的主要方面，推动重点领域、重点行业和有条件的地方率先达峰”。

3. 科学预测性原则

科学预测就是在正确的理论指导下，按照科学的原则、程序和方法对未来情况进行估计活动。碳中和政策方案设计是面向未来的，具有明显的预测性。对问题未来的发展趋势及其结果的判断准确与否，在很大程度上决定着政策的成败。没有预测或预测不科学，必将导致盲目或错误的决策。所以，碳中和政策方案设计中只有运用科学预测，对于未来条件的变化、方案执行结果极其影响等方面进行预测分析，甚至提前进行风险预防，才有可能制定出正确的政策，避免决策失误。

4. 现实可行性原则

政策可行性是政策被接受和贯彻的可能性。政策可行性分为两类：一类是政策自身的可行性，另一类是政治上的可行性。政策自身的可行性主要是指一种政策的基本内容是否合乎实际，是否合乎客观事物的发展规律。否则，无视现实条件或主客观方面的限制，即使再好的政策也会因无法实施而缺乏实际价值。比如，2021 年国务院发布《关于加快建立健全绿色低碳循环发展经济体系的指导意见》，其目的之一就是实现“双碳”目标。具体实施过程中，要树立全局观念、坚持系统思维，明确改革目标，着眼于改革的关联性、系统性和可行性，关注解决当前问题与关注长远发展之间的协同联动关系。

5. 公众参与性原则

碳中和政策方案设计中的公众参与原则体现在了碳中和政策能否真正反映公众的要求和愿望，是否能最终使不同的利益相关群体获得利益和实惠。坚持公众参与的原则，还要求政策能保证公众在国家政治、经济、文化生活等各个领域中，享有同等的权利和利益分配；保证公众参与政策制定的各个活动环节中，充分发挥民主的作用。

6. 稳定可调性原则

碳中和政策作为环境保护的指导原则，要有一定的连续性和稳定性，要考虑与原有政策的衔接或过渡，应避免朝令夕改，大起大落。但是，任何碳中和政策系统都是开放的，总是与外界环境处于不断的物质、能量和信息的交换之中。环境变化了，政策也必须随之作出相应的调整与变动。因此，在设计碳中和政策方案时要从长远出发，给政策留有余地，具有适当的可以调节的弹性，并根据对未来情况做出的预测，准备好应变措施。特别要注意执行过程中的信息反馈，一旦发现政策与客观情况不相适应，就应及时调整①。

7. 文化多样性原则

中国是一个多民族、多文化的国家，文化对碳中和政策的制定和影响也是至关重要的。由于文化背景、历史习俗、价值观念的差异性，不同群体对于碳中和政策的认知不尽相同。文化在打造经济新增长极，创造行业价值和提高从业者收入方面至关重要。文化产业低碳环保、高附加值、受众广泛等属性，有助于发展绿色经济、推动社会各阶层联合，最终推动联合国2030年可持续发展目标的实现。因此，在碳中和政策方案的设计过程中，一定要从文化多样性、文化遗产保护、文旅行业及其他衍生行业等视角思考并选择相对最优的方案。

（二）碳中和政策方案设计的步骤

1. 碳中和政策方案的轮廓设想

碳中和政策方案的轮廓设想主要解决两个问题：一是大致确定可能的方案数量；二

---

① 陈振明. 公共政策分析［M］. 北京：中国人民大学出版社，2003：194.

是对可能想到的方案进行初步设计，内容包括行动原则、指导方针、发展阶段等方面。在轮廓设想过程中要注意遵循下列原则：一是方案整体上的完备性。初步方案应当尽量多样化，要设想各种可能性。只有方案较为完备，决策阶段才有选择的余地。二是方案个体上的互斥性。初步设想的方案之间必须是相互排斥的，在内容上不能有雷同，不能在一个方案中包含另一个方案。三是方案设想的创新性。政策问题的出现说明旧的政策措施已经无法适应社会发展需要了，要解决政策问题必须有新的思路，要有新观念，要开辟新途径。

2. 碳中和政策方案的细化设计

碳中和政策方案的细化是指对初步设想的方案进行具体加工，使之成为决策时讨论的对象。在进行政策方案的细化时，要做两方面的工作：一是对在轮廓设想阶段初步提出的方案加以筛选；二是对初步选出的预案加工细化。细化设计阶段应当遵循的规则有：一是方案要有可操作性。细化设计阶段，要对保留下来的方案进一步具体化，要对政策方案的目标体系、实施措施、相关机构的设置、实施人员的素质要求、政策执行的资源保障等方面作详细考虑。二是方案要实事求是。轮廓阶段对方案的设想要提倡创新，而在细化阶段则要强调冷静思考，对政策界限、可能遇到的困难、各种不确定因素都要进行统筹考虑。

（三）碳中和政策方案的评估

在进行方案的选择之前，必须对各种方案进行评估。所谓政策方案评估，就是对已经设计出并列举为选择对象的政策方案的科学性、可行性及其实施可能产生的效果的综合评定，用系统的、科学的评估为方案的选择提供依据。与碳中和政策的评估不同，碳中和政策方案的评估发生在碳中和政策出台和执行之前，带有预测分析的性质，因而也称预评估。通过预评估，可以对所设计的碳中和政策方案的利弊得失进行更全面的了解和认识，有利于避免决策的盲目性和片面性，提高决策的客观性和科学性。

1. 碳中和政策方案评估的内容

碳中和政策方案评估是一项复杂而全面的系统工程，评估的内容涉及众多领域，主要包括：

（1）方案的完整性。碳中和政策方案的完整性是碳中和政策方案的科学性的前提。如果一项碳中和政策方案在设计时都是不完整的，则这项方案肯定是不完善的，那就根本谈不上是科学的。

（2）方案的可行性。碳中和政策方案的可行性评估可以说是碳中和政策方案评估的关键。主要是评估碳中和政策方案在现实条件下是否切实可行，是否适应政策运行环境，能否被贯彻执行等。

（3）方案的效应性。任何碳中和政策方案都不是尽善尽美的，都是有利有弊、有得有失的，既有正面效应，也有负面效应。为此，就要对碳中和政策方案的利弊得失进行全面的衡量。

（4）方案的协调性。即评估所设计的碳中和政策方案与其他相关的碳中和政策是否协调配套，是否有矛盾和冲突。

（5）方案的风险性。各个碳中和政策方案均存在不同程度的风险，必须对备选方案的风险强弱程度和风险防范能力进行评估，以确保碳中和政策方案的稳妥可靠。

2. 碳中和政策方案评估的程序

（1）确定目标。任何政策方案都是为了实现一定的目标而设计的，参加评估的各个方案必然有一个比较接近的目标，否则，就失去了比较的基础。只有为了实现同一目标而设计的不同方案，才存在着比较的意义与价值。

（2）设计指标。在政策方案评估时，不同目标对应着不同的指标，同一目标也可能对应着许多指标。这就要求在设计指标时根据政策方案的目标，确定最能体现目标要求的指标体系。

（3）方案的对比分析。在目标、指标确定后，对于参加评估的方案，应从质和量两个方面对它们进行深入细致地分析，找到方案的差异，寻求产生差异的根本原因，差异的大小对目标的影响等。

（4）对政策方案进行评估。方案评估是选择的重要依据。评估时，一定要根据目标的要求进行各项指标的计算和分析，然后再进行综合评估。

（5）根据综合评估结果，对所比较的政策方案进行排序。

3. 碳中和政策方案评估的方法

碳中和政策方案评估的方法有经验分析法、抽象分析法、比较分析法、成本分析法、效益分析法、风险分析法、SWOT 分析法和综合分析法等。具体如下：

（1）经验分析法是归纳历史上相关政策成功或失败的经验教训，支持、补充或否定已有方案，特别是要注意总结以往或正在实施中的有关政策效果。

（2）抽象分析法是利用抽象思维，抽取方案中各个主要要素及其之间的联系以进行研究，它要反映方案的本质，而不是对每一要素及联系都进行考虑。

（3）比较分析法是通过不同方案的可比性，进行优劣对比。比较分析法是把客观事物加以比较，以达到认识事物的本质和规律并做出正确的评价。该方法通常是把两个相互联系的指标数据进行比较，选择合适的对比标准，从数量上展示和说明研究对象规模的大小、水平的高低、速度的快慢，以及各种关系是否协调。

（4）成本分析法是一种通过系统地搜集、整理和分析成本数据，以评估和控制成本的方法。它主要包括以下几种方法：1）直接成本法：直接计算与某项活动或产品直接相关的成本；2）间接成本法：将间接成本分摊到各个活动或产品上；3）生命周期成本法：考虑产品或服务从设计、生产、使用到废弃全生命周期的成本；4）边际成本法：分析增加或减少一单位产量所带来的成本变化。总之，通过科学合理地运用成本分析法，企业和政府部门可以更好地评估和控制碳排放成本，制定更加有效的减排策略和政策制度，推动经济社会的低碳发展，助力实现“双碳”目标。

（5）效益分析法是对政策实施后带来的多方面的效益，包括经济、社会效益与生态效益进行全面分析或预测。效益分析与成本分析略有不同，后者是对政策实施后可能带来的代价或风险进行预测，从而评估该政策的效益费用比。

（6）风险分析法是指对可能导致风险发生的因素进行评价分析，从而确定风险发生概率大小的风险评估方法。其一般思路和过程是：调查风险源→识别风险转化条件→确定转化条件是否具备→估计风险发生的后果→风险评价。尤其是对政策实施后可能带来的效益和遭遇的社会治理风险、环境风险进行前瞻的分析，甚至是启动较为正式的风险预防甚至是立法前评估、立法后评估等，以确定该政策能否承受可能的各种风险。

（7）SWOT 分析法，也称 TOWS 分析法、道斯矩阵即态势分析法，是将与研究对象密切关联的内部优势因素（Strengths）、弱势因素（Weaknesses）和外部机会因素（Opportunities）、威胁因素（Threats）通过对相关信息的调查分析情况一一列出来，依照一定的次序按矩阵形式罗列起来，然后运用系统分析的研究方法将各因素相互匹配起来进行分析研究，从中得出一系列相应的结论。对碳中和政策方案，可以采用 SWOT 分析方法，对方案关键的环境条件和内外部影响因素进行优势与劣势分析（SW）、机会与威胁分析（OT）等综合性分析，权衡其优势劣势、轻重缓急，评估其机会和威胁，以便选取更具优势的方案。在进行 SWOT 分析时，需要综合运用各种调查研究方法，确保信息的全面性、系统性、准确性和新颖性，并根据情况的变化适时调整分析方法和策略。

（8）综合分析法是综合采用以上各种分析方法中的两种或多种对碳中和政策方案进行分析的方法。为了全面衡量各项碳中和政策方案的优劣，绝不能只凭借单一的评估方法，而应综合采用各种评估方法，以达到政策制度组合的最优以及治理效能的现代化。

（四）碳中和政策方案的抉择

政策方案的抉择，也称政策方案的优选，是在政策分析者提出的可供选择的政策方案的基础上，政策决定者根据自己的价值偏好、人生态度、谋略思想判断客观情势、权衡利弊、确定价值，择优选择自认为最佳的政策方案。方案评估与优选方案有密切的联系，政策方案的评估是方案选择的前提和手段，优选方案则是评估方案的结果。政策方案的选择是制定正确政策的关键环节之一。没有方案选择，就没有决策的科学化；没有方案的选择，政策也不能顺利实施。由此可见，碳中和政策方案选择的科学、合理、正确与否，将直接影响政策决策的成败。为了避免和减少政策决策的失误，必须认真做好政策方案的选择。在评估选择过程中要尽可能广泛地听取群众、专家和各方面的意见，集思广益，博采众长，增强选择中的科学性。

政策方案的选择一般要遵循价值标准、优化标准和时效标准。其中，价值标准是一个包括各种价值指标的系统，既包括社会统一的价值认识，也包括方案本身的经济、社会和学术价值。优化标准是指政策方案在资源配置和效益上达到成本费用最小、效益最大的标准；时效标准一是指政策目标达到的时限规定是否科学，时限太短有可能脱离现实，时限太长又会趋于保守；二是指政策出台是否适合时宜。从各方面来分析如果不适合马上出台的政策，即使选为最终方案也可能被审批驳回或执行失误，从而引发出新的问题。

政策方案选择的方法可以概括为筛选法和归并法两种方法。其中，筛选法是通过对备选方案各方面的比较，按照选择标准优胜劣汰，确定合格方案或最优方案，淘汰不合格的方案。这种筛选可以包括直接优选或间接淘汰优选。直接优选是指根据选择标准，两利相权取其重，两害相权取其轻，直接选出合格的方案；间接淘汰优选是指在合格方案不好确定的情况下，寻找不合格的方案逐步淘汰，最后间接找出合格方案。归并法是指待选方案中没有一个合格方案，而不合格的方案又各有自己的长处时，一方面可以将各个待选方案的长处归并到一起，形成一个新的合格方案，另一方面也可以将数个待选方案的长处归入一个待选方案中，使这一方案成为一个新的合格方案。这种归并法实际上是一种重新规划或修订意义上的选择方法。①

（五）碳中和政策方案的可行性论证

多种政策备选方案经评估择优以后，还要对所选的政策方案进行可行性分析，以确保政策的顺利实施。因为，虽然碳中和政策方案已经确定下来，但是，这一方案在实际情况下能否顺利地贯彻执行，还是不确定的。政策方案的可行性论证，就是围绕政策目标，运用定性和定量相结合的方法，对政策方案是否可行进行系统的分析和研究。政策方案的可行性包括政治可行性、经济可行性、技术可行性、文化可行性、伦理价值的可行性等。在政策论证中，可抽象出若干基本成分进行分析，如政策信息的全面性、政策

① 王骚．政策原理与政策分析［M］．天津：天津大学出版社，2003：148－149．

的价值偏向、方案选择理由、方案的可行性等。政策方案论证的方式有权威式、数理统计式、经验式、虚拟仿真等。

三、碳中和政策方案的合法化

（一）碳中和政策方案合法化的定义

政策合法化是指法定主体为使政策方案获得合法地位而依照法定权限和程序所实施的一系列审查、通过、批准、签署和颁布政策的行为过程。[①] 换言之，政策的合法化是指经政策规划得到的政策方案上升为法律或获得合法地位的过程。政策合法化是政策制定过程的重要阶段，又是政策执行的前提和基础。在现代民主与法制社会里，政策的制定都必须时时体现民主与法制精神，政策合法化是政策制定过程的重要环节。

碳中和政策方案合法化，主要是指为使碳中和政策方案获得合法地位或上升为法律规范，法定决策主体依照法定权限和程序所实施的一系列审查、通过、批准、签署和颁布碳中和政策的行为过程。换言之，碳中和政策方案合法化实质公共政策主体经过一系列法定程序使公共政策方案获得权威性，而准予实施的过程。比如，自 2020 年以来，中共中央、国务院出台了多项政策保障“双碳”发展。中央财政累计安排生态环保相关资金 1.78 万亿元，推出绿色贷款、绿色债券、绿色保险、绿色基金、绿色信托、碳金融产品等支持“双碳”事业。《国民经济和社会发展第十四个五年规划和 2035 年远景目标纲要》规定了完善能源消费“双控”制度、碳强度和总量控制制度、提升生态系统碳汇能力、减污降碳协同推进等具体部署。《加快建设全国统一大市场的意见》明确要求，在有效保障能源安全供应的前提下，结合实现“双碳”目标任务，有序推进全国能源市场建设。2024 年 7 月 14 日，为加快推进碳达峰碳中和标准计量工作，有效支撑我国碳排放双控和碳定价政策体系建设，国家发展改革委、市场监管总局、生态环境部联合印发《关于进一步强化碳达峰碳中和标准计量体系建设行动方案（2024—2025 年）》（发改环资〔2024〕1046 号）。

（二）碳中和政策方案合法化的作用

碳中和政策方案合法化是碳中和政策制定过程的最后把关阶段，也是碳中和政策实施的前提。碳中和政策方案只有经过合法化过程，才能成为合法有效的碳中和政策。否则，碳中和政策不具有合法性，将很难取得碳中和政策对象认可、接受和遵照执行的效

---

① 陈振明．政策科学：公共政策分析导论（第 2 版）［M］．北京：中国人民大学出版社，2003：197.

力，也就很难予以顺利推行。

碳中和政策方案合法化是碳中和政策决策民主化、科学化和法制化的具体要求和体现。政策合法化是一个吸收民众参与决策、加强政治沟通与协调的过程；也是一个决策选优，对决策方案不断修改、完善，对不良方案过滤、淘汰的过程；更是一个坚持由法定的决策主体，依照法定的权限和程序进行决策，对决策行为实施法制监督的过程。离开政策合法化，所谓决策民主化、科学化和法制化都只能是一句空话①。

碳中和政策方案合法化是全面推进依法治国和美丽中国建设的需要。依法治国是现代国家的基本标志，加强碳中和政策方案合法化，有利于防止个人专断，避免人治代替法治，从而减少官僚主义和政策腐败现象。国家治理体系和治理能力现代化的目标，即"为党和国家事业发展、为人民幸福安康、为社会和谐稳定、为国家长治久安提供一套更完备、更稳定、更管用的制度体系"，以及增强"制度执行的能力"。

（三）碳中和政策方案合法化的主体

政策合法化的主体是具有法定地位的国家机关。不是任何机构都能使政策合法化的。能成为政策合法化主体的行为者，必须具有法律上明确规定的相应权限。

政策合法化的主体既包括国家立法机关即权力机关，也包括其他国家机关；既可以是中央国家机关，也可以是地方各级权力机关和政府机关。由于政策合法化主体的范围较广，因而具有宏观上的广泛性。另外，不同的政策，其合法化的主体也不完全相同。有些政策在其合法化时，需要单一的合法化主体；有些政策，其合法化的主体可能是两个或更多；有时好几个政策，其合法化主体却是同一个。这是政策合法化主体在微观上的特殊性。

政策合法化主体在审批、通过、批准政策时，应严格遵守其法定的权限。如果法律上没有规定某个机关具有某个方面的法定权限，这一机关却去审批并颁布了政策，这样的政策是不具备合法性的。同时，虽然是法定的主体，其权限也不是无限的，应注意政策所涉及的事项、地域、措施、手段等方面，不能超越职权限制。

（四）碳中和政策方案合法化的程序

碳中和政策方案合法化的程序是指碳中和政策方案获得合法地位的方式、步骤和次序等。作为碳中和政策合法化的主体可能是国家行政机关，也可能是国家立法机关等，它们对碳中和政策的合法化程序虽然不尽相同，但大体上都要经过审查或审议碳中和政策方案、通过或批准碳中和政策方案、颁布或公布碳中和政策方案等程序。

---

① 陈振明．公共政策分析［M］．北京：中国人民大学出版社，2003：198.

（五）碳中和政策的法律转化

政策法律化就是政策向法律的转化。具体来说，其是指享有立法权的国家机关依照立法权限和程序，将成熟、稳定而有立法必要的政策转化为正式的法律制度。它实际上是一种立法活动，所以又称政策立法。碳中和政策法律化可以看作是碳中和政策合法化的一种重要而特殊的形式，碳中和政策转化为法律之后，可以有效地增强碳中和政策的稳定性，能够更好地维护碳中和政策的权威性。

新中国成立以来，党和国家在建设中国特色社会主义民主政治与法治体系的进程中，逐步构建了与国家政体相适应的议程设置架构和机制，中国政策议程设置在合法性上回应了党的领导、人民当家做主、依法治国三者有机统一的根本政治原则，并在国家治理能力实践中探索和完善了政策议程设置的有效性。[①] 将生态文明的理念渗透入整个环境政策与环境法律体系之中，做到法律生态化，政策法律化、社会化、科学化、民主化。

在国家立法方面，比如《黄河保护法》规定黄河流域县级以上地方人民政府应当推动制造业高质量发展和资源型产业转型，因地制宜发展特色优势现代产业和清洁低碳能源，推动产业结构、能源结构、交通运输结构等优化调整，推进碳达峰碳中和工作。《科学技术进步法》规定国家鼓励科学技术研究开发，推动应用科学技术改造提升传统产业、发展高新技术产业和社会事业，支撑实现碳达峰碳中和目标，催生新发展动能，实现高质量发展。

在地方立法方面，地方人大或政府在制定碳中和政策的同时，颁布了专门的规定。比如《江苏省人民代表大会常务委员会关于推进碳达峰碳中和的决定》《天津市碳达峰碳中和促进条例》等。有的地方条例，比如《浙江省生态环境保护条例》专章规定“碳减排和生物多样性保护”，要求“省、设区的市人民政府应当建立应对气候变化工作机制，根据国家有关规定制定碳达峰碳中和实施方案，建立健全碳达峰碳中和工作推进机制，推动能源消费总量和强度控制向碳排放总量和强度控制转变，逐步将碳达峰碳中和相关工作纳入生态环境保护考核体系”“省、设区的市人民政府应当将推进碳达峰碳中和、生物多样性保护和生态环境修复情况，纳入生态环境状况和环境保护目标完成情况年度报告”。[②]

在环境司法专门化方面，司法政策的制定主体是特定的国家机关，比如最高人民法

---

① 孔繁斌，向玉琼．新中国成立 70 年来政策议程设置的嬗变：政治逻辑及其阐释［J］．行政论坛，2019（05）：5.

② 详见《浙江省生态环境保护条例》第四章“生态产品价值实现”第 39－49 条。

院、最高人民检察院、全国人大及其常委会等。2016 年 6 月，最高人民法院颁布《关于充分发挥审判职能作用为推进生态文明建设与绿色发展提供司法服务和保障的意见》，其第四部分明确提出“积极探索气候变化司法应对措施，推动构建国家气候变化应对治理体系，依法审理碳排放相关案件”。最高人民法院颁布《关于完整准确全面贯彻新发展理念 为积极稳妥推进碳达峰碳中和提供司法服务的意见》（法发〔2023〕5 号）。最高人民法院、最高人民检察院联合发布《关于办理环境污染刑事案件适用法律若干问题的解释》（法释〔2023〕7 号）在第十条中明确了承担温室气体排放检验检测、排放报告编制或者核查等职责的中介组织的人员故意提供虚假证明文件的，也纳入刑法第二百二十九条的适用范围。2021 年，最高人民法院发布《环境资源案件类型与统计规范（试行）》，将“气候变化应对类案件”界定为“在应对因排放温室气体、臭氧层损耗物质等直接或间接影响气候变化过程中产生的刑事、民事、行政以及公益案件”，并将之作为与污染防治类案件、生态保护类案件、资源开发利用类案件、生态环境治理与服务类案件相并列的独立案件类型。凡是能够通过“最大公益性”要求检验的国家政策，其本身具有公共政策属性，可融入立法而制定法化。在法律适用中国家政策可经由司法的“创制政策”“发现政策”“释明政策”路径进入裁判。①

总之，碳中和政策与法律的关系至少应当包括四个方面的命题：一是在思想指引方面，中国特色社会主义理论指导下的生态文明理论及“最严格法治观”，揭示了碳中和法治建设所遵循的理论基础，构成了理解生态文明法治转型中碳中和政策与法律关系的时代背景。二是在立法方面，党和国家相关碳中和政策对环境资源立法方向、目标、原则与基本制度具有直接影响。三是在司法方面，相关司法政策指引着生态环境与自然资源有关司法改革与转型发展的方向、目标与路径。四是在执法方面，形态多样的各类碳中和政策构成了落实央地立法与法律制度的重要支撑。碳中和政策与法律的相互结合、相互促进，可以扩展生态文明法治建设的内涵与外延，推动我国生态文明法治转型不断深入。在“双碳”目标的实现过程中，应当将碳排放管理和可再生能源发展作为国家环境义务落实的主要领域，通过立法、执法、司法的完善为义务的落实提供必要的制度支持。政策法律化已成为一种治理需求，政策与法律在碳中和领域呈现出多元化的规范协同与良性互动关系，碳中和领域政策与法律的协同互动，也为其他领域生态环境治理体系与制度体系的优化提供了有益借鉴。

---

① 王洪平．论“国家政策”之法源地位的民法典选择［J］．烟台大学学报（哲学社会科学版），2016（04）：25.

第四章　碳中和政策的执行

政策执行是将碳中和政策目标转化为实际行动和成果的关键环节。政策执行是实现“双碳”目标的重要途径，是检验政策质量的关键环节。加强这方面的研究，既有助于为政府制定公共政策提供有价值的参考，使公共政策能够更好地解决社会问题；也可以及时回应社会变迁和调整公共政策以应对新的问题。本章主要从政策执行的主体、过程与方式等方面剖析碳中和政策执行的基本内涵，并分析影响碳中和政策执行和有效性的因素。在此基础上，探讨保障碳中和政策有效执行的体制机制及相关建议，以促进碳中和政策的绩效与治理效能现代化。

第一节　碳中和政策执行的理论内涵

一、碳中和政策执行的内涵及地位

（一）碳中和政策执行的学说及内涵、特点

1. 碳中和政策执行的主要学说

碳中和政策执行属于公共政策执行理论的范畴。公共政策执行的理论学说主要有管理论、行动理论、组织理论、系统理论、交易理论、博弈理论、公共选择理论等。[①] 其中，行动学派认为政策执行是将一项政策付诸实施的各项活动，在诸多活动中，要以解释、组织和实施三者最为重要。解释是将政策的内容转化为民众所能接受和理解的指令；组织是指建立政策执行机构，拟定执行的办法，从而实现政策目标；实施是由执行机关提供例行的服务与设备，支付经费，从而完成议定的政策目标。[②] 行动学派关注政策作为行动指南的指导性作用，强调政策执行的关键问题在于政策执行机关如何采取政

---

① 李明华．环境政策学［M］．长春：吉林人民出版社，2012：241.

② Charles O. Jones. An introduction to the study of public policy（2nd edition）. North Scituate，Mas：Duxbury Press，1997：139.

策行动，揭示了执行与环境政策过程其他环节的本质差异。政策和法律是抽象的应该做什么或不应当做什么的行动规范。要实现这一理想状态，以行为规范去解决现实之中存在的政策问题，唯有通过行动。政策执行的过程就是将政策的抽象规范通过行动转化为具体行动的过程。政策执行的行动包括制定政策执行的计划、建立执行组织机构、调配政策执行人员、筹集执行所必需的经费和物资以及执行中的指挥和控制等一系列的具体活动。

组织理论学派强调政策执行组织机构的作用，认为任何政策都是通过一定的组织得以实施的。[①] 需要运用行为科学的方法，既重视对组织正式结构的研究，又重视对非正式的结构的考察。并且强调两者之间的平衡互补关系。组织理论学派关注政策执行过程中的组织的作用，它认为环境政策执行需要很多要素，如人员、物质、经费、制度安排等。同时环境政策必须由执行机构中的执行人员来执行，在政策执行中很可能会碰到困难，只有借助组织才能有效地预测风险，建立防范风险机制。

此外，公共选择理论也是碳中和政策执行的重要理论，主要关注政治决策过程中个体行为的经济学分析。公共选择理论将个体行为视为理性自利的，而不是仅仅考虑社会福利最大化，即个体在政治决策过程中会根据自身的利益和偏好做出选择。该理论主张通过采用经济学的一些理论和研究方法来分析公共政策中的一些重要问题，例如公共物品的公共选择失灵问题。[②] 对政府政策与政府工作机构低效率及其根源进行了较为深入的分析并就如何补救这种“失败”提出了具体的政策建议。[③] 在碳中和政策执行中，公共选择理论可以提供一种分析政策执行的框架或启示：

（1）利益相关者分析视角。在碳中和政策执行中，各利益相关者可能会追求自身的经济利益、政治利益或其他私人利益，而不一定关注碳减排目标。运用公共选择理论，可以分析和评估碳中和政策执行中各利益相关者的行为和决策，了解利益相关者的动机和行为可以帮助政策制定者了解各利益相关者对碳中和政策的态度和反应。

（2）政策设计和激励机制视角。公共选择理论强调激励机制对于行为和决策的影响，政策执行中应强化激励机制，激发各主体的参与热情。[④] 在碳中和政策执行中，政府可以设计适当的激励机制，以鼓励利益相关者参与碳减排行动、采取低碳技术和实施可持续发展措施。

---

① 辛阳，何银宁．加强中国县级政府政策执行的对策研究［J］．中国市场，2020（13）：1.

② 胡乐明，王杰．非自愿性、非中立性与公共选择——兼论西方公共选择理论的逻辑缺陷［J］．经济研究，2020（12）：182.

③ 丁煌．公共选择理论的政策失败论及其对我国政府管理的启示［J］．南京社会科学，2000（03）：45.

④ 丁煌，黄志球．海上搜救的“诺斯悖论”及其破解——基于公共选择理论的分析［J］．甘肃社会科学，2015（03）：188.

（3）监督与问责视角。公共选择理论的观点强调制度安排对于政策执行的影响。政府可以建立监督和问责机制，[①] 确保碳中和政策执行的公正性和有效性。这包括监测碳排放情况、评估政策执行效果，并追究违规行为的责任。

2. 碳中和政策执行的含义

碳中和政策执行是指碳中和政策方案制定出来经一定的程序被采纳以后，碳中和政策执行者通过一定的组织形式，运用各种政策资源，经解释、实施、服务和宣传等行动方式将政策观念形态的内容转化为现实效果，从而使既定的碳中和政策目标得以实现的过程。[②] 其侧重点应集中体现在“执行”上，即政府或组织采取具体措施和行动实现碳中和目标的过程。碳中和政策执行不仅是一个动态过程，而且包含着建立执行机构、运用政策资源、解释政策内容、进行政治动员、开展局部实验、具体贯彻落实及实施协调监控等诸多环节，各环节相互联系、互相制约，而且每个环节本身也都要涉及众多的参量，任何一个环节或参量、变量出了问题，都会直接或间接地影响碳中和政策执行的实际效果。因此碳中和政策执行是一个复杂的系统工程。

（1）要注重主体、过程与方式三个维度。其中，碳中和政策执行主体是直接或间接参与政策全过程的个人或组织，他们在政策执行过程中发挥重要作用，其价值取向更会对政策质量和治理效能产生直接影响。碳中和政策的执行是将碳中和目标转化为具体行动的一系列步骤和措施。碳中和政策的执行方式包括行政手段、法律手段和经济手段等。

（2）要注重有效性。碳中和政策执行的有效性是指政府制定和执行的碳中和政策是否达到预期目标，并取得预期效果。换言之，政府制定和执行的碳中和政策是否能够有效地减少碳排放、提高能源利用效率、保护生态环境，以实现可持续发展，并让人们生活在一个碳中和的环境中。

（3）要注重体制机制和法治保障。如何将中央政府在“双碳”甚至生态文明建设方面的抽象政策转化为民众“看得见”“闻得着”的切实效果和获得感，一直是政策与法律研究中的一个核心问题。为了确保碳中和政策的有效执行，需要建立一系列体制机制来提供保障，包括完善党的全面领导、全过程人民民主、区域和部门协同、内生动力和激励机制、公众监督和参与等体制机制。

3. 碳中和政策执行的特点

（1）多领域跨界性。碳中和政策执行涉及多个领域，包括环境保护、能源、工业、

① 谭晓丽．公共选择理论视角下居民低碳消费影响因素分析［J］．商业经济研究，2019（11）：53.

② 陈振明．政策科学［M］．北京：中国人民大学出版社，1998：279.

交通等。它需要政府、企业、社会组织和公众等多个利益相关方的共同参与和协作。碳中和政策执行需要综合考虑各领域的政策和行动，协调不同领域的利益和需求，以实现减排目标和可持续发展。

（2）长期性和可持续性。碳中和政策执行是一个长期的过程，需要制定并实施长期的战略和计划。减少温室气体排放和增加碳汇能力需要长期的投入和持续的努力。政府在制定碳中和政策时需要考虑到长远的影响和后果，制定具有可持续性的政策和行动。

（3）政策执行主体的多层级性。碳中和政策执行需要政府在不同层级上的政策制定和实施。国家层面的政策制定和法规制定是基础，地方政府需要制定具体的实施细则和措施，而企业和个人则需要按照相关政策和法规进行具体的减排行动。要在有限的治理资源中创造出最优政策效果，实现理想政策目标，就必须协调作为政策执行主体的政府之间的关系。[①] 政府需要建立多层次的协调和沟通机制，确保政策的一致性和协调性。

（4）多元主体协同性。公共政策执行都必须依靠多元主体协同，[②] 碳中和政策执行也需要广泛的社会参与和多元共治。公众的意识和参与对于碳中和政策的执行至关重要。政府应当加强公众的宣传教育，提高公众对碳中和问题的认知和关注，鼓励公众采取低碳生活方式和支持碳中和政策。此外，政府还应当鼓励企业、社会组织和公众参与政策制定和实施的过程，通过多方合作和共同行动来推动碳中和目标的实现。

（5）监测与评估必要性。碳中和政策执行需要建立有效的常态化监测与评估机制。政府需要监测和评估碳排放和碳汇情况，以及政策实施的效果和影响。通过监测和评估，政府可以及时调整政策措施，评估政策的有效性和改进的空间，以促进碳中和政策的持续推进和目标的实现。尤其是在立法方面，在某一法律文件实施了一段时间后需要对其实施效果、所起作用等进行综合的立法后评估。通过立法机关自身评估与社会公众等主体的评估相结合，采取座谈、研讨、论证、评议等方式，对立法实施后的社会效果、所起作用、制度缺陷等问题作出评估分析，进行总结评价，旨在发现问题，改进制度，完善程序，促进立法质量的提高。

（二）碳中和政策执行的地位

政策的制定是一种基于理性的思考和决策过程，由于信息不对称、利益集团干扰等因素的存在，理性思考模拟的情景与现实仍然存在差距，一旦进入大规模的政策执行阶段，原先潜在的问题、未预料到的问题就会渐渐显露出来，这必将给政策执行造成困

---

① 英明，魏淑艳．府际关系：公共政策执行的关键变量［J］．广西社会科学，2017（12）：128.

② 徐畅．基层社会治理中多元主体协同何以可能——公共政策执行的作用［J］．湖北社会科学，2022（09）：43.

难。① 因此，无论从理论还是实践意义上来看，碳中和政策执行都有着十分重要的地位。

（1）政策执行在碳中和政策中的地位体现在将碳中和政策目标转化为具体的行动计划和措施上。碳中和政策通常设定了净零排放的目标，但实现这一目标需要根据具体情况和环境提出相应的行动计划。在政策执行过程中，政府需要制定具体的政策和法规，明确减排和增加碳汇的要求，并制定相应的实施措施，如碳交易制度、碳税政策等，以推动各利益相关方的实际减排行动。

（2）政策执行在碳中和政策中的地位还表现在确保政策有效性和效果的实现上。政策的实施和执行是衡量政策成功与否的重要指标。政府需要建立有效的监测与评估体系，对碳排放和碳汇情况进行监测和评估，并对政策实施的效果和影响进行定期评估。通过监测和评估，政府可以及时发现问题和不足之处，采取相应的调整措施，以确保政策的有效性和目标的实现。

（3）政策执行在碳中和政策中的地位还体现在促进社会参与和共治的过程中。碳中和政策的执行需要广泛的社会参与和共同努力。政府应当加强与企业、社会组织和公众的沟通与合作，鼓励他们参与到政策制定和实施的过程中。政府可以通过宣传教育、培训和激励等方式，提高公众对碳中和政策的认知和支持度，并提供支持和奖励机制鼓励企业和个人采取减排行动。

政策执行在碳中和政策中具有重要的地位，是将碳中和政策目标转化为具体行动和成果的关键环节，确保政策的有效实施和目标的实现。政策执行不仅需要政府的积极参与，还需要广泛的社会参与和共治，以实现碳中和目标，推动可持续发展和应对气候变化的挑战。

（三）碳中和政策执行与其他政策环节的关系

碳中和政策执行与政策学中的其他政策环节关系密切，是衔接碳中和政策系统、政策决策、政策评估等各个环节的重要部分。在碳中和政策执行的过程中，政策系统提供了指导和支持，决策过程决定了具体的行动方案，而政策评估则对政策执行的效果和影响进行衡量，为政策调整和改进提供依据。

1. 碳中和政策执行是在政策系统框架下进行的

政策系统是一系列政策、法规、行动计划和措施的集合，旨在实现碳中和目标。政策系统为碳中和政策执行提供了指导和支持，规定了政府的职责和义务，明确了各利益相关方的责任和行动。政策系统的完善与健全是碳中和政策执行的基础，它提供了整体

---

① 蔡守秋．环境政策学［M］．北京：科学出版社，2009：61.

的战略和政策框架，协调各政策的一致性和协同性。

2. 碳中和政策执行涉及政策决策的过程

碳中和政策决策是政策执行的前置环节，同时，政府进行政策决策时，也考虑政策执行的可行性，确定具体的行动方案和措施。决策的制定涉及多个因素的综合考虑，包括政策目标、资源投入、利益平衡等。政府在决策过程中需要考虑到社会、经济、环境等方面的因素，权衡各种利益和风险，制定出具有可行性和可操作性的政策执行方案。

3. 评估在碳中和政策执行中起着重要的作用

评估是对政策执行过程和结果进行监测和评价的过程，旨在寻找政策执行的问题和不足之处，并为政策调整和改进提供依据。在碳中和政策执行中，评估可以对碳排放和碳汇情况进行监测，了解政策措施的实施效果和影响。通过评估，政府可以了解政策执行的效果，及时发现问题并采取相应的调整措施，以提高政策执行的有效性。

综上所述，碳中和政策执行与政策系统、决策、评估之间存在着密切的关系。政策系统提供了指导和支持，决策过程决定了具体的行动方案，而评估能够获得政策执行的效果和影响。政策系统、决策和评估之间的协调和衔接是碳中和政策执行的关键，有助于实现碳中和目标，推动可持续发展和应对气候变化的挑战。

二、碳中和政策执行的原则

（一）碳中和政策执行原则的内涵与理论学说

碳中和政策执行原则是指政府在制定和实施碳中和政策时所遵循的一些基本原则，主要包括科学性、系统性、公平性、可持续性、可考核性、合法性等原则。

从公共政策学的角度来看，关于碳中和政策执行原则的理论和学说主要涉及现代政策执行理论、公共政策评估理论和公众参与理论等方面。这些理论和学说为政府在制定和实施碳中和政策时提供了指导和参考，强调政策的有效实施、结果评估和利益相关方的广泛参与。

1. 现代政策执行理论

政策执行是公共政策实施的重要环节，其理论研究可以为碳中和政策执行提供指导。现代政策执行理论认为执行过程不是刻板地实施已制定的政策，[①] 因为决策存在理性的限度并且政策执行过程随时面临复杂环境的影响，而政策的执行者也不可能做到完

① 刘兆鑫．政策执行理论视域下的执行性腐败及其治理［J］．中国行政管理，2010（11）：50.

全忠实地实施政策，因此，政策执行的每一个环节，都包含着决策成分。现代政策执行理论关注政策目标的有效实施和结果的达成，这一理论为碳中和政策执行中有关政策目标、行动能力和资源配置等方面提供了理论支持。

2. 公共政策评估理论

公共政策评估理论关注政策执行的有效性、效率和公平性等方面。公共政策评估是评价事物的优点和价值，[①] 是对政策执行过程和结果进行监测和评价的过程，可以为碳中和政策的执行提供反馈和改进的依据，该理论提供了衡量碳中和政策执行效果的方法和指导。

3. 公众参与理论

公众参与理论强调在政策制定和执行过程中广泛参与各利益相关方的重要性。公众参与是受影响和感兴趣的公众参与决策的过程，公众参与贯穿决策全过程，公众通过参与获取信息，提供信息，并影响决策，是双向互动过程。[②] 公众参与、利益相关方参与和多层级参与等概念在碳中和政策执行中具有重要意义。公众参与理论强调政府与企业、社会组织和公众之间的互动与合作，以形成共识和共同行动。这些理论为政府在碳中和政策执行中加强与利益相关方的协商和合作提供了理论基础。

在碳中和政策的执行中，政府可以借鉴上述理论和学说，制定相关机制和措施，以推动碳减排行动和实现碳中和目标。同时，政府还需注意在具体实践中根据实际情况综合运用这些理论和学说，以确保政策执行的有效性和可持续性。

（二）碳中和政策执行的主要原则性规定

碳中和政策执行的原则性规定涵盖科学性、系统性、公平性、可持续性和可考核性、合法性等多个方面。这些原则提供了指导政府制定和实施碳中和政策的基本准则，有助于推动企业和个人采取行动减少温室气体排放，实现碳中和目标。

1. 科学性原则

政府在实施碳中和政策时需要基于科学原理和研究成果，考虑政策的技术可行性和经济合理性。科学性要求政府充分了解和应用气候科学、环境科学和能源科学等学科的研究成果，以科学的方法和数据为基础制定政策，确保减排目标的科学性和可行性。例如，在制定可再生能源发展政策时，政府需要综合考虑不同能源技术的发展情况、成本

---

① 李志军，张毅．公共政策评估理论演进、评析与研究展望［J］．管理世界，2023（03）：159.

② 王瑗玲，M. W. Binford，张圣武．美国公众参与理论与实践及其对中国土地整治的借鉴［J］．地域研究与开发，2017（06）：126.

效益、环境影响等因素，选择合适的技术推动可再生能源的发展。

2. 系统性原则

碳中和政策执行需要考虑到各种因素的综合影响，包括经济、技术、社会、环境等各个方面。政府需要从系统的角度出发，综合考虑各种因素，制定出全面、协调的政策。系统性要求政府在政策制定和实施过程中考虑到不同利益相关方的需求和权益，避免政策措施之间的矛盾和冲突。例如，在推动能源转型时，政府需要综合考虑能源安全、经济发展、环境保护等因素，制定出全面、协调的政策，促进可持续能源的发展。

3. 公平性原则

碳中和政策执行需要考虑到各个利益相关方的权益，保证政策的公平性。公平性要求政府在制定和实施碳中和政策时考虑到不同行业、不同地区的差异，避免对某些行业或地区造成不公平的影响。政府需要制定出公正和平衡的政策，确保碳减排责任的公平分担。例如，在制定碳排放上限时，政府需要考虑到不同行业的碳排放水平和减排潜力，合理分配碳排放配额，确保公平竞争和减排目标的实现。

4. 可持续性原则

碳中和政策的目的是实现可持续发展，因此政府需要保证政策的可持续性。可持续性要求政府制定长期政策，鼓励企业和个人采取长期行动减少碳排放，而不是追求短期利益。政府需要考虑到社会经济发展的需求和节奏，确保碳中和政策与经济发展的协调推进。例如，在推动能源转型时，政府需要制定长期能源规划，鼓励企业投资开发可再生能源，同时逐步淘汰高碳能源，实现能源结构的可持续改变。

5. 可考核性原则

政策执行需要有一定的考核机制，以保证政策的有效性。政府需要制定可考核的指标和标准，对政策的执行情况进行评估和监督。可考核性要求政府建立监测和评估体系，定期对碳排放和碳汇情况进行监测和评估，并对政策的执行效果和影响进行评估。通过考核机制，政府可以及时发现问题和不足之处，采取相应的调整措施，以提高政策执行的有效性和目标的实现。

6. 合法性原则

碳中和政策执行的合法性原则是指碳中和政策执行的主体、过程、方式都必须遵守法律，不得为了追求碳中和政策的执行效率和效果而超越法律的规定，要在法治的框架内实现碳中和的目标。合法性原则要求实现政策执行的法律化、制度化和规范化，杜绝有法不依、执法不严、以权压法、人治代替法治的现象；还要求贯彻全过程人民民主，加强公众参与和多中心治理，对政策执行加以一定的约束和监督，界定政策执行的范围，使公共权利的运行更好地体现人民的利益和根本要求，同时要求政策执行程序制度化、规范化，加强法治政府、法治社会建设。碳中和政策的执行属于国家治理的范畴，坚持全面依法治国，也要坚持碳中和政策执行的合法性原则。具体来说，包含三个方面：首先，碳中和政策执行的主体资格要符合法律规定，尤其是碳中和政策执行中涉及行政执法内容时，要防止出现行政机关没有法律授权的“乱作为”。其次，在碳中和政策执行的过程中，要体现程序正当性，不能为了突出碳中和目标政绩，违反法定程序走“捷径”。最后，碳中和政策执行的方式也要遵循合法性，无论是运用行政手段还是经济手段，按照合法性原则，遵循宪法和法律的规定。碳中和政策执行的合法性原则主要通过立法的方式予以保障，例如，我国《节约能源法》（2018 年修正）明确赋予了有关行政机关对节约能源执行情况的监督监察权，依法查处违法使用能源的情况。①

三、影响碳中和政策执行的因素

碳中和政策执行受到政策本身、政策执行机构、执行人员、政策环境等多个因素的影响。政府在制定和实施碳中和政策时需要综合考虑这些因素，制定相应的政策措施和执行策略，以推动碳减排行动和实现碳中和目标。同时，政府还需注意不同因素之间的相互作用和平衡，确保政策执行的有效性和可持续性。

（一）碳中和政策本身的影响因素

碳中和政策本身对碳中和执行具有重要的影响。政策本身内容的不同，决定了公共政策执行的方向和属性。② 合理设定目标、制定具体措施和建立监测评估机制是确保政策执行成功的关键。

1. 碳中和政策的目标设定对执行产生影响

政策的目标设定应既具有挑战性又符合实际，能够激励相关行业和个体采取积极行动。如果碳中和政策设定的目标过于宏大或不切实际，可能导致执行困难。例如，过高的碳减排目标可能使企业陷入困境，导致执行困难甚至放弃执行的可能性。因此，政策目标的设定应充分考虑行业和经济发展的实际情况，平衡碳减排和经济增长的关系。

2. 碳中和政策的具体措施对执行产生影响

政策的具体措施应综合考虑技术可行性、经济成本和社会接受度等因素。例如，碳

---

① 《节约能源法》第十二条第一款规定：“县级以上人民政府管理节能工作的部门和有关部门应当在各自的职责范围内，加强对节能法律、法规和节能标准执行情况的监督检查，依法查处违法用能行为。”

② 刘小康．论公共政策执行力及其影响因素［J］．新视野，2013（05）：63.

定价机制可以为企业提供经济激励，鼓励其减少碳排放；碳交易市场可以提供灵活的碳减排方式，促进碳减排的市场化。政策的具体措施应根据不同行业和地区的特点进行差异化设计，充分考虑各方面的利益和合理性，以提高执行的可能性和效果。

3. 碳中和政策的监测评估对执行产生影响

政策的监测评估能够及时了解执行情况，识别问题和挑战，并采取相应的措施进行调整和改进。有效的监测评估机制可以提供数据支持和决策参考，保证政策执行的及时性和准确性。同时，透明的监测评估结果也可以增加政策执行的公信力和可信度，提高相关行业和个体的配合度和参与度。

（二）碳中和政策执行机构的影响因素

执行机构对碳中和政策的执行具有重要的影响。以下从人员和设备、能力和知识、独立性和公正性等方面进行分析。

1. 执行机构的人员和设备

执行碳中和政策需要足够的人员和设备支持，包括监测、数据分析、审查等方面。人员要具备相关的专业知识和技能，能够理解和解读政策要求，并能够提供相应的技术支持和指导。同时，执行机构需要具备充足的设备和技术手段，以确保政策的执行工作能够顺利进行。如果执行机构缺少人力和设备，就会影响政策的执行效果。

2. 执行机构的能力和知识

执行机构需要具备相关领域的专业知识和技能，能够理解和解读政策要求，并能够提供相应的技术支持和指导。执行机构的能力包括制定政策、执行计划及监测评估等方面。如果执行机构的能力不足，就会影响政策的执行效果。因此，执行机构应加强专业培训和知识更新，提高自身的能力水平，以适应执行碳中和政策的需要。

3. 执行机构的独立性和公正性

执行机构应独立于政府和利益集团，以确保政策的执行公正和透明。如果执行机构受到外部干扰或影响，就可能导致政策执行的偏离或失效。因此，执行机构应建立独立的组织结构和制度机制，确保执行工作的公正性和独立性。同时，应加强对执行机构的监督和评估，确保其行为符合规范，从而提高政策执行的有效性和公信力。

总之，执行机构对碳中和政策的执行起着关键的作用。充足的人员和设备、良好的能力和知识，以及独立性和公正性是确保政策执行成功的重要因素。碳中和政策执行机构应加强人员培训和设备建设，提高自身的能力水平，同时确保独立性和公正性的原则，以保障政策执行的顺利进行。可以考虑环保部门在碳中和政策执行中的领导统筹地位，将一些琐碎的工作交给其他部门负责，使环保做到分散化和统一性相结合，同时促进横向部门之间的协调沟通。[①] 政府和监管机构应加强对执行机构的支持和监督，提供必要的资源和条件，共同推动碳中和政策的有效执行。

（三）碳中和政策执行人员的因素

碳中和政策旨在减少温室气体排放以遏制气候变化，而政策的实施离不开执行人员的参与和努力。执行人员是政策执行的关键环节，他们的能力、素质和觉悟对政策执行的效果和效率产生重要影响。此外，政策目标群体的行为状况也会影响碳中和政策的执行效果。

首先，执行人员的能力对碳中和政策的执行至关重要。碳中和政策的实施需要具备相关的专业技术知识和操作能力，例如对清洁能源技术、能源转型、排放监测等方面的了解。缺乏相关能力的执行人员可能无法有效地推进政策的执行和监督，导致执行效果不佳。因此，有必要加强对碳中和政策执行人员的技能培训，提高他们的专业素质和能力水平。政府可以通过举办培训班、派遣专家指导等方式来提升执行人员的能力。

其次，执行人员的素质也会对碳中和政策的执行产生影响。执行人员需要具备责任心、敬业精神和良好的道德素养，以保证碳中和政策的执行效果。碳中和政策执行涉及各种利益关系和冲突，执行人员需要具备公正、公平的处理能力，确保政策的执行过程公正透明。基于避责及稳定优先的思想导向，地方官员在政策执行的过程中出现了两个极端：一是不担当不作为；二是采取某些不当行为以尽快满足上级的要求。[②] 因此，政府在选拔和培养碳中和政策执行人员时要注重素质的培养，建立健全的激励和约束机制，激发他们的积极性和责任感。

再次，执行人员的觉悟对碳中和政策的执行也起到重要作用。觉悟是指对政策目标和意义的认同和理解，是执行人员坚定推进碳中和政策执行的内在动力。只有具备正确的觉悟，执行人员才能积极主动地履行职责，推动碳中和政策的贯彻执行。因此，政府应该加强对执行人员的教育宣传工作，提高他们对碳中和政策的认识和理解，增强他们的觉悟。

最后，政策目标群体的行为状况也会影响碳中和政策的执行效果。碳中和政策的实施需要得到广大市民和企业的支持和配合，他们的行为状况直接关系到政策的执行效果。政府可以通过多种手段引导和激励市民和企业参与到碳中和政策的执行中，例如提供经济激励、加强宣传教育、建立奖惩机制等。同时，政府也需要加强对市民和企业的

---

① 孟凡蓉，王焕，陈子韬．基于扎根理论的大气治理政策执行影响因素及机制研究［J］．软科学，2017（06）：37.

② 陈帅飞．地方政府民生政策执行偏差的影响因素与调适路径［J］．江苏社会科学，2023（05）：147.

监督和执法，确保碳中和政策的落地。

总之，执行人员的能力、素质和觉悟对碳中和政策的执行效果有重要影响。政府应加强对执行人员的培训和教育，提高他们的能力和素质，激发他们的觉悟和积极性。同时，政府还应加强对市民和企业的引导和监督，鼓励他们参与到碳中和政策的执行中。通过共同努力，才能确保碳中和政策顺利实施，为应对气候变化问题作出应有的贡献。

（四）碳中和政策环境的影响因素

碳中和政策的执行受到政策环境因素的影响，其中包括民众的觉醒程度、经济因素、政治因素、文化因素和社会因素等。这些因素相互作用，共同塑造了政策执行的环境和效果。

民众的觉醒程度对碳中和政策执行起到至关重要的作用。如果民众意识到气候变化的严重性并支持碳中和政策，那么政策执行的效果将更好。民众的参与和行动能够推动政策的落地和执行。因此，政府需要加强对碳中和政策的宣传教育，创新形式，提高民众的认识和理解，增强他们的参与意识。① 此外，政府还可以通过奖励制度、优惠政策等手段激励民众积极参与碳中和行动。

经济因素也对碳中和政策的执行产生影响。能源结构的转型和碳减排措施的实施需要大量的资金投入，这对经济发展和企业利益可能带来一定压力。因此，政府需要制定相应的经济政策，提供财政和税收支持，鼓励企业投资于清洁能源和低碳技术的研发和应用。此外，政府还可以通过建立碳市场和碳交易机制等手段，激励企业减少碳排放，推动碳中和目标的实现。

政治因素对碳中和政策执行也产生重要影响。政府的支持和决策是政策执行的关键。政府需要制定明确的政策目标和措施，并确保碳中和政策的执行力度和效果。政府还需要加强对碳中和政策的监督和评估，确保政策的落实和效果的达到。此外，政府还需要与各利益相关方进行合作和协商，形成多方参与的合力，共同推动碳中和目标的实现。

文化因素也在一定程度上影响碳中和政策的执行。不同文化背景下的人们在对环境问题的认知和行为方式上存在差异。因此，政府需要根据不同文化背景制定相应的宣传和教育策略，提高人们对碳中和政策的认同和支持度。政府可以利用传统文化和价值观念，强调环境保护的重要性，激发民众的环保认同感、环保意识感和环保责任感。

社会因素也会影响碳中和政策的执行。社会组织和非政府组织在推动碳中和行动方

---

① 刘晓程，刘王平．如何对话：政策执行过程中的政府公共沟通及其影响因素［J］．现代传播（中国传媒大学学报），2021（07）：89.

面发挥着重要作用。政府可以与这些组织合作，共同推动碳中和目标的实现。此外，媒体的宣传和舆论引导也是重要的社会因素，政府可以通过与媒体合作，加大对碳中和政策的宣传力度，提高社会对政策的关注和理解度。[①]

综上所述，碳中和政策执行受到民众觉醒程度、经济因素、政治因素、文化因素和社会因素等多种因素的影响。政策执行最基本的要求是坚持原则性与灵活性相结合，创造性地执行政策。在执行碳中和政策的过程中，如果滥用灵活性，就会产生“上有政策，下有对策”的“政策变通”甚至“政策偏离”现象，比如象征性执行、附加性执行、选择性执行、替代性执行、观望性执行、照搬式执行等。因此，需要及时矫正碳中和政策执行的偏差，确保政策制度的执行力度和效果；根据不同文化背景制定相应的宣传策略；与社会组织合作，共同推动碳中和目标的实现。通过多方合力，才能实现碳中和政策的有效执行。

第二节　碳中和政策执行的主体、过程与方式

一、碳中和政策执行的主体

（一）碳中和政策执行主体的含义、范围及学说

碳中和政策执行主体是直接或间接参与政策全过程的个人或组织，他们在政策执行过程中发挥重要作用，其价值取向更会对政策质量和治理效能产生直接影响。由于“双碳”目标的实现是一项系统工程，需要对社会、经济、政治等各方面、各领域进行深层次的变革。因此，碳中和政策执行主体定然是广泛、多元的，政府、企业、社会组织和公众都是碳中和政策执行的主体。[②]

政策的执行主体的学说主要有政府主导论、市场参与理论和多层次治理理论等。

（1）政府主导论。该观点认为政府在制定和实施碳中和政策中应承担主导角色，这是由双碳治理的公共属性决定的。政府在政策制定、资源配置和监管等方面发挥重要作用，[③] 并通过法律法规和行政手段推动碳中和目标的实现。政府主导理论强调政府在

---

① 魏淑艳，陈雅．中国重大环保事件政策执行纠偏机制及影响因素［J］．东南学术，2021（01）：71.

② 周成．“双碳”政策的知识图谱、研究热点与理论框架［J］．北京理工大学学报（社会科学版），2023（04）：102.

③ 昌敦虎，白雨鑫，马中．我国环境治理的主体、职能及其关系［J］．暨南学报（哲学社会科学版），2022（01）：1.

碳中和政策执行中的责任和权力，以确保碳中和政策的有效实施和目标的实现。①

（2）市场参与理论。市场参与理论认为市场机制是实现碳达峰、碳中和目标的基础，② 市场机制在碳中和政策的执行中起到重要作用。根据市场参与理论的观点，政府应通过建立碳市场、碳定价、碳交易等机制，引导企业和个人参与碳减排行动。市场参与理论强调在市场机制的引导下，企业和个人会更加主动采取减排措施，以获得经济激励和竞争优势。

（3）多层次治理理论。一项政策的执行过程很难达到社会利益均等化，势必会触及一部分群体的既得利益。不同利益群体的利益诉求不同，对政策执行过程中的认同、配合、态度、行为表现上也会有差别。③ 多层次治理理论强调政府、企业、社会组织和公众等多方利益相关者之间的合作与协调。在碳中和政策执行的过程中，多个层次的治理主体共同参与是必要的。在碳中和政策的执行中，政府应建立跨部门协调机制，加强各利益相关者之间的沟通和合作，形成协同效应。

这些理论和学说为碳中和政策的执行提供了不同的视角和方法。在实践中，各级党委和政府可以根据具体情况综合运用这些理论和学说，制定相应的碳中和政策和措施，开展碳减排行动和实现碳中和目标。同时，政府还需注意不同理论和学说之间的相互作用和平衡，以确保碳中和政策执行的有效性和可持续性。

（二）存在的问题剖析

1. 政府的能力和资源限制

政府在碳中和政策执行中扮演着重要角色，但许多政府可能面临能力和资源的限制。政府需要具备足够的技术、人员和资金支持来有效制定和实施碳中和政策。不足的政府能力和资源可能导致碳中和政策制定过程的不充分、政策实施过程的不到位，从而影响碳中和目标的实现。需要政府坚持低碳或零碳加较高增长的经济发展模式，并在此指引下积极进行制度创新。④ 2021 年 7 月 30 日，中央经济工作会议提出增加新能源的消纳能力，推动煤炭和新能源的优化组合，这表明两者之间应该是互补关系。如果“一刀切”地去煤化、去煤电化将给能源电力安全可靠稳定的供应带来较大影响。

---

① 杨威威，郭圣莉．政府主导社区治理的结构性矛盾及其生成机制［J］．学习与实践，2020（08）：86.

② 邹乐乐，王溥，孙翊．实现碳中和的市场机制与争取国际话语权重点方向［J］．中国科学院院刊，2022（04）：469.

③ 周定财．街头官僚理论视野下我国乡镇政府政策执行研究——基于政策执行主体的考察［J］．湖北社会科学，2010（05）：32.

④ 王凤，安芮坤，赵璟祎．碳中和目标下的政府制度创新［J］．南京工业大学学报（社会科学版），2021（06）：93.

2. 缺乏统一的政策框架和协调机制

碳中和政策涉及多个部门和利益相关方，缺乏统一的政策框架和协调机制可能导致政策冲突和重复，降低碳中和政策执行的效果。政策制定者需要在政策制定阶段确保不同政策的协调一致性，并建立跨部门协调机制，以协调各方力量，共同推进碳中和政策的执行。

3. 企业参与的不充分

企业是碳减排的关键主体，然而，一些企业可能在碳中和政策执行中参与程度不够。一方面，企业可能缺乏足够的意识和动力来主动采取减排行动，尤其是在缺乏明确的经济激励和市场机制的情况下；另一方面，一些企业可能面临技术和经济方面的限制，无法有效实施碳减排措施。政府需要加强与企业的沟通，提供必要的支持和激励机制，促进企业更积极地参与碳中和行动。此外，排放权交易工作的法律基础不明确，也导致了为企业设立相关的义务等面临较大障碍，[①] 影响了企业参与的充分度。

4. 社会参与的不足

公众的参与和支持对于碳中和政策的执行至关重要，然而，社会参与的不足可能制约了碳中和政策的执行效果。公众尽管在数量上占优，但其地位往往由组织程度和意见表达渠道所决定。虽然我国公众环境意识空前加强，但距离真正意义上的环境治理参与仍存在较大差距，特别是面对经济压力时，对环境政策响应有所欠缺。[②] 政府需要加强公众参与机制，通过宣传教育、信息公开和参与机会的提供，增强公众对碳中和政策的理解和支持，促进公众参与和共同行动。

5. 监管和执行的挑战

碳中和政策的执行需要有效的监管和执行机制。然而，一些地区可能面临监管能力不足、执法和监测手段不完善的问题。这可能导致政策执行的不到位和不公正，影响政策执行的效果。[③] 政府需要加强监管能力的建设，制定有效的监管和执行措施，确保政策执行的公平性和有效性。比如，有的地方出现了一些不尊重经济规律、盲目行动的现象：有的地方搞“碳冲锋”，有的搞“运动式”减碳，前段时间一些地方的拉闸限电凸显了“双碳”的实现逻辑尚待明晰；一些地区以减碳结果为导向，只看数据变化，不考虑经济社会发展和能源安全，简单粗暴地采取拉闸限电等行政手段减碳；还有的地区认为碳达峰之前还有排放空间，加快盲目上马“两高”项目，缺乏行动的自觉性和政

① 段茂盛，庞韬．碳排放权交易体系的基本要素［J］．中国人口·资源与环境，2013（03）：111.

② 昌敦虎，白雨鑫，马中．我国环境治理的主体、职能及其关系［J］．暨南学报（哲学社会科学版），2022（01）：6.

③ 陈振明．公共政策学：政策分析的理论、方法和技术［M］．北京：中国人民大学出版社，2004：5.

治站位。甚至有一些地区空喊口号，没有行动；或是做表面文章，不改变发展方式，仍延续现有生产生活方式。因此要警惕“双碳”盲动，保持政策的战略定力和依法执行，要统筹考虑能源安全、经济增长、社会民生、成本投入等诸多因素，处理好发展与减排、发展与安全、短期与长期、减污与降碳的复杂关系。

（三）碳中和政策执行主体制度的完善路径

1. 优化资源配置，提高碳中和政策执行机构能力

政府可以通过多样化的资金来源，包括国内外投资、碳市场机制和国际合作资金等，筹措和配置足够的资源来支持碳中和政策的执行。政府还需合理配置已有的资金，确保在碳中和政策执行中的重点领域和关键环节获得足够的支持和投入。加强人员培训和知识更新，提高政府机构在碳中和政策领域的专业能力和技术支持。可以培养和引进专业人才，建立跨部门的团队合作机制，以提升碳中和政策执行的能力和效果。提高碳中和政策的执行能力，包括人员培训和专业化的技术支持。确保执法人员具备必要的知识、技能和资源，能够有效地执行碳中和政策，并解决执行过程中的问题和挑战。

2. 构建协调统一的政策执行框架机制

政府应制定统一的碳中和政策框架，明确政策目标、原则和措施，以确保政策的一致性和连贯性。在此框架机制下，政府应设立碳中和政策的协调机构或跨部门工作组，定期召开会议，分享信息和经验，解决问题和制定共同行动计划。政府还可以制定明确的合作框架和流程，促进部门之间的信息共享和协同行动。

3. 完善企业参与碳中和政策执行的激励机制

政府可以采取经济激励措施，如税收减免、补贴和奖励，鼓励企业采取低碳技术和减排措施。政府还可以制定碳市场机制，如碳排放交易和碳定价，以激励企业减少碳排放。通过提供技术支持、信息咨询和政策指导，帮助企业了解碳中和政策的要求和机遇，推动企业进行技术创新和转型。

4. 完善社会公众广泛参与碳中和政策执行机制

社会参与是碳中和政策执行的重要组成部分，需要确保公众、社会组织和利益相关方的参与和合作。

（1）加强公众教育和意识提升。政府应加强公众宣传教育，提高公众对碳中和问题的认知和理解。通过开展教育活动、宣传媒体、社交媒体等手段，增强公众对碳中和政策的关注，激发公众的兴趣和参与意愿。

（2）建立广泛的参与机制。在我国政府主导作用仍然很强、社会组织发育不成熟

的背景下，尤其要重视发动多方社会力量广泛参与。① 政府可以建立公众参与机制，包括听证会、公众咨询和社会组织参与等。通过开放的参与平台和程序，公众可以表达意见和建议，参与碳中和政策的制定和实施过程。政府应确保参与机制的透明度、公正性和可持续性，促进公众的有效参与。

（3）提升碳中和政策执行信息的透明度。政府应提供关于碳中和政策的信息透明度，包括政策文件、数据、报告和评估结果等。通过公开透明的信息，公众可以了解碳中和政策的目标、措施和执行情况，参与监督和评估的过程。

5. 完善碳中和政策执行主体的监管评估机制

各级人民政府及其相应主管部门应建立健全的监管机制，确保碳中和政策的遵守和执行。加强对企业和个人的监督，建立有效的执法和追责机制，确保规则的执行和效果的实现。同时，政府还应建立有效的监测和评估机制，定期对碳中和政策的执行情况和效果进行评估。通过监测和评估，政府可以了解执行情况和效果，及时发现问题和不足，采取相应的调整措施，提高碳中和政策执行的有效性和目标的实现。

二、碳中和政策执行的过程

（一）碳中和政策执行过程的基本环节

碳中和政策的执行过程是指将碳中和目标转化为具体行动的一系列步骤和措施。主要包含以下几个环节：

1. 目标设定和策略制定

在执行碳中和政策之前，首先需要明确具体的减排目标和时间表，并制定相应的策略和措施来达成这些目标。这包括制定减排指标、设定碳排放配额、建立碳市场机制等。政府、科研机构、企业和社会组织等各方需要共同参与，进行科学分析和研究，制定可行的碳中和路线图和行动计划。

2. 采取法律法规和政策措施保障

真正实现碳中和目标需要对经济社会进行系统性、全局性的变革，从而使得现有产业结构、能源结构、生产生活方式和空间格局发生全方位、深层次的根本性改变。为此，中国陆续出台了“1+N”“双碳”政策体系。② 为了实现碳中和目标，政府应采取

① 段雪辉，李小红．双向汲取：社区社会组织的行动路径分析［J］．求实，2020（03）：59.

② 周成，钱再见．中国碳达峰碳中和的政策路径：基于扎根理论和制度语法学的双重分析［J］．中国人口·资源与环境，2022（11）：19.

一系列法律法规和政策措施来引导和推动减排行动，这包括制定碳减排政策、提供财政和税收激励、建立碳市场交易机制等。政府还需要加强监管和执法，确保政策的有效执行和实施。

3. 新能源科技创新的支撑

在执行碳中和政策的过程中，涉及能源转型的科技创新是关键的一环。发展和推广低碳技术和清洁能源，替代高碳排放的传统能源，是实现碳中和目标的重要手段。政府需要加大科研投入，促进技术创新和产业升级，鼓励企业和社会组织采用可持续和低碳的生产方式和能源消费模式。研究制订“碳达峰、碳中和技术全面推进战略”，推动“双碳”目标实施从规模约束向技术优先转型。①

总之，碳中和政策的执行过程是一个复杂而长期的过程，需要政府、企业、社会组织和公众等各方共同参与，需要科学、规范和可持续地推进减碳降污行动，以达到减缓气候变化和实现可持续发展的目标。

（二）碳中和政策执行过程偏差及矫正

碳中和政策执行偏差是指相关的政策执行机构在对目标群体进行执行中在外部不利条件的干扰下，与预期目标产生一定程度的偏离，无法精确及时地对碳中和政策加以执行，从而形成不良影响。碳中和政策执行偏差也被称为碳中和政策执行阻滞、碳中和政策执行变异、碳中和政策规避、碳中和政策执行障碍、碳中和政策执行不力等。针对碳中和政策的执行过程中可能存在一些偏差问题，需要及时进行矫正和改进。

1. 对目标设定不合理方面的矫正

碳中和政策的目标设定是至关重要的一步。如果目标设定过于激进或过于保守，都可能导致碳中和执行过程中的偏差。过于激进的目标设定可能造成过高的成本压力和经济负担，而过于保守的目标设定则可能导致减排效果不明显。在目标设定过程中，需要充分考虑科学研究和技术发展的进展，制定合理、可行的减排目标。同时，需要进行定期的评估和调整，根据实际情况进行目标的修正和更新。

2. 对政策设计不完善方面的矫正

碳中和政策的执行需要依靠一系列政策措施来推动减排行动。如果政策设计不完善，可能导致碳中和执行过程中的偏差。例如，政策激励力度不够大，缺乏必要的经济和财政支持，会降低企业和个人参与减排的积极性。政府需要加强政策制定和实施的科

---

① 谭显春，郭雯，樊杰，等．碳达峰、碳中和政策框架与技术创新政策研究［J］．中国科学院院刊，2022（04）：442.

学性、完善性和可操作性。在政策设计过程中，应充分考虑不同行业和地区的实际情况，制定差异化、有针对性的政策措施。同时，政策的执行也需要与其他政策进行协调，形成政策的整体效应。

3. 对技术创新不足方面的矫正

碳中和政策的执行需要依赖于技术创新和能源转型。如果技术创新不够，缺乏低碳技术的成熟和应用，将会限制减排行动的效果。在碳中和政策的执行过程中，政府需要加大对科研机构和企业的支持力度，鼓励技术创新和研发。加强产学研合作，推动科技成果的转化和应用。同时，政府还可以加大对低碳技术的资金投入和政策支持，鼓励企业和个人采用低碳技术和清洁能源。

4. 对监测和评估不到位方面的矫正

碳中和政策的执行需要建立健全的监测和评估机制。如果监测和评估不到位，无法及时发现问题和偏差，将会影响政策的执行效果。政府需要加强对碳排放和减排行动的监测和评估工作。建立科学、规范的监测指标和方法，确保数据的准确性和可比性。并定期进行评估和审查，及时发现问题和偏差，采取相应的矫正措施。

5. 对缺乏国际合作与交流方面的矫正

碳中和是一个全球性的挑战，需要国际社会共同应对。这就需要开展国际合作和交流。如果缺乏国际合作与交流，将会限制减排行动的效果。政府需要积极参与国际合作与交流，加强与其他国家和国际组织的合作，共享经验和技术。推动全球碳市场的发展，促进碳交易的国际合作。同时，政府还可以通过外交手段，争取更多的国际合作支持和资源投入。《巴黎协定》下的碳市场机制更加具有国家推动的色彩，在许多关键性问题上还没有得到解决，我国应聚焦碳市场链接与合作规则的国际谈判，就权益属性和清缴程序等亟待解决的问题提出中国方案。①

三、碳中和政策执行的方式

（一）行政手段方式

具体的行政手段会因国家和地区的不同而有所不同，适用于不同的经济和社会背景。碳中和政策的执行需要综合考虑政策目标、经济效益和社会可行性等因素，进行科

① 曾文革，江莉.《巴黎协定》下中国碳市场机制的发展桎梏与纾困路径［J］. 东岳论丛，2022（02）：113.

学规划和有效实施。碳中和政策执行的行政手段方式主要包含以下几个方面：

1. 设定排放指标和限额

政府可以设定企业、工厂和行业的碳排放指标和限额，要求它们在一定时间内达到或超过这些目标。

2. 碳排放交易系统

政府可以建立碳排放交易系统，通过向企业发放一定数量的碳排放配额，企业可以在市场上进行买卖，鼓励减少碳排放。[①] 碳排放交易系统（ETS），是建立在温室气体减排量基础上将排放权作为商品流通的交易市场。中国“十二五”期间加强控制温室气体排放，建立了中国特色的碳排放交易系统（ETS）。

3. 碳税和能源税

政府可以对碳排放高的行业征收碳税，或者对能源消耗高的行业征收能源税，以鼓励企业减少碳排放和能源消耗。进言之，税收可以倒逼自身采取更加环保高效的低碳技术，以能源利用效率的提高，不断降低碳排放水平。国际上碳税政策模式分为两种：一是单一碳税政策，即在碳减排工具中仅选择碳税，如芬兰等北欧国家初期的碳税制度和英国的气候变化税；二是复合碳税政策，即碳税与碳交易等其他碳定价机制并行，这种模式在欧盟较为普遍。

4. 提供经济激励和补贴

政府可以提供经济激励和补贴，鼓励企业和个人采取低碳行动，例如提供节能设备补贴、发放碳排放减少奖励等。

5. 加强监管和执法

政府可以加强对碳排放的监管和执法力度，严格惩罚违反碳中和政策的企业和个人，确保政策的执行效果。

6. 推动绿色技术研发和应用

政府可以增加对绿色技术研发和应用的投入，提供技术支持和资金支持，推动低碳经济的发展。

（二）法律手段

1. 完善碳中和法律规范体系

我国的资源法律规制体系尚未建立，缺乏系统性的自然资源基本法，[②] 碳中和相关

---

① 郑云坚，吴施娟．中国碳排放权交易管理沿革与发展探析［J］．中国行政管理，2022（02）：159.

② 周洪，谷树忠，姚予龙，等．中国资源法律规制的演进、评价与展望［J］．资源科学，2012（10）：2007.

的法律法规也缺乏系统性和整体性，政府应采取法律和法规手段，明确减排目标和责任，并设立相应的奖惩机制。根据中华人民共和国国务院令（第 775 号），《碳排放权交易管理暂行条例》自 2024 年 5 月 1 日起施行。该专门行政法规的出台，为全国碳排放权交易市场运行管理提供了明确法律依据，保障和促进其健康发展，解决了此前我国关于碳排放权交易管理的法律、行政法规缺位问题。通过立法完善，可以有效应对全国碳排放权交易市场运行管理依据国务院有关部门的规章、文件执行，存在法律位阶较低，权威性不足，难以满足规范交易活动、保障数据质量、惩处违法行为等实际问题，进一步推动碳中和政策的执行。

2. 严格执法

“徒法不足以自行”，对碳中和政策的执行要依法进行严格的监督检查，才能实现决策预期的效果。例如，2014 年《中华人民共和国环境保护法》修订后，全国人大常委会组织开展执法检查，就是通过严格执法的方式，推进包括碳中和政策执行在内的生态文明建设和环境保护工作。多年来，中央开展了多轮生态环境保护督察，推动了碳中和政策的有效执行。

3. 公正司法

碳中和政策的执行离不开公正司法的有力保障。例如，2023 年 2 月最高人民法院发布了《司法积极稳妥推进碳达峰碳中和典型案例》，该批 11 个典型案例都与碳中和政策执行密切相关，体现了人民法院通过案件审理对碳中和政策执行提供有力的司法保障。[①]

（三）经济手段

一是引入碳税。政府可以引入碳税制度，对排放高的行业征收高税，对排放低的行业征收低税，以鼓励企业采取低碳技术和措施，减少温室气体的排放。

二是提供财政和税收激励。政府可以通过减税、补贴和奖励等手段激励企业和个人采取减排措施，促进碳中和目标的实现。例如，对使用可再生能源的企业给予税收优惠。

三是推动绿色金融发展。政府可以促进绿色金融的发展，支持低碳项目的融资。例如，设立绿色基金，为低碳项目提供资金支持。

四是建立碳排放交易市场。通过建立碳排放交易市场，进行碳排放配额的买卖，促进减排和碳中和目标的实现。这有助于形成碳价格信号，激励企业减少排放。

---

① 案件类型包括比特币“挖矿”服务合同、温室气体排放环境侵权、水泥产能指标转让合同、破产案件中将危废物处置费用认定为破产费用、碳排放配额转让合同及国家核证自愿减排量技术服务合同、碳排放配额清缴行政处罚、碳排放配额强制执行、破坏环境监测计算机信息系统、滥伐盗伐林木碳汇赔偿等。

（四）综合手段

一是加强国际合作。碳中和是全球性的挑战，各国应加强合作，共同制定国际减排目标和政策，共享减排经验和技术。可考虑在“一带一路”倡议框架下，依托“一带一路”国际科学组织联盟（ANSO），成立沿线国家科研机构、大学与国际组织共同参与的碳中和国际科学合作委员会，加强碳中和科学、技术、创新和能力建设。[①] 通过联合国气候变化框架公约和《巴黎协定》等国际机制，推动全球碳中和目标的实现。

二是促进技术创新和转让。政府应加大对低碳技术的研发和应用支持，鼓励企业和科研机构进行技术创新。还应支持碳捕集和储存技术的研发和推广，通过建设碳捕集设施、发展二氧化碳利用技术等方式减少碳排放。同时，促进技术转让。

三是加强社会宣传和教育。政府应加强对碳中和政策的宣传和教育，提高公众的环保意识和参与度。通过开展环保教育活动、举办减排主题研讨会等方式，推动公众积极参与减排行动。

（五）宣传和教育手段

宣传和教育是碳中和政策执行的重要手段之一，对此，《环境保护法》第九条规定管理各级人民政府、基层群众性自治组织、社会组织、环境保护志愿者、教育行政部门、学校、新闻媒体等法律主体的相关宣传义务。政府可以通过媒体报道、公益广告、讲座等方式向公众传递碳中和理念，提高公众对碳中和的认识和意识。此外，政府还可以推广成功的碳中和案例，鼓励企业和社会组织积极参与到碳中和行动中。同时，政府可以加强对碳中和知识的普及和教育，提高公众对碳中和技术的认识和了解。

综上所述，碳中和政策执行需要综合运用行政、法律、经济、宣传和教育等手段。2023 年《政府工作报告》指出，五年来中国稳步推进节能降碳。统筹能源安全稳定供应和绿色低碳发展，科学有序推进碳达峰碳中和。优化能源结构，实现超低排放的煤电机组超过 10.5 亿千瓦，可再生能源装机规模由 6.5 亿千瓦增至 12 亿千瓦以上，清洁能源消费占比由 20.8% 上升到 25% 以上。全面加强资源节约工作，发展绿色产业和循环经济，促进节能环保技术和产品研发应用。提升生态系统碳汇能力，加强绿色发展金融支持，完善能耗考核方式，积极参与应对气候变化国际合作，为推动全球气候治理作出了中国贡献。[②] 未来，国家和政府还需要继续发挥主导作用，制定法律法规、行政命

---

① 邹乐乐，王溥，孙翊．实现碳中和的市场机制与争取国际话语权重点方向［J］．中国科学院院刊，2022（04）：476.

② 李克强．政府工作报告——2023 年 3 月 5 日在第十四届全国人民代表大会第一次会议上［EB/OL］．https：//www.gov.cn/zhuanti/2023lhzfgzbg/index.htm. 最后访问时间：2023 年 10 月 15 日。

令、指标、规划等行政手段，建立碳排放控制标准和碳交易市场等法律制度，提供财政资金、税收优惠、信贷支持等经济手段，同时加强宣传和教育，提高社会公众对碳中和的认识和意识。企业和个人要积极参与到碳中和行动中。

第三节 碳中和政策执行的有效性

一、碳中和政策执行有效性的基本含义

碳中和政策执行的有效性是指政府制定和执行的碳中和政策是否达到预期目标，并取得预期效果。换言之，政府制定和执行的碳中和政策是否能够有效地减少碳排放、提高能源利用效率、保护生态环境，以实现可持续发展，并让人们生活在一个绿色低碳的生存和发展环境中。

政策执行有效应当满足如下条件：政策设计的科学性、政策表达的合理性、政策主体的积极性、政策对象的配合性。[①] 有效性程度是政府成功制定和执行碳中和政策与政府已制定和执行的碳中和政策的比。成功的制定和执行的碳中和政策是指那些符合实际、达到目标、收到预期效果并且产生各种效益的政策。有效性程度越高，则政府能力越强；反之亦然。碳中和政策执行的有效性并不在于政府制定和执行的碳中和政策的数量，而在于这些政策是否实现目标和收到预期效果。政府能力的有效性程度与成功的执行了的环境政策呈正比例关系，与已制定和执行的环境政策呈反比例关系。这意味着应该更加关注政府制定的碳中和政策是否能够真正地减少碳排放、提高能源利用效率、保护生态环境，并实现可持续发展，而不是简单地追求制定和执行更多的碳中和政策。

碳中和政策执行的有效性评价是要估算出碳中和政策的执行效果与预计政策、目标的一致性，从另一个角度分析，也可以认为是碳中和政策执行的目标的可达性。因此，碳中和政策执行的有效性，可以用执行绩效或效益来衡量，体现了碳中和政策实施后取得的成果。碳中和政策执行有效性的指标可以通过执行效果与规划目标之间的比较，从政策目标完成程度来衡量。碳中和政策执行有效性的指标包含两层含义：一是碳中和政策执行的实际效果，指在不考虑政策资源投入的前提下由于政策执行而引起的碳排放得到改善的情况，反映了碳中和政策执行对于政策对象的实际改善水平。二是碳中和政策效果的充分性，指碳中和政策效果对该政策问题、政策诉求及其目标人群的需要、价值

---

① 林学启．提高政策执行的有效性［J］．学习论坛，2017（07）：22.

和机会的契合与满足情况。

二、影响碳中和政策执行有效性的因素

（1）科学设定政策目标是碳中和政策执行有效性的前提。政策制定的科学与否对政策执行的有效性至关重要，[①] 碳中和政策的设计应基于科学研究和实践经验，具备可操作性和可衡量性。碳中和政策目标的设定应明确、具体，并符合国家的发展实际。同时，碳中和政策目标应该能够激励各方参与并为执行提供明确的方向。中国“双碳”目标具有很强的科学性，有效地推动了碳中和政策的执行。

（2）碳中和政策执行主体的能力对碳中和政策有效执行产生直接影响。执行主体是碳中和政策实施的直接当事方，能够协调各利益相关者，推动政策的贯彻落实。具备专业的技术能力、管理能力和协调能力的执行机构，有助于实现对碳中和政策执行完备的监测、报告和评估机制，保障碳中和政策执行过程的透明度和有效性。

（3）社会公共资源的支持是碳中和政策有效执行的推动力。碳中和政策执行的有效性依赖雄厚的资金支持，以推动技术创新、产业发展和能源转型，这离不开社会公共资源持续投入。在政策支持下，可以汇聚企业、社会组织、个人对碳中和政策执行的大力支持。碳税、碳交易等政策可以建立合理的经济激励机制，能提供充足的资源投入和经济支持，推动企业采取减排措施。

（4）技术创新与产业结构调整是碳中和政策执行和有效性的重要因素。全球能源资源竞争日趋激烈，我国也面临能源结构调整的重大变革。[②] 政府应积极推动技术创新，提高减排和吸收的技术水平，鼓励企业采用环保技术和装备。同时，政府还应支持产业结构的调整，促进清洁能源和低碳产业的发展，推动经济的绿色转型。

（5）公众参与对碳中和政策执行和有效性起着重要作用。随着公众对气候变化和碳中和政策认知和理解水平的提高，碳中和行动的公众参与度会更高，方式也更多元化，如推广低碳生活方式、鼓励绿色出行等。公众的参与和意识提升有助于形成社会共识和合力，推动政策的有效执行。

（6）国际合作与政策协调是影响碳中和政策执行和有效性的重要因素。气候变化是全球性问题，需要加强国际合作和政策协调。政府应积极参与国际谈判和合作，与其他国家分享经验和技术，制定统一的碳排放标准和减排目标，共同推动碳中和政策的落

---

① 丁煌．政策制定的科学性与政策执行的有效性［J］．南京社会科学，2002（01）：38.

② 郑琼，江丽霞，徐玉杰，等．碳达峰、碳中和背景下储能技术研究进展与发展建议［J］．中国科学院院刊，2022（04）：529.

实。国际合作和政策协调有助于减少碳泄漏风险和竞争扭曲，提高政策执行和效果的水平。

综上所述，从公共政策学的角度来看，影响碳中和政策执行和有效性的因素主要包括政策设计与目标设定、政策执行机构与机制、资源投入与经济支持、技术创新与产业结构调整、公众参与意识提升以及国际合作与政策协调等。政府在制定和执行碳中和政策时，应综合考虑这些因素，并采取相应的措施，以确保碳中和政策的有效执行和达到预期的效果。只有在各方面的支持和努力下，碳中和政策才能取得良好的执行和有效性。

三、碳中和政策执行的困境及原因

(一) 碳中和政策执行的困境表现

碳中和政策的执行面临着诸多困境，需要从执行力度、系统性、协调性（包含地域和部门）、公众参与度等方面进行分析。

1. 执行力度方面的问题

碳中和政策的执行力度不足是一个普遍存在的问题。一方面，政府在政策制定后未能提供足够的人力、物力和财力支持，导致碳中和政策在实施过程中无法得到充分落实；另一方面，企业和个人在参与碳中和行动时缺乏积极性，执行意愿不强，缺乏足够的激励措施和支持机制。

2. 系统性方面的问题

碳中和政策的系统性不强是阻碍政策执行的重要问题。碳中和政策涉及多个领域和环节，需要各部门之间的紧密配合和协同工作。然而，现实中，各部门之间缺乏有效的沟通和合作，导致政策执行过程中信息不对称、资源浪费等问题。此外，碳中和政策还需要与其他环境政策、经济政策等相互配合，缺乏整体性和协同性。

3. 协调性方面的问题

碳中和政策的协调性不足表现在地域和部门间的协调问题。地域间的差异性导致政策执行存在不均衡的问题。一些发达地区和城市在碳中和政策的实施上取得了较好的成果，而一些欠发达地区和农村地区则面临较大的困难。部门间的协调问题主要体现在碳中和政策与其他政策之间的冲突和脱节。例如，经济发展政策可能与碳中和政策存在矛盾，导致阻碍碳中和政策的执行。

4. 公众参与度方面的问题

与环保相关的政府部门往往呈现出条块分割、利益冲突的局面，使这一领域的政府力量常常无法有效发挥，[①] 因此，公众参与是碳中和政策执行的重要环节，但公众参与度普遍不高。一方面，公众对碳中和政策的认知和理解程度有限，缺乏积极参与的意愿和动力。另一方面，政府在公众参与方面缺乏有效的引导和支持措施，未能充分发挥公众的参与作用。公众参与度不高导致政策执行缺乏民意支持，容易出现执行难题。

（二）碳中和政策执行困境的原因

1. 政策设计问题

碳中和政策执行困境的一个主要原因是政策设计存在问题。碳中和政策设计应该具有科学性和可操作性，但有时政策目标过于宽泛或不具体，缺乏明确的执行路径和措施。此外，碳中和政策设计也可能忽视了社会经济实际情况，导致执行过程中的障碍和阻力。

2. 执行机构问题

执行机构的能力和有效性对碳中和政策的执行至关重要。然而，一些政府部门可能缺乏专业知识和技能，无法有效地协调和推动碳中和政策的执行。同时，政府部门之间的协调和合作也存在问题，信息共享不畅、责任不明确等。这些问题导致政策无法充分执行，执行过程中的困境逐渐显现。

3. 资源投入问题

碳中和政策需要大量的资源投入，包括财政资金、人力资源和技术支持等。然而，政府可能面临资源有限的情况，无法提供足够的支持和激励措施。此外，企业和个人在参与碳中和行动时也可能面临经济和技术上的困难，导致执行力度不足。

4. 利益冲突问题

碳中和政策涉及多个利益相关者，包括政府、企业、公众等。这些利益相关者之间可能存在利益冲突，导致碳中和政策执行过程中的阻力和抵制。例如，由于可能增加成本或减少竞争力，一些企业不愿意采取减排措施。我国针对碳排放规制的政策较少，私人排放成本和社会成本间还存在差异性，属于“市场失灵”的范畴，需要行之有效的规制措施才有望达到帕累托最优。[②] 解决利益冲突问题是推动政策执行的关键。

5. 监测评估问题

在碳中和政策的执行过程中，监测和评估的缺乏也是一个困境。缺乏有效的监测和

---

① 王诗宗，宋程成．独立抑或自主：中国社会组织特征问题重思［J］．中国社会科学，2013（05）：62.

② 修静，张振华．“双碳”目标下环境规制的技术进步偏向效应研究［J］．经济纵横，2022（05）：57.

评估机制，政府无法及时了解政策执行的情况和效果，也无法对政策进行调整和改进。此外，公众对碳中和政策执行情况的知情权和监督权也受到限制，导致公众对政府的信任和支持度下降。

第四节　碳中和政策有效执行的体制机制保障

一、坚持中国共产党的领导

党领导决策和行政体制是政策执行优势发挥的基本保证。[①] 党的全面领导在推进碳中和政策执行中起着至关重要的作用，是我国成功推进各项重大改革、取得伟大成就的重要保证。在碳中和政策执行中，党的全面领导要贯穿始终，充分发挥党组织的领导核心作用，指导各级政府和各部门制定碳中和政策，推动政策的贯彻落实。在新形势下，党领导政策和立法的工作重点应在职权配置上实现由“法律部门立法”向“领域立法”倾斜配置，[②] 在此背景下，碳中和政策执行领域的立法将成为党领导政策和立法的工作重点。

首先，党的全面领导对于统筹协调碳中和政策执行具有重要意义。碳中和政策执行涉及经济、能源、环境等多个领域的改革和调整，需要各方面的协调和统筹。党的全面领导可以确保各级政府和各部门在碳中和政策执行中紧密配合，强化协同效应，避免各个部门之间的利益冲突和政策不一致的问题。党的全面领导可以通过加强宣传教育，提高公众的环保意识，引导公众积极参与碳中和工作。[③] 党组织可以通过建立健全的公众参与机制，广泛听取公众的意见和建议，确保政策的民主性和科学性，推动碳中和工作的深入开展。

其次，党内法规对碳中和政策执行的保障机制。党内法规体现党的统一意志、规范党的领导和党的建设活动、依靠党的纪律保证实施。[④] “双碳”目标体现了党的统一意志，并通过党内法规的方式予以保证实施。在党内法规的保障下，各层级碳中和政策执行主体能够统一在“双碳”目标之下。如中共宁夏回族自治区生态环境厅党组于 2020 年 8 月印发《自治区生态环境厅党内规范性文件制定程序规定》，就是依据《中国共产

① 陈振明，吴勇锋．中国公共政策执行的实践优势与制度逻辑［J］．科学社会主义，2021（04）：113.

② 侯猛．党领导立法工作的制度格局［J］．北京行政学院学报，2023（05）：110.

③ 中共中央国务院．关于完整准确全面贯彻新发展理念做好碳达峰碳中和工作的意见［N］．人民日报，2021－10－25（1）.

④ 《中国共产党党内法规制定条例》第 3 条规定。

党党内法规制定条例》，结合当地生态环境工作实际制定的，有效保障了宁夏回族自治区碳中和政策的执行。

最后，党的领导对碳中和政策执行进行有效监督。2021 年以来，“碳达峰、碳中和”工作成为生态文明建设整体布局的重要一环。《中央生态环境保护督察工作规定》是党中央为了有效提高生态环境保护力度而出台的规定，环保督察制度的建立，保障了碳中和政策的有效执行。2021 年 5 月 31 日，生态环境部印发《关于加强高耗能、高排放建设项目生态环境源头防控的指导意见》，要求从源头遏制“两高”项目盲目发展。相应地，第二轮第三批中央生态环保督察把严格控制“两高”项目盲目上马纳入督察范围。

总之，党的全面领导在推进碳中和政策执行中起着不可替代的重要作用。党的二十大报告指出，要坚持和加强党中央集中统一领导，健全总览全局、协调各方的党的领导制度体系，完善党中央重大决策部署落实机制，确保全党在政治立场、政治方向、政治原则、政治道路上同党中央保持高度一致，确保党的团结统一。党的全面领导能够统筹协调碳中和工作，确保政策的科学性和可执行性；能够增强干部和党员的责任感和行动力，推动碳中和工作的深入开展；能够加强公众参与和社会共治，形成合力推动碳中和目标的实现。只有在党的全面领导下，碳中和政策才能得到有效执行，为实现可持续发展和生态文明建设作出积极贡献。

二、加强民主协商和全过程人民民主

民主协商和全过程人民民主是碳中和政策有效执行的重要保障机制。碳中和政策涉及的领域广泛，关系到经济发展、能源结构调整、环境保护等方面，需要各方参与者的智慧和共识。任何集体行动只要涉及行动者的合作关系都必须包含一定的组织化程度。① 民主协商和全过程人民民主作为一种重要的决策方式，能够充分听取各方意见，形成科学合理的政策方案，提高政策执行的可行性和有效性。

（一）民主协商和全过程人民民主对碳中和政策执行的重要意义

首先，民主协商和全过程人民民主能够促进政策的科学性和可行性。碳中和政策的制定需要基于充分的信息和专业知识，涉及众多利益相关方的权益和意见。通过民主协商，可以广泛听取各方面的意见和建议，包括企业、专家学者、非政府组织等，使碳中和政策制定更加全面、客观和科学。其次，民主协商和全过程人民民主能够增强政策的

---

① 杨甜甜．作为行动领域组织中的权力与规则［J］．社会学研究，2007（04）：239.

可持续性和稳定性。碳中和政策是长期的、复杂的调整过程，需要各方共同参与、持续推进。通过民主协商，可以建立起稳定的政府与社会各界的合作机制，形成长效的合作关系。最后，民主协商和全过程人民民主能够增加碳中和政策的合法性和公正性。通过民主协商，可以加强政府与公众的沟通和互动，确保公众有机会表达自己的意见和关切。这样能够减少碳中和政策执行过程中的争议和纠纷，增强公众对政策的理解和支持，提高政策的执行效果。

（二）加强民主协商和全过程人民民主的基本做法

一是要发挥好人民代表大会制度的保障作用。人民代表大会制度是我国的根本政治制度，各级人民代表可以通过提案、表决、选举等方式对碳中和政策的执行情况进行监督。各级人民代表大会通过法定职权，广泛听取各界代表意见，通过制定法律法规的方式对碳中和政策的执行进行保障。

二是要发挥好人民政协制度的保障作用。人民政治协商会议广泛吸收各民主党派、无党派人士，各人民团体和社会各方面代表进行参政议政，对碳中和政策执行中存在的问题发表建议，推动法律法规的完善。民主协商是碳中和政策有效执行的重要保障机制。通过民主协商，可以提高政策的科学性和可行性，增强政策的可持续性和稳定性，增加政策的合法性和公正性，促进社会和谐稳定。在碳中和政策的执行中，应当积极倡导和推行民主协商，广泛听取各方意见，形成广泛共识，推动碳中和目标的实现。

三、加强跨区域跨部门协同

公共政策涉及公共资源的分配，不同的参与者会为分享公共资源而参与政策的制定和实施过程，他们通过表达自己对公共政策的偏好以期获得相应的公共资源。[①] 碳中和政策涉及多个领域、多个部门，因此需要加强各个地区和各个部门之间的协同配合和合作治理。只有通过区域部门协同，才能最大限度地发挥各地区和各部门的优势，形成合力，确保碳中和政策的顺利实施。

（一）跨区域跨部门协同保障碳中和政策执行的意义

首先，区域部门协同有助于统筹规划和整合资源。通过区域部门协同，可以实现信息共享、资源整合，避免重复投入和资源浪费。各地区和各部门可以根据自身的实际情况，制定出相应的碳中和实施方案，形成合理的规划布局，实现优势互补、协同发展。

---

① 王彩波．理解公共政策：基于政策维度、方法和效能视角的新探索［J］．学习与探索，2013（09）：42.

其次，区域部门协同有助于完善碳中和政策措施和监督机制。通过区域部门协同，可以促进各个部门之间的沟通和协商，及时解决政策执行中的矛盾和问题。再次，区域部门协同可以建立起监督和评估机制，加强对碳中和政策执行情况的监督和评估，确保碳中和政策的有效执行和效果。最后，区域部门协同有助于加强社会参与和共治机制。碳中和政策的执行离不开公众的支持和参与，需要建立起有效的社会参与和共治机制。通过区域部门协同，可以加强政府与社会各界的沟通和合作，形成共同参与、共同管理的局面。

（二）跨区域跨部门协同保障机制的完善

完善配套的碳中和政策协同立法是跨区域跨部门协同保障的重要途径，需要增强立法系统性、整体性、协同性、时效性。《立法法》（2023 年修正）对区域协同立法也作了明确规定，由于区域协调发展的需要，有关部门可以协同制定地方性法规，建立区域协同立法工作机制。[①] 碳中和政策的执行具有显著的跨区域跨部门性，尤其需要有针对性地跨区域跨部门协同立法，保障碳中和政策的有效执行。可以借鉴《长三角生态绿色一体化发展示范区总体方案》《长三角生态绿色一体化发展示范区国土空间总体规划（2021—2035 年）》的出台经验，就碳中和政策在京津冀、粤港澳大湾区、长三角等区域的执行问题开展跨区域跨部门协同立法与合作治理。

总之，区域部门协同是保障碳中和政策有效执行的重要保障机制。通过区域部门协同，可以统筹规划和整合资源，完善政策措施和监督机制，加强社会参与和共治机制。在碳中和政策的执行中，应当加强区域部门之间的协同配合和合作，形成合力，共同推动碳中和目标的实现。只有通过区域部门协同，碳中和政策才能够顺利、有效地执行，为实现可持续发展和生态文明建设作出积极贡献。

四、建立健全内生动力和激励机制

内生动力和激励机制是推动碳中和政策执行的重要推动力。碳中和政策执行是一个全社会参与的复杂系统工程，需要各方的积极参与和投入。通过激发内生动力和建立科学合理的激励机制，可以调动各方的积极性和创造力，推动碳中和政策的有效执行。

（一）建立健全内生动力和激励机制的重要意义

内生动力是推动碳中和政策执行的重要推动力。通过加强碳中和理念的宣传教育，

---

① 《立法法》第八十三条："省、自治区、直辖市和设区的市、自治州的人民代表大会及其常务委员会根据区域协调发展的需要，可以协同制定地方性法规，在本行政区域或者有关区域内实施。省、自治区、直辖市和设区的市、自治州可以建立区域协同立法工作机制。"

提高公众的环保意识和责任意识，可以激发公众内生的环保动力。同时，政府和企业也应当加强员工培训和教育，提高员工对碳中和工作的理解和认同，激发员工的内生动力。同时激励机制是推动碳中和政策执行的重要推动力。激励机制是通过给予各方合理的激励措施，鼓励他们积极参与碳中和工作。政府可以通过制定激励政策，给予企业和个人一定的奖励和优惠条件，鼓励他们主动参与碳中和工作。例如，可以给予符合碳中和目标的企业财税优惠，推出碳交易机制，鼓励企业减少碳排放。此外，政府还可以加强对碳中和工作的宣传和推广，向公众展示优秀的碳中和示范企业和个人，激励更多的人积极投身碳中和工作。

（二）内生动力和激励机制的完善

碳中和政策执行的内生动力和激励机制的完善需要遵循市场化、法治化的路径。传统的碳排放政策的内容主要体现出“命令—控制”型工具的特征，而碳中和政策的有效执行需要以内生动力和激励机制为特色的市场化、法治化保障。法治化的碳税和碳交易制度是碳中和政策执行的内生动力和激励机制的重要途径。碳税制度通过税收将碳排放的环境成本转化为企业的经营成本，对于企业来说，减排能够直接降低经营成本，效果直接，更容易产生激励作用。在制度保障上，《环境保护税法》（2018 年）尚未将碳税单列为一类税目，计算方式也没有明确，应当借鉴域外立法，结合我国国情，根据地方发展状况和行业排放差异出台碳中和政策执行细则。根据“谁排放、谁缴税”原则，明确纳税主体。在税率设计上，综合考虑市场和社会的可接受度，循序渐进。在税收优惠上，实行差异化税率或减免措施。[①]

生态环境部颁布的《碳排放权交易管理办法（试行）》（2020 年）系统规范全国碳排放权交易及相关活动。2021 年 7 月 16 日，全国碳排放权交易市场启动上线交易，标志着中国进入全国碳交易阶段。碳排放权交易市场化、法治化极大地激励了碳中和政策的执行，但也存在诸多待完善之处。2023 年 2 月，最高人民法院发布《关于完整准确全面贯彻新发展理念为积极稳妥推进碳达峰碳中和提供司法服务的意见》及一批典型案例，反映了碳排放交易市场化过程中存在的一些典型争议，揭示了碳排放权交易纠纷中的争议焦点，包括碳交易平台是否应承担交易责任、碳排放权交易合同的效力问题和碳排放配额的执行问题，这些方面应通过加快完善相关立法来予以解决。

综上所述，通过激发内生动力和建立科学合理的激励机制，可以调动各方的积极性和创造力，实现碳中和政策的有效执行。政府、企业和公众应当共同努力，建立起充满活力的激励机制，推动碳中和目标的实现，为构建绿色低碳的美好未来作出贡献。

---

① 冯帅．论“碳中和”立法的体系化建构［J］．政治与法律，2022（02）：26.

五、建立健全公众参与制度

（一）公众监督和参与的重要性

一是可以确保碳中和政策执行的透明性和公正性。公众监督可以促使政府和相关部门公开政策执行的信息和数据，使碳中和政策执行的过程公开透明，让公众了解碳中和政策执行的情况。公众监督还可以监督政府和企业是否按照碳中和政策要求执行，是否存在违法违规行为，确保碳中和政策的公正执行。

二是及时发现和纠正碳中和政策执行中的问题。公众监督可以通过广泛的社会参与，拓宽信息渠道，发现碳中和政策执行中的问题和矛盾。公众可以通过舆论监督、举报投诉等途径，揭示碳中和政策执行中存在的不合理和不公平现象。政府和相关部门可以根据公众的监督反馈，及时纠正和改进碳中和政策执行，提高碳中和政策的执行效果。

三是有助于加强环境治理。公共政策供给有效性关键在于能够影响与改变目标群体的态度与行为，引导公民、企业与非营利组织按照政策目标所期望的方式采取行动。[①]碳中和政策的执行需要公众积极参与，共同行动。公众监督能够促使公众更加关注碳中和目标的实现，提高公众对环境保护的意识和行动。公众可以通过参与环境保护组织、参与公益活动等方式，共同推动碳中和工作的顺利实施。

总之，公众监督和公众参与是保障碳中和政策有效执行的重要保障机制。碳中和政策的执行涉及广大公众的利益，需要公众积极参与和监督。公众监督和参与能够促进政府的透明和责任，增强碳中和政策执行的合法性和公正性，提高碳中和政策执行的效果和可持续性。

（二）加强公众监督和参与的主要内容

1. 加强信息公开和透明度

政府和相关部门应当及时、全面公开碳中和政策的相关信息和数据，接受公众的监督和评价。可以通过建立信息公开平台、举办公开听证会等方式，加强政府与公众之间的沟通和互动。

2. 建立健全的参与机制和渠道

政府和相关部门应当建立多样化的参与机制，为公众提供参与碳中和政策制定和执

---

① 李燕，苏一丹，朱春奎．公民政策遵从研究述评：基于“政策情境”与“行为特征”的二元视角［J］．公共行政评论，2021（04）：175.

行的机会。可以通过设立专门的环保委员会、召开公众参与会议等方式，广泛征集公众的意见和建议。

3. 加强公众教育和宣传

倡导绿色消费和低碳生活方式是实现碳达峰、碳中和目标的根本。作为行动主体的广大社会成员，是实现碳达峰、碳中和目标的真正有生力量。① 政府和相关部门应当加强对公众的宣传教育工作，提高公众的环保意识和责任意识。可以通过开展环保公益活动、举办宣传讲座等方式，提高公众对碳中和政策的了解和支持。

4. 设立专门的监督机构和投诉渠道

政府和相关部门应当设立专门的监督机构，监督碳中和政策的执行情况。同时，建立畅通的投诉举报渠道，接受公众的举报投诉，及时处理问题，回应公众关切。

（三）公众参与碳中和政策执行的法治化

公众参与碳中和政策执行的法治化就是将全面依法治国与碳中和政策执行有机结合，依法保障公众对碳中和政策执行的知情权、参与权、表达权和监督权。公众参与碳中和政策执行离不开法治保障，对此，我国先后出台了《环境影响评价公众参与暂行办法》《环境信息公开办法（试行）》《关于推进环境保护公众参与的指导意见》《关于培育引导环保社会组织有序发展的指导意见》等相关规定。2015 年原环境保护部出台的《环境保护公众参与办法》更是对《环境保护法》中有关公众参与环境保护内容的细化，有利于促进公众参与碳中和政策执行的法治化。

总之，公众监督和公众参与是保障碳中和政策有效执行的重要保障机制。通过公众监督，可以确保碳中和政策执行的透明性和公正性，发现和纠正问题。通过公众参与，可以确保碳中和政策的科学性和可行性，增强公众对碳中和政策的支持。政府和相关部门应当加强公众监督和参与的工作，建立起一套健全的监督和参与机制，推动碳中和政策的有效执行，实现可持续发展和生态文明建设的目标。

六、加强碳中和政策执行的公益诉讼和法律监督

（一）公益诉讼是碳中和政策执行的重要保障

没有救济就没有权利，改变全球气候变暖、控制碳排放，是全人类的权利，这一权

① 宋国恺．中国落实碳达峰、碳中和目标的行动主体及实现措施［J］．城市与环境研究，2021（04）：59.

利被侵害时，可以通过公益诉讼进行救济。[①] 保障“双碳”目标的实现，需要强有力的法律监督和保障，碳中和政策的执行过程中，需要对执行主体进行法律监督，其中，公益诉讼是一种有效的法律监督和救济方式。对于行政机关在碳中和政策执行过程中存在的不作为、慢作为、乱作为等现象，可以有效运用我国行政公益诉讼，发挥检察机关公益诉讼主体地位，有针对性地对行政机关提起有关碳中和政策执行的行政公益诉讼。

随着社会分工的日益复杂化与精细化，国家与政府职能进一步向现代化转型，检察机关逐渐具备了对公权力干预和私权利保障的社会公益职能，检察机关逐渐成为社会公益的代表者。[②] 在对碳中和政策执行的法律监督中，检察机关可以发送检察建议，可以督促相关行政机关提起诉讼，也可以提起公益诉讼。

（二）加强碳中和政策执行的法律监督

1. 加强碳中和政策执行的执法监督

执法监督属于法律实施的范畴，是应对气候变化的长效机制，是碳中和政策执行的有效手段。我国《大气污染防治法》明确规定了以协同控制的形式进行温室气体减排，但缺乏对协同工作的具体要求，也因此缺乏违反要求的法律问责。对碳中和政策执行的执法监管活动，执法人员的专业能力、执法监测设施和手段等方面，还存在监管力度不足、监管措施松散、监管效果不佳等问题，是完善执法监督的重要方面。此外，碳达峰、碳中和已经被纳入生态环境保护督察之中，逐渐成为行政执法监督的一项重点内容。

2. 加强对守法主体的法律监督

现阶段，碳中和政策执行的法律规范主要集中在一系列碳排放权交易市场的管理办法、条例和方案上。对于企业的法律监督上，应进一步加强企业环境信息披露的合法性监督，在《碳排放权交易管理办法（试行）》和《环境信息依法披露制度改革方案》的基础上，《碳排放权交易管理暂行条例》得以出台并于 2024 年 5 月 1 日起施行。该行政法规从强化重点排放单位主体责任、加强对技术服务机构的管理、强化监督检查、加大处罚力度等方面加大了守法主体的法律监督力度，对碳中和政策的执行具有重大和深远的影响。

---

① 洪冬英．“双碳”目标下的公益诉讼制度构建［J］．政治与法律，2022（02）：44.

② 周新．论我国检察权的新发展［J］．中国社会科学，2020（08）：70.

第五章　碳中和政策评估

碳中和政策评估涉及政策实施的各个方面，须综合考虑政策的经济、社会、文化、环境影响等多个维度，同时还要考虑政策的长期影响和可持续性。碳中和政策评估的结果将直接影响政策的调整和优化。加强碳中和政策评估研究，有助于完善碳中和改革方案和低碳发展重大政策，提高决策和政策实施的科学性、准确性，促进碳中和政策落到实处。本章运用系统分析的方法，详细论述碳中和政策评估的意义与目标、评估的主体与内容、过程与方法，以及评估的标准、面临的挑战与完善对策，为碳中和政策制定者和研究者提供一套操作性较强的评估工具，构建起碳中和政策评估的方法体系。

第一节　碳中和政策评估的意义与目标

一、碳中和政策评估的意义

（一）有助于绿色低碳政策制定与完善

开展碳中和政策评估已然成为低碳政策制定的关键制度保障。碳中和政策评估可以提供科学准确的数据和信息，揭示不同政策的影响和潜在效果，帮助政策制定者更加全面地把握碳中和政策的目标，了解政策的实施效果和可能面临的挑战，科学开展政策的制定和实施并及时进行政策调整和优化，确保政策的有效性、合理性和可行性，最大程度地发挥低碳政策的实施效果。同时，碳中和评估还可以促进政府与企业和公众之间的沟通和合作，形成社会共识，共同参与碳中和行动，推动低碳经济发展，共同应对全球气候变化挑战。开展碳中和政策评估可以将有限的资源效益最大化，避免和减少因公共政策“效率走低”与“执行偏差”产生的内在损耗，为政策的纠错纠偏提供方法论和规范指引，为政策决策的科学性和合理性提供有效工具。

（二）有助于促进产业转型发展

碳中和政策评估对于促进产业低碳转型发展具有重要意义。碳中和政策涉及能源、工业和交通等重要领域，对产业结构调整和产业转型发展有着深远影响。一方面，碳中和政策评估有助于推动绿色产业发展壮大，如清洁能源、节能技术、电动汽车等产业的发展，为绿色产业创造更多就业机会，推动产业结构转型和升级。另一方面，碳中和政策评估有助于提升产业的竞争力和创新能力，通过及时的政策评估和优化，可以明确企业技术创新和转型路径，推动产业从传统的高碳模式转向低碳、绿色和可持续发展模式。

（三）有助于拓展碳中和政策研究领域

碳中和政策是一个复杂的系统工程，涉及能源、产业、交通、城市规划等多个领域。通过对碳中和政策效果进行评估，可以深入了解碳中和各环节的关键问题，如碳排放监测核查、碳汇评估、碳定价等，了解碳中和政策对经济、社会和环境等方面的影响，了解碳中和政策的优势和局限，拓展碳中和研究视角，明确碳减排的机制和路径。在评估中，通过分析能源结构调整、碳市场建设、碳补贴、碳税等政策的有效性和相互作用，可以为制定更加科学有效的碳中和政策提供理论支撑，推动碳政策研究的深入开展。

（四）有助于提升公众生态文明意识

碳中和政策评估作为一项重要的公共参与机制，通过客观科学地评估政策的效果和影响，可以将绿色低碳意识有效融入公众的日常生活中。碳中和政策评估能够让公众客观审视政策的实际效果，了解碳中和政策在减排目标、能源结构转型、技术应用等方面的实际成效。此外，通过评估还可以更好地向公众传播碳中和知识，引导公众认识个人行为对碳排放的影响，培养公众低碳生活习惯，形成低碳生活方式，提升公众的生态文明意识，提高公众日常生活中参与低碳行动的主动性与积极性，为碳中和提供坚实的社会基础。

（五）有助于促进生态保护和恢复

碳中和政策评估对维护全球生态系统稳定具有重要意义，通过科学评估政策实施效果，可以充分发挥碳中和政策对生态环境保护和恢复的积极作用。碳中和政策的实施旨在降低碳排放、增加碳吸收，涉及产业发展、森林保护与恢复、湿地保护、土地管理等诸多举措①，评估这些措施的实施效果，可以优化传统高排放行业的布局，减轻对生态环境的压力，维持全球碳平衡，促进生物多样性保护，维持生态系

---

① 杜鹏程，洪宇．碳中和实现途径与政策选择——基于空间溢出效应的视角［J］．中国人口·资源与环境，2022（09）：35－46.

统的稳定。

（六）有助于开展国际气候变化与能源领域交流合作

气候变化是全球性挑战，需要各国共同努力。不同国家和地区在应对气候变化方面面临不同的问题，需要相互学习和交流，共同应对全球气候变化挑战。碳中和政策评估为各国之间的合作与经验交流提供了重要平台，通过对不同国家政策的评估，可以发现各国在碳减排政策与实践方面的互补性和合作潜力，促进低碳技术和资源共享，共同应对气候变化挑战。同时，评估结果可以帮助国际组织更好地发挥作用，形成全球合力，共同推动全球碳中和进程。

二、碳中和政策评估目标

（一）总目标

碳中和政策评估的目标在于全面、客观、科学地评估各国或地区的碳中和政策，推动政策的优化和调整，确保政策的有效性、可行性和适应性，促进全球碳中和目标的实现，从而为全球气候治理和可持续发展作出贡献。碳中和政策评估的重点在于全面分析政策措施的有效性、可行性和成本效益，以及对经济、社会和生态环境的影响。① 同时，碳中和政策评估还应考虑政策对不同社会群体的影响，保障政策的公平性和社会包容性。②

2021 年，《中共中央 国务院关于完整准确全面贯彻新发展理念做好碳达峰碳中和工作的意见》明确提出了我国碳达峰碳中和的政策目标：到 2025 年，绿色低碳循环发展的经济体系初步形成，重点行业能源利用效率大幅提升；到 2030 年，经济社会发展全面绿色转型取得显著成效，重点耗能行业能源利用效率达到国际先进水平；到 2060 年，绿色低碳循环发展的经济体系和清洁低碳安全高效的能源体系全面建立，碳中和目标顺利实现。各省份为贯彻落实上述意见，推动省内碳达峰、碳中和工作，在立足于各自实际情况的基础上，结合自身特点制定了具有地方特色的双碳政策。部分代表性省份的“双碳”政策目标详见表 5－1。

---

① 张浩楠，申融容，张兴平，康俊杰，袁家海．中国碳中和目标内涵与实现路径综述［J］．气候变化研究进展，2022（02）：240.

② 史修艺，徐盈之．低碳城市试点政策的公平性碳减排效果评估——基于工业碳排放视角［J］．公共管理学报，2023（01）：84－96＋173.

表 5-1 部分代表性省份的“双碳”政策目标

省份	“双碳”政策目标
广东省	到 2025 年，绿色低碳循环发展的经济体系基本形成。到 2030 年，经济社会发展绿色转型取得显著成效，重点耗能行业能源利用效率达到国际先进水平；2030 年前实现碳达峰，达峰后碳排放稳中有降。到 2050 年，新能源为主的新型电力系统全面建立，能源利用效率整体达到国际先进水平，生态系统碳汇能力持续提升，低碳零碳负碳技术得到广泛应用。到 2060 年，绿色低碳循环的经济体系和清洁低碳安全高效的能源体系全面建成，碳中和目标顺利实现。
上海市	到 2025 年，产业结构和能源结构明显优化，重点行业能源利用效率明显提升，与超大城市相适应的清洁低碳安全高效的现代能源体系和新型电力系统加快构建，循环型社会基本形成，绿色低碳循环发展的经济体系初步建立。到 2030 年，产业结构和能源结构优化升级取得重大进展，重点行业能源利用效率达到国际先进水平，节能低碳技术创新取得突破性进展，循环型社会发展水平明显提升，绿色低碳循环发展的经济体系基本形成。到 2060 年，绿色低碳循环发展的经济体系和清洁低碳安全高效的能源体系全面建立，经济社会发展全面脱碳，碳中和目标顺利实现。
重庆市	到 2025 年，绿色低碳循环发展的经济体系初步形成，重点行业能源利用效率大幅提升。到 2030 年，经济社会发展全面绿色转型取得显著成效，重点耗能行业能源利用效率达到国际先进水平。到 2060 年，绿色低碳循环发展的经济体系和清洁低碳安全高效的能源体系全面建立碳中和目标顺利实现。
江苏省	到 2025 年，绿色低碳循环发展经济体系初步形成，重点行业能源利用效率达到国际先进水平，二氧化碳排放增量得到有效控制，美丽江苏建设初显成效。到 2030 年，经济社会绿色低碳转型发展取得显著成效，清洁低碳安全高效能源体系初步建立，减污降碳协同管理体系更加完善，美丽江苏建设继续深入，争创成为美丽中国建设示范省。到 2060 年，绿色低碳循环发展经济体系和清洁低碳安全高效能源体系全面建立，碳中和目标如期实现。
江西省	到 2025 年，经济社会发展全面绿色转型取得新突破，绿色低碳循环发展的经济机制初步形成。到 2030 年，经济社会发展全面绿色转型走在全国前列，重点耗能行业能源利用效率达到国内先进水平。到 2060 年，先进高效的节能降碳技术与碳中和路径全面推行，能源利用效率达到国际先进水平，碳中和目标顺利实现。
浙江省	到 2025 年，绿色低碳循环发展的经济体系基本形成，重点地区和行业能源利用效率大幅提升，部分领域和行业率先达峰，双碳数智平台建成应用。到 2030 年，经济社会发展全面绿色转型取得显著成效，重点耗能行业能源利用效率达到国际先进水平，二氧化碳排放总量控制制度基本建立。到 2060 年，绿色低碳循环经济体系、清洁低碳安全高效能源体系和碳中和长效机制全面建立，整体能源利用效率达到国际先进水平，零碳、负碳技术广泛应用，碳中和目标顺利实现。

资料来源：根据相关省份公报和政策文件整理。

（二）具体目标

碳中和政策评估的目标包括评估政策的可行性、有效性、公平性和包容性等。

1. 评估政策的可行性

评估政策是否设定了明确的目标以及目标是否具有可行性。政策目标的可行性评估涵盖了技术、经济、社会和政治等多个维度，确保政策在技术可行性、经济可行性、社会可行性和政治可行性方面都能得到有效保障。只有通过全面评估，政策目标才能在实践中真正落地生根，为全社会的低碳转型和应对气候变化作出相应贡献。

（1）评估政策的技术可行性。碳中和政策往往需要依赖新技术和创新来减少碳排放并推动绿色转型。评估需要审查相关技术的成熟度、可靠性和可行性，是否能够在大规模应用中实现预期的减排效果。对于尚处于研发阶段或尚未成熟的技术，需要评估其推广和应用所面临的困难和限制。

（2）评估政策的经济可行性。碳中和政策涉及巨大的投资和成本，尤其在能源和工业等高碳排放领域。评估应当考察政策的经济成本与效益及其对产业结构、就业和经济增长的影响。[①] 同时，还应评估政策的资金来源和财政支持，以确保政策的可行性和可持续性。

（3）评估政策的社会可行性。碳中和政策需要全社会的共同参与和努力。评估应当考虑政策对不同群体的影响，特别是对弱势群体和贫困地区的影响。同时，还应评估政策在社会中的接受度和可行性，以确保政策的顺利实施。

（4）评估政策的政治可行性。碳中和政策涉及各个利益相关者的利益平衡和协调。评估应当考察政策在政治上的可行性和可持续性，以确保政策能够得到政府和各方面的支持和承认。

2. 评估政策的有效性

政策目标的有效性评估旨在衡量碳中和政策在实际实施过程中是否能够达到预期的减排效果，分析这些措施的成本效益，确保政策实施的经济合理性。政策有效性评估将有助于优化政策设计，提高政策的实施效率和效果，为碳中和政策制定提供科学依据。

（1）评估政策的减排效果。碳中和政策的首要目标是减少温室气体排放，评估应当考察政策实施后实际的减排量是否与设定的目标相符，以及对全球和地区碳排放的影响。通过科学的测量和监测手段，对政策实施后的减排效果进行定量分析和验证。

（2）评估政策的可持续性。二氧化碳的“零排放”目标的实现需要一定的时间，因此碳中和政策需要在长期内稳定实施，评估应当考察政策目标是否具有可持续性，是否能够适应未来的社会和经济变化。同时，还应评估政策的长期影响和后续发展，以确保政策的长期效果。

（3）评估政策的生态环境效益。碳中和政策以“降碳减污协同增效”为核心任务，在加快推进绿色转型的进程中，深入推进环境污染的防治工作，维护生态系统的多样性。[②] 评估碳中和政策对生态环境的影响，包括对生物多样性、土壤质量和水资源等的

---

① 宋敏，龙勇．政策工具视角下我国碳达峰碳中和政策文本分析［J］．改革，2022（06）：145－155.

② 庄贵阳，王思博．协同推进降碳减污扩绿增长：内涵、挑战及应对［J］．城市与环境研究，2023（02）：45－55.

影响，确保碳中和政策具备良好的生态效果。

（4）评估政策的经济效益。碳中和政策可能涉及巨大的投资和成本，评估应当考察政策实施后对经济的影响，包括产业结构、就业和经济增长等方面。同时，还应衡量政策成本与政策收益，通过评估政策的经济效益和回报，对政策的延续、修正、终止以及重新制定提供依据，以确保政策的经济可行性。

（5）评估政策的社会效益。碳中和政策往往涉及全社会的共同参与和努力，评估应当考虑政策对不同群体的影响，特别是对弱势群体和贫困地区的影响。同时，还应评估政策在社会中的接受度和支持度，以确保政策能够取得广泛的社会效益。

3. 评估政策的公平性

公平性评估旨在衡量碳中和政策在实际实施过程中是否公平地分摊了减排责任和获得减排收益，以避免减排负担不均和减排成果不平等的现象。

（1）评估政策减排分配是否公平。碳中和政策应该确保减排责任在不同行业、地区和社会群体之间得到公平分配，避免减排负担不均和减排成果不平等的现象。评估应当考察政策对不同行业和地区的减排目标是否合理，是否考虑到各方的实际情况和能力。

（2）评估政策的社会影响是否公平。碳中和政策往往涉及重大的社会变革和转型，评估应当考虑政策对不同社会群体的影响，特别是对弱势群体和贫困地区的影响。政策应该确保弱势群体的权益得到保障，避免政策导致贫富差距进一步加大。

（3）评估政策的国际合作是否公平。碳中和政策的实施需要全球合作，评估应当考虑政策对不同国家和地区的影响，特别是对发展中国家的支持和帮助。政策应该确保发展中国家能够充分参与碳减排行动，并享受公平的技术转让和资金支持。

（4）评估政策的时间是否公平。碳中和政策的实施需要一定的时间，评估应当考虑政策的时间是否合理和公平，是否考虑到不同行业和不同地区的实际情况和减排能力，以及不同气候与不同温度对碳中和时间的影响与要求。

4. 评估政策的包容性

评估政策的包容性旨在考察碳中和政策在制定和实施过程中是否充分考虑到各方利益和意见，通过充分考虑各方利益、促进广泛参与、平衡不同利益，确保政策目标能够包容不同利益相关者的需求和期望，实现广泛参与和共赢局面。

（1）评估政策目标是否充分考虑到各方利益。碳中和政策往往涉及多个利益相关者，包括政府部门、企业、社会组织和公众等。评估应当考察政策是否充分听取各方意见和建议，在制定目标和措施时是否充分考虑到各方的需求和利益。

（2）评估政策目标是否促进广泛参与。碳中和政策需要广泛的社会参与和共同努力，评估应当考虑政策是否鼓励各方积极参与，是否提供适当的支持和激励措施，以促进广泛的行动。

（3）评估政策目标是否平衡不同利益。碳中和政策可能涉及不同利益相关者之间的冲突和矛盾，评估应当考虑政策是否能够平衡各方利益，确保政策目标不会对任何一方造成不公平和不利影响。

（4）评估政策目标的公众参与程度。碳中和政策的实施需要公众的认知、支持和参与，评估应当考虑政策制定和实施过程中是否充分开展公众参与，是否提供透明的信息和决策机制，以促进公众对政策的理解和支持。

第二节　碳中和政策评估的主体与内容

一、碳中和政策评估主体

碳中和政策评估主体包括政府机构、科研机构、非政府组织、企业和社会公众等，不同主体扮演着不同的角色和职责，共同参与政策的实施和评估，推动碳中和目标的实现。[①]

（一）政府机构

政府机构在碳中和政策评估中扮演着决策制定、政策推动、数据管理、评估调整和国际合作等多重角色。政府的有效参与和协调，将为实现碳中和目标提供重要支撑，在应对气候变化方面发挥积极的领导作用。与碳中和政策评估相关的政府机构包括国家发改委、科技部、工信部、生态环境部、自然资源部、住建部、交通运输部、国家能源局等部门，以及地方政府相关部门。

1. 制定碳中和政策

制定碳中和政策和目标，确立国家碳减排的路线图和时间表。结合国家发展现状和全球气候变化形势，制定具体的减排目标和措施，以实现碳达峰和碳中和的目标。

2. 提供政策激励

通过税收优惠、资金支持、技术扶持等方式，鼓励企业和社会公众共同参与碳减排行动。还可以设立碳排放权交易市场，建立碳市场体系，推动企业在市场机制下主动减排。

---

① 王灿，张雅欣．碳中和愿景的实现路径与政策体系［J］．中国环境管理，2020（06）：58－64.

3. 推动政策实施

加强政策的宣传和培训，协调各相关部门，提高各部门和地方政府对政策的理解和执行力度，确保碳中和政策在全国范围内得到有效贯彻和全面实施。

4. 碳排放监测与数据管理

负责收集、监测和管理碳排放数据，确保数据的准确性和可靠性。通过建立碳排放台账和数据库，监测不同行业和地区的碳排放情况，为政策评估提供数据支持。

5. 碳中和政策评估与调整

定期对碳中和政策进行评估，了解政策实施的效果和存在的问题，及时调整政策措施，确保政策的科学性和有效性。可委托专业机构进行独立评估，吸收各方意见，形成综合评估报告。

6. 开展国际合作与交流

加强国际合作与交流，与其他国家分享碳减排经验，学习借鉴其他国家先进做法，推动全球碳减排合作，共同应对全球气候挑战。

（二）科研机构

科研机构具有专业的技术力量和科学研究能力，能够独立、客观地开展评估和分析活动，其专业性、独立性和科学性的研究成果，可以为各级党委、政府和决策者提供科学依据，在碳中和政策评估中发挥着重要的作用。我国与碳中和政策评估相关的科研机构包括中国能源研究会、中国环境科学研究院、清华大学碳中和研究院、北京大学碳中和研究院、浙江农林大学生态文明研究院等。

1. 数据搜集与分析

根据政策目标和评估需求，探索并制定一套科学、合理的评估指标体系，设计适应性强的评估指标和数据采集方案，提供全面准确的碳排放清单和生态系统碳储量信息。

2. 提供评估方法与模型

提供多样化的方法与模型，如碳排放清单编制、生态系统碳储量测算、气象数据和能源数据分析等。建立碳排放、吸收和转化的模型，通过气候模式、生态系统模型和经济模型等进行预测，分析碳中和政策对经济社会和生态环境的影响。

3. 提供专业的咨询服务

开展专业的咨询服务，凭借丰富的科研经验和专业知识，为政府和企业提供高质量的咨询。根据不同地区和行业的特点，量身定制碳减排方案，帮助其实现碳中和目标。

4. 推动技术创新与应用

将先进的技术成果转化为实际应用，推动低碳技术在产业和社会中的广泛推广。通过与企业合作，共同开展技术创新和开发项目，促进新技术的落地和推广。通过举办学术研讨会、技术培训等活动，加强与企业和社会的交流与合作，推动低碳技术的传播和应用。

（三）非政府组织

非政府组织在碳中和政策评估中具有监督和推动作用，通过监督政策执行、提供专业知识、促进公众参与、推动社会共识，为碳中和政策的评估和实施提供了重要的支持。自 1992 年《联合国气候变化框架公约》签署以来，非政府组织在气候治理中逐渐获得了制度化参与路径，成为碳中和政策评估的重要主体之一。

1. 监督政策执行

通过收集数据、开展调研和实地考察等方式，监督政府部门和企业对碳中和政策的执行情况，对政策执行情况进行评估和监测，及时发现问题和不足，促进政策的有效执行和改进。

2. 提供专业知识

凭借专业的研究团队，丰富的碳减排和碳汇领域的知识和经验，为政府和企业提供专业的咨询和建议，帮助制定科学合理的碳中和政策，推动碳减排技术的创新和应用。

3. 促进公众参与

发挥桥梁和纽带作用，通过组织公众听证会、座谈会等活动，收集公众意见和建议，促进公众对碳中和政策的参与和投入，推动政策的民主化和透明化。

4. 达成社会共识

通过开展宣传和教育活动，推动社会对碳中和政策的认知和理解，扩大碳中和理念的影响力，增强公众对碳中和工作的支持和参与意识，推动社会达成共识，共同参与碳中和行动。

（四）企业

企业在碳中和政策评估中扮演着重要的角色，其碳排放数据、技术创新、政策配合、信息公开等举措都将对政策的执行和评估产生重要影响。

1. 提供碳排放数据

企业是碳排放的主要来源之一，其生产活动和能源消耗直接影响着碳排放水平。在碳中和政策评估中，企业的碳排放数据是政策评估的重要依据，政府和科研机构通过收集和分析企业的碳排放数据，以评估政策的减排效果。因而，企业需要提供准确、全面的碳排放数据和减排情况报告。

2. 技术创新和应用

通过技术创新来寻求更有效的减排方法和手段。积极推动低碳技术的研发和应用，促进清洁能源和节能技术的推广，为政策的实施提供技术支持和创新动力。

3. 政策配合与合规性

积极配合政府制定的碳中和政策，遵守相关法律法规，确保企业的经营活动符合政策要求。通过自愿性碳中和承诺来展示社会责任和可持续发展的形象。

4. 报告透明和信息公开

主动向公众和政府披露有关碳排放和减排情况的信息，确保报告的透明性和可靠性。通过公开信息，接受社会监督，促进碳中和政策评估的公正性和客观性。

（五）社会公众

1. 反馈碳中和政策效果

社会公众是碳中和政策的利益相关者，其生活、工作和健康将直接受到碳中和政策的影响。社会公众拥有对政策评估结果的最直接和真实的反馈，可以提供重要的实地信息和经验。

2. 参与碳中和政策制定

积极参与碳中和政策评估，包括政策的制定、实施和监督。政府和评估机构应当主动征求公众的意见，听取他们的建议，确保政策的合理性和民主性。

3. 提供基础数据与信息

提供大量有关能源消耗、生产过程、交通出行等方面的数据，通过信息共享和数据采集，更加全面地了解碳排放的现状和潜在减排空间。

4. 监督和评估

通过对政策执行过程的监督和评估，发现问题和提出建议，推动碳中和政策的不断完善和优化。社会公众是碳中和政策的最终受益者和承担者，其参与和合作对于评估的全面性、客观性和有效性至关重要。

二、碳中和政策评估的内容

碳中和政策评估是对政府实施的碳中和战略目标和政策措施进行全面评价，碳中和政策评估涉及多个方面，需要综合考虑环境、经济、社会、文化等多个因素。自2023年9月22日第七十五届联合国大会提出“双碳”目标，我国制定了一系列涉碳的政策、规划以及法律法规等（见表5－2）。

表5－2　“双碳”目标提出以来相关政策文件汇总

年份	相关政策
2020	《关于促进应对气候变化投融资的指导意见》
	《碳排放权交易管理办法（试行）》
	《关于统筹和加强应对气候变化与生态环境保护相关工作的指导意见》
2021	《国家高新区绿色发展专项行动实施方案》
	《关于加快建立健全绿色低碳循环发展经济体系的指导意见》
	《关于加强企业温室气体排放报告管理相关工作的通知》
	《关于建立健全生态产品价值实现机制的意见》
	《碳排放权登记管理规则（试行）》
	《碳排放权交易管理规则（试行）》
	《碳排放权结算管理规则（试行）》
	《关于加强高耗能、高排放建设项目生态环境源头防控的指导意见》
	《高等学校碳中和科技创新行动计划》
	《关于深化生态保护补偿制度改革的意见》
	《国家标准化发展纲要》
	《关于严格能效约束推动重点领域节能降碳的若干意见》
	《关于推动城乡建设绿色发展的意见》
	《关于完整准确全面贯彻新发展理念做好碳达峰碳中和工作的意见》
	《2030年前碳达峰行动方案》
	《中共中央 国务院关于深入打好污染防治攻坚战的意见》
	《关于深入打好污染防治攻坚战的意见》
	《“十四五”节能减排综合工作方案》
2022	《财政支持做好碳达峰碳中和工作的意见》
	《科技支撑碳达峰碳中和实施方案（2022—2030年）》
	《城乡建设领域碳达峰实施方案》
	《工业领域碳达峰实施方案》
	《建立健全碳达峰碳中和标准计量体系实施方案》
	《能源碳达峰碳中和标准化提升行动计划》

续表

年份	相关政策
2023	《碳达峰碳中和标准体系建设指南》
	《绿色低碳先进技术示范工程实施方案》
	《关于统筹运用质量认证服务碳达峰碳中和工作的实施意见》
	《国家碳达峰试点建设方案》
	《关于加快建立产品碳足迹管理体系的意见》
	《绿色建材产业高质量发展实施方案》
	《关于推进污水处理减污降碳协同增效的实施意见》
	《产业结构调整指导目录（2024 年本）》
	《空气质量持续改善行动计划》
2024	《碳排放权交易管理暂行条例》
	《关于加强绿色电力证书与节能降碳政策衔接 大力促进非化石能源消费的通知》
	《中共中央　国务院关于加快经济社会发展全面绿色转型的意见》
	《中华人民共和国能源法》

资料来源：根据相关政府网站整理。

（一）政策实施效果评估

碳中和政策实施效果评估是对政策措施的执行情况、目标达成情况以及对环境、经济、社会等方面的影响进行全面深入的评估分析。通过评估政策的实际效果，可以了解政策在推动碳减排和实现碳中和目标方面所取得的实施进展和成效，同时也有助于发现政策执行中存在的问题与不足。在评估中，需从多个方面来审视政策的实施和效果，包括节能减排政策、绿色低碳技术创新政策、增汇政策、绿色金融政策以及碳排放交易政策等多个方面。

1. 节能减排政策

节能减排政策评估旨在客观分析碳中和政策措施对能源消费和碳排放的影响，评估政策在推动节能减排方面的效果和成效。比如《“十四五”节能减排综合工作方案》涉及能源消费（煤炭、非化石能源等）、节能技术（高效精馏系统、高温高压干熄焦、富氧强化熔炼等）、节能经济（专项资金等）以及节能产业（涂装类、化工类等产业集群分类治理等）等方面的内容。

能源消费趋势评估。对政策实施后全国和各行业的能源消费趋势进行评估，比较政策实施前后的能源消费数据，分析节能措施对能源需求的影响，特别是高能耗行业和能源密集型产业的能源消费情况，评估政策对这些行业的节能效果，进而推动能源资源的优化配置。

节能技术应用评估。评估政策推动的节能技术在各领域的应用情况，包括新能源技术、清洁生产技术、高效能源利用技术等在工业、建筑、交通等领域的应用程度和效果。分析技术应用对能源消费和碳排放的减少程度，探讨技术的可持续性和经济效益。

节能减排成本评估。评估政策推动的节能减排成本和经济效益，分析政策措施的实施所需的投入和收益，探讨节能减排措施的经济可行性和回报效果，完善节能经济政策，进而实现刺激节能减排参与者的积极性。

节能产业治理评估。评估政策推动的节能产业分类治理，对比各产业治理效果，探讨节能产业分类治理的问题与不足，进而实现对节能产业治理效能的改进与提升。

2. 绿色低碳技术创新政策

绿色低碳技术创新政策评估旨在客观评估政策对绿色低碳技术创新的促进作用以及对碳减排和可持续发展目标的贡献。如《绿色低碳先进技术示范工程实施方案》中具体包含三大类绿色低碳技术：源头减碳类、过程降碳类以及末端固碳类，通过聚焦生产全过程的绿色低碳科技创新前沿，进而促进绿色低碳发展。

低碳技术创新投入评估。评估政策对绿色低碳技术创新投入的促进作用，分析科研机构、企业以及产业界在绿色低碳技术领域的研发投入情况，探讨政策是否有效提高了低碳技术创新的水平和能力。

创新成果转化评估。评估政策对绿色低碳技术成果转化应用的推动作用，分析政策对科技成果向实际应用转化的促进效果，是否加速了关键技术的商业化和推广应用，以及在能源、工业、交通等领域中的应用情况和减排效果。

技术创新政策可持续性评估。评估政策的可持续性和长期效果，分析政策的时效性和适应性，是否能够持续激励技术创新和推动绿色低碳技术的不断进步，关注政策实施过程中可能出现的问题和改进方向。

3. 增汇政策

增汇政策是碳中和政策中的重要组成部分，增汇政策评估旨在通过促进森林、湿地等自然生态系统的恢复和保护，增加碳吸收能力，减少大气中的二氧化碳浓度，从而实现减排的效果。比如《关于统筹和加强应对气候变化与生态环境保护相关工作的指导意见》提出协同推进适应气候变化与生态系统保护修护，强调运用基于自然的解决方案实现增汇的目的。

碳汇增加评估。评估政策对森林、湿地、海洋等生态系统碳汇的增加效果，通过实地调查和遥感监测等手段，对政策实施前后相关生态系统的碳汇增加情况进行评估，了解增汇政策对自然碳汇的保护和恢复的影响。

碳汇管理效果评估。评估政策对碳汇管理的改善作用，分析政策是否提高了碳汇管理的科学性和有效性，是否加强了对碳汇的开发和管理措施，以及对生态系统健康和生物多样性的影响。

碳汇项目成本效益评估。评估碳汇项目的成本效益，分析政策实施过程中碳汇项目的投入产出比，以及政策带来的环境效益和经济效益，探讨增汇政策是否在经济上可行和可持续。

土地利用变化评估。评估政策对土地利用的影响，分析政策是否引导了合理的土地利用方式，是否增加了碳汇以及对生态系统的保护和恢复是否有积极作用。

4. 绿色金融政策

绿色金融评估旨在通过引导资金流向低碳、环保、可持续发展的项目，促进低碳产业发展，推动经济向绿色低碳方向转型。《关于深化生态保护补偿制度改革的意见》提出扩大绿色金融改革创新试验区试点范围，拓展市场化的绿色融资渠道。而《财政支持做好碳达峰碳中和工作的意见》则要求强化财政资金对碳达峰碳中和的支持与引领作用，突出资金分配重点的同时提高资金政策的精度。

资金支持效果评估。评估绿色金融政策对资金流向的引导效果，分析资金流向，了解政策实施前后资金是否得到有效引导，是否有更多资金流向低碳、环保领域。

绿色金融产品创新评估。评估政策对绿色金融产品创新的推动效果，分析政策是否促进了绿色金融产品的创新，如绿色债券、绿色保险等以及这些产品是否得到了市场认可与应用。

绿色金融市场发展评估。评估政策对绿色金融市场的发展影响，考察政策实施前后绿色金融市场的健康程度和稳定性以及市场规模和参与主体的增长情况。

5. 碳排放交易政策

碳排放交易政策评估旨在引导企业主动减排，推动碳排放的降低和碳中和目标的实现。在评估碳排放交易政策时，需要关注政府对碳排放权市场的监管和引导，以及市场参与主体的积极性和效率。《碳排放权交易管理办法（试行）》《碳排放权交易管理规则（试行）》《碳排放权登记管理规则（试行）》《碳排放权结算管理规则（试行）》等一系列政策为规范碳排放交易提供了依据。

碳市场运行情况评估。评估碳排放交易市场的运行情况，通过对市场交易数据和指标的分析，了解碳排放交易市场的成交量、价格波动、交易活跃度等情况，判断市场是否有效发挥了价格发现和资源配置的作用。

减排效果评估。评估碳市场建设对企业减排行为的效果，考察政策实施前后参与碳排放交易的企业是否主动减排，碳排放量是否有所降低，以及减排的效果是否达到预期。

激励机制评估。评估碳排放交易政策的激励机制是否有效，分析政策设计是否能够激励企业采取更加环保和低碳的生产方式，不断优化与碳排放交易政策相关的制度设计，促进企业自觉参与碳排放交易。

（二）政策实施风险评估

碳中和政策实施潜在风险评估是对碳中和政策可能面临的各种不确定性成分和潜在风险进行全面评估，旨在发现可能影响政策实施和阻碍目标达成的因素，并提出相应的风险应对策略。

1. 政策风险

碳中和政策的制定和实施需要多个部门、多个政府层级以及多个国家之间的协同合作，如果政策制定和执行中存在协调不足、政策冲突或频繁变动等问题，可能影响政策实施效果。政策执行过程中需要加强政策协调和沟通，确保政策的稳定性和连续性。

政策协调风险。碳中和政策需要跨多个部门和行业的合作与协调。政策协调不足可能导致政策之间的矛盾和冲突，影响政策的一致性和有效性。例如，环保部门推动减排政策，可能与产业部门推动经济增长政策存在冲突，造成政策执行的困难。政府应加强各部门之间的沟通与合作，确保碳中和政策在不同领域间的衔接与配合，形成政策的整体合力。

政策调整风险。碳中和政策是一项长期的战略目标，但在实施过程中，政策可能需要根据国内外形势的变化进行调整和优化。政策调整可能导致企业和投资者的不确定性，特别是对于已投入大量资源的企业，可能面临经营环境的变化。政府应设立明确的政策调整机制，及时收集和分析相关数据，提出科学合理的政策调整方案，以降低调整带来的风险和负面影响。

国际政治变动风险。碳中和政策的实施受到国际政治环境的影响，国际政治的变动可能对政策的实施产生影响。例如，《联合国气候变化框架公约》《京都议定书》《巴黎协定》逐步确立了“双碳”目标在国际法上的地位与意义，但双碳目标承诺主要凭借国内自主努力来实现，相对缺少强制性规定。虽然我国在参与全球气候与环境治理中积极响应国际协议、表现出责任大国担当；但是任何国际贸易摩擦都可能影响我国的碳排放交易市场和碳排放权价格，进而影响企业的投资决策和碳减排行动。因此，政府需要密切关注国际政治变化，积极参与国际合作，降低国际政治变动对碳中和政策实施的不利影响。

2. 技术风险

碳中和政策实施的技术风险主要涉及绿色低碳技术的研发、推广和应用过程中的挑战。① 深入评估和理解碳中和政策实施过程中的技术风险，寻找有效的应对策略，将对实现碳中和目标发挥至关重要的作用。

技术创新风险。碳中和政策要求实现碳排放的大幅减少，这需要推动绿色低碳技术的创新和发展。然而，技术创新本身就存在一定的风险。新技术的研发过程可能会面临技术不稳定、研发周期长、投入成本高等问题，导致技术创新进展缓慢。同时，新技术在推广应用过程中也可能会遇到市场不接受、应用效果不理想等挑战，从而影响碳减排效果。

技术壁垒风险。绿色低碳技术可能受到技术壁垒的限制，存在专利保护、技术标准、专业知识等方面的限制，使得技术无法自由扩散和应用。技术壁垒的存在将导致技术无法在更广泛的领域得到应用，从而影响碳减排的整体效果。一些发达国家在绿色低碳技术领域具有技术优势，对于一些发展中国家而言，获取和应用这些技术面临壁垒和依赖性风险。

技术应用风险。技术应用是实现碳中和目标的关键环节。然而，由于技术本身的特性、产业体系的复杂性以及市场需求的变化，技术应用过程中可能会遇到一系列风险。例如，技术在实际应用中可能遭遇与现有产业体系的不兼容、成本效益不高、社会接受度不高等问题。技术应用的风险会导致技术推广的困难，影响碳减排效果的实现。

3. 经济风险

碳中和政策实施的经济风险是一个复杂的问题，涉及经济转型、经济波动和产业竞争力等多个层面。② 在推动碳中和的过程中，需要认真评估和应对这些风险，以确保经济的可持续发展和政策的有效执行。

经济转型风险。碳中和政策实施意味着经济结构的转型，从传统高碳排放产业向绿色低碳产业转变，这种转型可能会给相关产业带来不确定性和挑战。部分传统高碳产业可能面临淘汰和调整，绿色低碳产业得到扶持和发展，可能导致转型期失业率上升和地区经济的不稳定。

经济波动风险。碳中和政策的实施可能影响经济波动。在经济低迷时期，企业对碳减排投资持谨慎态度，其担心成本增加对经营业绩产生负面影响，导致碳减排进程放

① 胡广文，顾一帆，吴玉锋，等. 中国实现碳中和：降碳风险的识别与应对 [J]. 北京工业大学学报（社会科学版），2024（01）：135-146.

② 中国人民银行天津分行课题组，王晓明，夏洪涛. 碳减排、转型风险与监管应对——基于 DSGE 的政策模拟研究 [J]. 金融监管研究，2022（06）：1-27.

缓，甚至出现投资不足的情况。而在经济复苏时期，企业可能更愿意投入碳减排措施，但过度投资也可能导致资源浪费和市场风险。

产业竞争力风险。碳中和政策的实施可能影响产业竞争力。随着全球范围内推进碳中和的潮流，各国都在加大绿色低碳产业的发展和推广。绿色低碳技术和产品创新能力的不足，会导致国家在全球市场上失去竞争优势，从而弱化低碳产业的发展和市场竞争力。

4. 社会风险

碳中和政策实施的社会风险也是评估的重点内容，包括社会公平、社会适应性、社会稳定以及治理能力等方面。

社会公平风险。碳中和政策的实施可能导致社会资源重新分配和经济结构调整，会对不同社会群体的利益产生影响。部分弱势群体，如低收入家庭、农村居民和老年人等，可能因为能源价格上涨和产业转型而面临生活成本上升等问题，增加其生活压力。

社会适应性风险。碳中和政策的实施可能需要对社会进行结构性调整和转型，而不同社会群体的适应能力可能存在差异。特别是对于那些依赖高碳产业的地区和行业，以及从事高碳排放活动的企业和个人，需要适应碳中和政策带来的变化。

社会稳定风险。碳中和政策的实施危害社会公平、社会适应性时，可能会影响地区间的平衡性与社会的可持续性发展，对所涉地区、行业以及群众的生活造成影响，进而引发群众纠纷、群体性事件，导致社会动荡，危害社会稳定。

治理能力风险。碳中和政策的实施需要政府部门的协调和治理能力，但政府在政策实施过程中可能面临资源有限、能力不足、协调不畅等问题。由于碳中和政策需要涉及多个部门和利益相关方，政府在制定政策和执行政策过程中需要解决各方的利益冲突和矛盾，确保政策的一体化和顺利实施。

5. 环境风险

碳中和政策的实施会促进绿色能源和生产技术的应用，但若这些新能源和技术的生产过程对环境造成不良影响，可能会引发新的环境问题。

环境转移效应风险。碳中和政策的实施可能导致环境转移效应，即在减少碳排放的同时，可能增加其他污染物的排放。例如，将煤炭发电转向可再生能源发电可能减少碳排放，但可能增加对水资源的需求和压力，从而产生新的环境问题。

气候变化的适应风险。碳中和政策的目标是减缓和适应气候变化，但在实施过程中，可能存在气候适应不足的风险。随着气候变化的加剧，一些地区可能面临更频繁的极端天气事件，如暴雨、干旱和洪水，对农业、生态系统和社会经济造成影响。

第三节　碳中和政策评估的过程与方法

一、碳中和政策评估的过程

碳中和政策评估是一个系统性的过程，包括评估对象确定与分析、评估方案制订、评估组织准备、政策信息收集与分析、评估结果处理、评估报告撰写等。①

（一）确定评估对象

碳中和政策评估对象的确定是评估工作开展的首要步骤。评估的对象应包括涵盖碳中和政策范围内的各项政策和措施，如能源结构调整、工业转型升级、交通运输绿色化、森林碳汇建设等，以及与碳中和政策相关的社会经济指标，如就业情况、经济增长、能源消费等。由于不同地区碳中和政策的实施效果可能会有所不同，评估对象确定时需要考虑地域的差异性和特点，以全面衡量碳中和政策的综合效果。

（二）制订评估方案

评估方案的制订需要结合实际情况和评估目的，确保评估的科学性和可操作性。在制订评估方案时，需要选择合适的评估方法和指标，以确保评估结果的客观性和准确性。同时，由于碳中和政策的实施是一个长期过程，评估方案还应充分考虑政策实施的时间跨度，评估的时间跨度要足够长，以反映出政策的长期效果。

（三）建立评估团队

评估团队需要确保具备足够的专业知识和技能，能够独立进行评估工作。在碳中和政策实施过程中，政府部门、被评估对象和三方评估机构需要密切合作，形成协同效应，以确保评估的全面性和准确性。同时，评估团队还应充分了解国家碳中和政策实施的背景和情况，以便更好地契合政策目标和预期效果。

（四）搜集与分析政策信息

政策分析与评估需要搜集大量的数据和信息，并需要对政策实施过程进行全面的跟踪和了解。我国在碳中和政策实施过程中，政府部门和科研机构发布了大量的相关数据，评估团队需要充分利用，同时也要结合实地调研和监测等手段，获取更加全面和准

---

① 高兴武．公共政策评估：体系与过程［J］．中国行政管理，2008（02）：58－62.

确的数据。

（五）处理评估结果

处理评估结果是评估过程的核心，需要对搜集到的信息进行整理和分析，运用合适的评估方法和模型进行数据处理。碳中和政策实施过程中，评估结果的处理需要考虑到不同政策的差异性和复杂性以及方法间的差异性，评估团队应当充分运用数据分析和比较的方法，得出客观准确的评估结论。

（六）撰写评估报告

评估报告是评估结果的输出，需要将评估过程、方法和结果清晰明了地呈现出来。报告的撰写应当符合科学性和准确性的要求，语言表达要简明扼要，评估结果要能够被政策制定者和公众所理解和接受。在撰写评估报告时，还应当提出优化和改进碳中和政策的对策建议，提出的建议应当具有可操作性和可实施性。

二、碳中和政策评估的方法

碳中和政策评估方法主要有指标分析法、计量分析法和系统仿真分析法三大类。指标分析法侧重于通过客观数据的可视化，结合可量化的碳排放指标和难以数据化的定性指标，从而洞察碳中和政策影响的方向和程度。计量模型分析法通过构建计量经济学模型，估计政策影响系数大小。系统仿真分析法利用社会经济生态系统抽象成的数学模型，探讨碳中和政策变动如何影响碳排放轨迹。三类方法相互补充，为碳中和政策提供了科学、全面的评估方法体系。

指标分析法中的层次分析法、模糊综合评价法属于主观赋权法，在确定指标权重时对研究者的知识储备和判断水平要求较高，且主观性强、分辨率较差、精度不高、需要大量的样本、评价对象的变量因素不能过多等诸多缺陷。① TOPSIS 法属于客观赋权法，对数据源或者评价对象没有特定要求②，方法比较简便，能充分利用原始数据信息③，所产生的结果比较客观、科学。双重差分法（DID）是评估政策实施效果的有效方法，其机理是通过比较政策实施前后的样本与未实施相应政策的样本间的差异，从而有效量

---

① 汤匀，李岚春，岳芳，等．全球碳中和战略行动政策量化评价与前沿发展趋势研究［J/OL］．数据分析与知识发现：1－20［2024－06－22］．http：//kns. cnki. net/kcms/detail/10. 1478. G2. 20240104. 0940. 002. html.

② 师帅，周林庆．中国农业碳中和评价——以 2010—2020 年为例［J/OL］．浙江农业学报：1－16［2024－06－22］．https：//kns－cnki－net. webvpn. zafu. edu. cn/kcms/detail/33. 1151. S. 20240607. 1448. 004. html.

③ 刘双，宋学行，尚丽，等．基于 AHP－TOPSIS 法的碳捕集技术方案综合评估［J］．洁净煤技术，2023，29（01）：1－14.

化碳中和政策中京津冀协调发展战略、碳排放权交易等不同子政策实施所带来的“净效应”。[①] 然而，双重差分法对控制组的条件要求比较苛刻，存在一定的主观性和随意性。此外，双重差分法往往会对多个试点组政策效果进行平均，难以反映政策效果在不同试点省份的差异性，而合成控制法能够解决没有合适事实对照组的问题并且减少对照组选择的主观性以保证评估结果的可靠性。[②]

（一）指标分析法

指标体系分析方法能够结合多领域的低碳发展因素，指标的选择相对灵活，评价过程清晰、评价结果针对性强，是碳中和政策评估的一项重要手段，已在低碳发展领域得到了广泛应用。[③]

低碳发展评价指标体系大致可以分为三类：第一类是基于低碳发展的重点领域构建评价体系，其特点在于全面列出低碳发展重点领域的低碳发展指标，能够将相关政策措施及行动本身纳入评价，且便于识别重点碳排放领域和提出相应的控排措施。例如，从宏观领域、能源、产业、低碳生活、资源环境、低碳政策创新六个维度开发了一套低碳城市建设评价指标体系。第二类是以二氧化碳排放量为核心的低碳绩效类评价指标体系[④]，碳排放相关指标如碳排放强度、人均碳排放量等，可识别影响评价主体碳排放量的主要驱动因素，评价不同低碳发展模式，开展同类评价主体间的比较，如国别比较、低碳城市间比较等。第三类是以实现社会经济的低碳发展为目标构建的低碳经济类评价体系[⑤]，包含多个经济增长类指标，评价指标直接或间接与低碳相关，适合于评价经济发展的低碳转型进展和转型驱动力的识别，以及对政策措施及行动层面的效果。

1. 指标选择原则

为提升评估结果的准确性、有效性，首先需要选出最能反映碳中和政策评估诉求的指标，构建一套完备的、逻辑自洽的指标体系。碳中和政策评估指标选择应遵循以下原则：

---

① 蒋正云，刘庆芳，程依婷，等．京津冀协同发展的城市碳减排效应评估及机制分析［J/OL］．软科学：1－17［2024－06－22］．http：//kns.cnki.net/kcms/detail/51.1268.g3.20240228.0911.002.html.

② 胡迪，袁梦怡．市场型环境规制能促进碳中和目标实现吗［J］．科技进步与对策，2023（14）：103－113.

③ 付琳，曹颖，郭豪，等．“十二五”以来中国低碳发展进展及政策评估［J］．中国环境管理，2021（01）：16－24.

④ Yang X.，Wang，X.－C.，Zhou，Z.－Y. Development path of Chinese low－carbon cities based on index evaluation［J］．Advances in Climate Change Research，2018，9（02）：144－153.

⑤ Pan W，Pan W，Hu C，Tu H，Zhao C，Yu D，Xiong J，Zheng G. Assessing the green economy in China：An improved framework［J］．Journal of Cleaner Production，2019（209）：680－691.

客观指标和主观指标相结合。一方面，应对政策实施过程的客观事实进行评价，即政策“作出了什么”，如某项低碳政策实施后碳排放的变化情况；另一方面，应对目标群体对政策执行效果的主观感受进行评价，即政策“做得怎么样”。碳中和政策评估指标体系既要包含政策实施是否按原计划进行、政策内容是否与政策目标一致、政策效率是否达到标准等客观指标，也要包含公众是否对政策结果感到满意、政策目标与更高层次的目标是否一致等主观指标。

定量指标和定性指标相结合。政策评估指标体系应采取“定量 + 定性”相结合的方法。由于定量指标更具有客观性，说服力更强，指标体系中应以定量指标为主，在定量指标不适用时，再结合定性指标进行评价。

共性指标与个性指标相结合。为了使不同政策的评估结果可以横向对比，对评估主体的工作方法进行规范，设计一些可通用的共性评估指标是有必要的。但是，考虑到不同政策在政策目标、适用对象、实施主体等方面存在差异，针对不同政策应设置个性指标，充分考虑政策的独特性。

当期指标与未来指标相结合。政策评估指标体系不仅应立足于当期，在设计时也应为未来的政策调整预留空间。在 OMB 制定的美国政策执行效果评价指标体系中，就包含了“动态调整”一块，为将来外部环境变化时衡量政策变动的适时性、合理性和合规性留足了空间。

2. 指标体系构建

碳中和政策评估指标体系构建需要兼顾政策的核心目标、实施特点、相关利益方的需求以及国际合作情况。见表 5－3。

碳减排效果指标：该部分指标主要关注碳中和政策对碳排放的影响，包括碳排放总量、碳排放强度、碳市场交易量等指标，用于衡量政策实施后的碳减排效果，反映政策对环境目标的实现程度。

经济效益指标：该部分指标涵盖了经济增长率、新能源产业发展情况、绿色产业增加值等指标，用以评估碳中和政策对经济的影响，反映政策对经济目标的实现程度。

社会效益指标：该部分指标包括公众满意度、政策认知程度、社会公平性等指标，以了解公众对政策的主观感受和反馈，评估政策在社会层面的效果，反映政策对社会目标的实现程度。

政策执行效率指标：政策执行的效率对于政策实施的成效至关重要。该部分指标关注政策实施是否按原计划进行、政策内容是否与政策目标一致、政策执行是否符合规定等指标，评估政策的有效性。

政策适应性指标：政策适应性是指政策是否与更高层次的目标相一致，是否能够适应国内外环境变化。该部分指标考虑了政策目标是否与国家碳中和承诺一致、是否符合国际合作的要求。

表 5－3 碳中和政策评估指标体系

指标类别	具体指标	指标说明
碳排放	碳排放总量①	全国或特定区域的碳排放总量，比较实施碳中和政策前后的变化
	碳排放强度②	碳排放总量与国内生产总值的比值，反映经济增长背景下的碳排放情况
	碳排放效率③	资本、劳动和能源投入不增加的前提下，所能得到的最大经济增长和最少的碳排放，反映经济发展、能源消费、碳排放三者的关系
新能源替代	可再生能源占比④	可再生能源发电占全国总发电量的比例，衡量新能源替代传统能源的效果
	新能源装机容量⑤	新能源发电装机的总容量，反映新能源发展的规模和潜力
政策执行	政策实施符合性⑥	政策在实施过程中是否按照原计划进行，包括政策法规的制定和落实情况
	政策内容与目标一致性⑦	政策内容是否与碳中和目标相符合，考察政策的科学性和合理性
	政策效率⑧	考察政策的经济成本和社会效益，衡量政策的综合效果
	政策执行力综合指标⑨	从执行战略、执行主体、执行资源、执行环境、执行绩效维度综合测评
社会接受度⑩	公众满意度	通过调查等方式了解公众对碳中和政策的满意程度，反映政策在社会中的接受程度
	政策认知程度	表示公众对碳中和政策的认知程度，考察政策传播和宣传的效果
	公众参与程度	反映公众参与碳中和政策制定和实施的程度，体现政策的民主性和参与性
环境效益	减排效果⑪	政策实施后碳排放总量的减少情况，以及其他温室气体的减排情况
	生态环境改善情况⑫	考察政策实施对生态环境的改善效果，如空气质量、水质等方面的变化
	能源环境效率⑬	将能源消耗与碳排放纳入同一评价体系用以衡量能源节约和环境改善程度
经济效益	新能源产业发展情况⑭	考察新能源产业的发展规模和市场化程度，衡量新兴产业对经济增长的贡献
	节能减排成本⑮	政策实施过程中节能减排的成本情况，考察政策的经济可行性
	经济增长率⑯	考察碳中和政策实施后经济增长的情况，衡量政策对经济的影响

续表

指标类别	具体指标	指标说明
国际合作[17]	国际交流与合作情况	表示政策实施过程中与其他国家或国际组织的交流与合作情况，反映国际合作的效果
	国际合作共识	反映国际社会对中国碳中和政策的认可和支持程度
	跨国企业合作[18]	反映跨国企业在中国碳中和政策中的参与和贡献情况

注：①武红．中国省域碳减排：时空格局、演变机理及政策建议——基于空间计量经济学的理论与方法［J］．管理世界，2015（11）：3－10.

②邓慧慧，虞义华，李洪坚．中国地区经济增长对碳排放强度的影响——基于空间面板模型的分析［J］．浙江社会科学，2013（08）：40－50＋156.

③马大来，陈仲常，王玲．中国省际碳排放效率的空间计量［J］．中国人口・资源与环境，2015（01）：67－77.

④何丽丽．德国上半年可再生能源发电占比上升至49%［J］．新能源科技，2022（07）：37.

⑤黄蕾，肖人杰，李冰清．江苏单位面积新能源装机容量居全国第一［N］．中国电力报，2023－03－21（001）.

⑥张帆，史曼菲．政策阶段性分解与分析：城市总体规划实施过程评估方法探究［C］．中国城市规划学会，沈阳市人民政府．规划60年：成就与挑战——2016中国城市规划年会论文集［M］．北京：中国建筑工业出版社，2016：11.

⑦王超，王光志．适应科技智库创新政策研究需求的政策内容分析框架探究［J］．科学与管理，2019（03）：33－41.

⑧刘秀磊，杨玉香．再制造补贴和碳税政策下闭环供应链网络优化［J/OL］．计算机集成制造系统：1－20［2024－08－25］．http：//kns. cnki. net/kcms/detail/11. 5946. TP. 20221118. 0953. 010. html.

⑨魏红英，李慧卿．我国地方政府执行力测评指标体系研究［J］．国家行政学院学报，2008（01）：23－26.

⑩尚光引，杨欣．政策认知对农户低碳农业技术采纳决策的影响［J］．应用生态学报，2021（04）：1373－1382.

⑪杨红雄，杨光．基于现代化的中国省级碳排放时空演变及影响因素研究［J］．气候变化研究进展，2023（04）：457－471.

⑫刘海英，蔡先哲．推进“双碳”目标下生态文明建设的创新发展［J］．新视野，2022（05）：121－128.

⑬刘海英，郭文琪．碳排放权交易政策试点与能源环境效率——来自中国287个地级市的实证检验［J］．西安交通大学学报（社会科学版），2022（05）：72－86.

⑭李兰兰，徐彬．金融规模、结构与效率对新能源产业发展的影响［J］．湖北工业大学学报，2018（03）：36－39.

⑮袁润松，丰超，王苗，等．中国区域间节能减排责任分担及成本补偿机制设计——基于潜力视角［J］．经济问题探索，2016（05）：38－43.

⑯张省，王金营．“十四五”期间节能减排约束下的经济增长优化研究［J］．河北经贸大学学报，2022（05）：45－56.

⑰安国俊，陈泽南，梅德文．“双碳”目标下气候投融资最优路径探讨［J］．南方金融，2022（02）：3－17.

⑱丁振辉，单佳宁．跨国公司与国际低碳投资：路径和选择［J］．黑河学院学报，2011（05）：32－40.

3. 指标运算

构建指标体系后需要对不同指标进行运算，包括指标权重的确定和综合得分计算两个核心步骤。

指标权重的确定：层次分析法（Analytic Hierarchy Process，AHP）是常用的指标权重确定方法，能够将复杂的问题层次化，逐步确定各个指标的相对重要性。进行层次分析时，首先，要建立层次结构，将碳中和政策评估指标体系进行层次化，确定评估目标层、准则层和指标层。其次，要构造判断矩阵，由专家对每对指标进行两两比较，得到判断矩阵，表示每个指标对其他指标的相对重要性。再次计算权重向量，利用判断矩阵计算每个层次的权重向量，得出指标的相对权重。最后，进行一致性检验，检查判断矩阵的一致性，确保专家判断的合理性。

综合得分计算方法：在确定了指标的权重之后，需要对政策实施效果进行综合评估。常见的综合得分方法包括加权求和法和优劣解距离法（Technique for Order Preference by Similarity to Ideal Solution，TOPSIS）。

加权求和法：对于每个指标，首先将其归一化处理，确保不同指标具有相同的量纲和单位。其次，乘以对应的权重，得到加权得分。最后，将所有指标的加权得分相加，得到综合得分。假设有 n 个指标，其权重分别为 w_1，w_2，…，w_n，对应的评分值为 s_1，s_2，…，s_n，综合得分 S 可以计算为：$S = w_1 \times s_1 + w_2 \times s_2 + \cdots + w_n \times s_n$。

TOPSIS 法：TOPSIS 法是一种多属性决策方法，通过计算每个指标到最优解和最劣解的距离，综合考虑指标的优劣程度，从而得到综合得分。具体步骤为，先将指标归一化处理，计算加权归一化得分；接着计算每个指标到最优解和最劣解的距离；再计算每个指标到最优解和最劣解的接近程度，最后计算综合得分，选择接近于最优解的方案。假设有 m 个评估对象，每个对象有 n 个指标，其中最优值为 P，最劣值为 N，评估对象 i 的各指标得分为 x_{i1}，x_{i2}，…，x_{in}，其正向指标取值越大越好，负向指标取值越小越好。首先，计算每个指标的正向化得分和负向化得分：正向化得分：$r_i^+ = x_i / \max(x_i)$，负向化得分：$r_i^- = x_i / \min(x_i)$；其次，计算每个对象的正向距离 D_i^+ 和负向距离 D_i^-：正向距离为 $D_i^+ = [((r_i^+ - P_i)\hat{}2 + (r_i^+ - P_i)\hat{}2 + \cdots + (r_i^+ - P_i)\hat{}2)]^{1/2}$，负向距离为 $D_i^- = [((r_i^- - N_i)\hat{}2 + (r_i^- - N_i)\hat{}2 + \cdots + (r_i^- - N_i)\hat{}2)]^{1/2}$；最后，计算每个对象的综合得分，即 $C_i = \frac{D_i^-}{D_i^+ + D_i^-}$。

（二）计量模型分析法

计量经济学模型在评估碳中和政策的有效性时，有着很好的应用。针对不同的政策实施情况和数据特点，可以采用不同的计量经济学方法来进行评估，常用的方法如倾向匹配得分法、双重差分法、断点回归法和合成控制法等。表 5－4 为不同方法的比较。

表 5－4 碳中和政策评估计量方法比较

方法	原理	优点	缺点	适用条件
倾向匹配得分法	基于倾向得分匹配，消除选择偏差	解决观测数据缺乏随机分配的问题，有效匹配政策实施组与对照组的特征	需要大量样本数据，对于高维度特征，匹配效果可能较差	需要有完整的政策实施和未实施时的观测数据，以及明确的政策干预时间点

续表

方法	原理	优点	缺点	适用条件
双重差分法	基于时间和组别双重差分，消除时间趋势	消除不随时间变化的个体异质性，对于面板数据具有较好的适用性	对于较短的时间序列，可能存在估计不稳定的问题	需要确保政策干预对于处理组与控制组的时间趋势差异较大
断点回归法	基于断点处的断点回归，检验政策效应	能够控制观测单位固有的时间趋势，结果易于解释和理解	需要准确把握政策实施时间点，对于非线性政策效应的捕捉较差	需要确保政策实施时间点对于政策效应有较大影响
合成控制法	利用历史数据构建合成对照组，估计政策效应	解决因缺乏对照组而引起的内生性问题，能够灵活处理政策干预的非线性效应	对合成对照组的构建和权重选择敏感，对历史数据要求较高	缺乏理想的对照组，需要有足够的历史数据

1. 倾向匹配得分法

倾向匹配得分法（Propensity Score Matching，PSM）能有效处理政策实施过程中的选择偏差，准确地评估政策的实施效果，是碳中和政策评估中常用的计量经济学方法之一。

倾向匹配得分法基于观测数据建立预测模型，用于预测个体是否受到政策干预的概率（倾向得分）。在碳中和政策评估中，需要评估碳中和政策对碳排放的影响，但政策实施通常不是完全随机的，可能存在一些选择性，如政策可能更倾向于影响高排放行业或企业。选择偏差会导致对政策效果的评估结果不准确。倾向匹配得分法通过预测个体受政策影响的概率，将受政策影响的个体与未受影响的个体进行匹配，从而消除选择偏差，使评估结果更具可靠性。

倾向匹配得分法适用于以下情况：政策实施过程中存在选择性，导致评估结果可能出现选择偏差。需要评估政策的平均效应。数据具有时间和横截面特征，包含政策实施前后的观测数据。

在倾向匹配得分法中，首先需要建立一个预测模型，用于预测个体受政策影响的概率（倾向得分）。常用的预测模型包括 Logistic 回归和 Probit 回归等。假设预测模型为：$P(D=1|X)=F(X;\beta)$，其中，$P(D=1|X)$表示个体受政策影响的概率，X 表示个体的特征变量（如企业规模、产业类型等），β 表示模型的待估参数。

其次，根据预测模型得到每个个体的倾向得分 p_i，表示个体受政策影响的概率。根据倾向得分对受政策影响的个体与未受影响的个体进行匹配。匹配方法有很多种，常见的有最近邻匹配、卡尺匹配、卡尔曼滤波匹配等。

最后，要对比匹配的两组个体在政策实施后的碳排放情况，计算政策的平均效应。常用的计算式为：$ATT = \frac{1}{N_T}\sum_{i=1}^{N_T} Y_{1i} - Y_{0i}$，其中，ATT 表示政策的平均效应，$N_T$表示受政策影响的个体数，$Y_{1i}$表示个体 i 在政策实施后的碳排放情况，$Y_{0i}$表示个体 i 在政策实施前的碳排放情况。

2. 双重差分法

双重差分法（Difference in Difference，DID）适用于存在时间和处理干预的面板数据，能够较好地解决政策实施过程中的内生性问题，提高评估结果的可信度和准确性。双重差分法的优势在于可以通过对比处理组和对照组的差异，消除了时间不变的个体特征和随时间变化的影响因素，使得评估结果更加客观和可靠。

双重差分法基于对比处理组（受政策影响）和对照组（未受政策影响）的差异，同时对时间和处理进行差分。在碳中和政策评估中，通常会将受碳中和政策影响的地区或行业作为处理组，未受影响的地区或行业作为对照组，比较两组在政策实施前后的差异，从而估计碳中和政策的效果。

双重差分法适用于以下情况：假设处理组和对照组在政策实施前是相似的，具有共同趋势，除了政策干预外，其他因素对两组的影响相同。政策实施不是完全随机的，但在处理组和对照组之间没有明显的趋势差异。具有时间和处理干预的面板数据，包含政策实施前后的观测数据。

双重差分法的核心是计算处理组和对照组在政策实施前后的差异，并得出政策效果的估计值。假设处理组的时间差分为 T_1，对照组的时间差分为 T_0，处理组的处理效应为 D_1，对照组的处理效应为 D_0。那么双重差分估计值可以表示为：$DID = (T_1 - T_0) - (D_1 - D_0)$。其中，$T_1 - T_0$表示政策实施前后处理组和对照组的时间差异，$D_1 - D_0$表示政策实施前后处理组和对照组的处理效应差异。

3. 断点回归法

断点回归法（Regression Discontinuity Design，RDD）用于评估政策干预对于特定阈值（断点）附近个体或群体的影响。在碳中和政策评估中，RDD 方法可以有效判断碳中和政策实施对于碳排放和其他社会经济指标是否产生显著影响。

断点回归法假设在某个阈值（断点）处，政策实施对于个体或群体的影响发生了显著变化。在断点之前和之后，趋势可能是平稳的，但在断点附近，可能出现了明显的变化。利用这种断点附近的变化，可以估计碳中和政策实施对于碳排放等指标的效应。

断点回归法适用于以下情况：存在一个明确的断点，该断点在政策实施前已经确定，且政策实施对于断点附近个体或群体的影响是感兴趣的。断点附近的数据分布是连续的，没有出现人为操控的数据缺失或断点的选择。

断点回归法主要是通过在断点处进行回归分析，估计断点附近的政策效应。假设断点处的解释变量值为 X^*，被解释变量为 Y，政策干预（如碳中和政策实施）为二分类变量 D。断点回归模型可以表示为：$Y=\alpha+\beta_1(X-X^*)+\beta_2 D+\beta_3(X-X^*)\times D+\varepsilon$。其中，$\alpha$ 是常数项，β_1是断点前后的趋势差异，β_2是政策效应的估计值，β_3是断点前后政策效应的变化。在公式中，β_2即为碳中和政策实施效应的估计值。通过回归分析，可以得到该估计值，并进一步进行显著性检验，判断碳中和政策实施是否对碳排放产生了显著影响。

需要注意的是，为了确保结果的可靠性，使用 RDD 方法时需要对数据进行严格的处理，确保断点附近的数据分布是平稳的，避免数据的人为干预和选择性偏差。同时，对于断点的选择也需要合理和客观，避免因为断点的选择而导致结果的偏误。在实际应用中，往往需要进行敏感性分析，检验结果对于断点选择的稳健性，以确保评估结果的可信度。

4. 合成控制法

合成控制法（Synthetic Control Method，SCM）可以有效估计碳中和政策实施对于碳排放和社会经济指标的影响，同时解决由于缺乏对照组而引起的内生性问题，是一种用于评估政策干预效果的计量经济学方法。

合成控制法的核心原理是利用历史数据来构建一个“合成对照组”，作为不存在碳中和政策的“虚拟对照组”。合成对照组由多个观察单位的特征加权组合而成，包括历史数据、地理位置、经济水平等。通过对比合成对照组和实际政策干预组的差异，可以估计碳中和政策实施对于碳排放等指标的效应。

合成控制法适用于以下情况：缺乏理想的对照组，由于某些原因，没有合适的对照组来比较政策实施前后的效果。有足够的历史数据，合成控制法需要利用历史数据来构建合成对照组，因此需要有足够的历史数据来进行估计。观察单位之间存在异质性，政策干预组和合成对照组在某些特征上存在差异，这些差异可以用来进行权重调整。在碳中和政策试点初期，这一方法可以很好地评价政策实施效果。

以碳排放评估为例，假设政策实施前后的碳排放变量为 Y_t，其中 t 表示时间。合成对照组的权重为 W_i，其中 i 表示观察单位。则合成控制法的计算公式可以表示为：$Y_t^s=\sum_i W_i\cdot Y_{it}$。式中 Y_t^s是合成对照组在时期 t 的预测值，Y_{it}是观察单位 i 在时期 t 的实际值。

合成控制法的关键是通过权重 W_i对合成对照组的特征进行加权组合，使得合成对照组能够更好地反映政策干预组的特征。权重的确定可以采用多种方法，例如最小二乘法、加权最小二乘法等。

需要注意的是，在使用合成控制法时，权重的选择和合成对照组的构建是至关重要的。操作需要根据实际情况和数据特点，选择合适的权重和构建合成对照组，以确保评估结果的准确性和可靠性。同时，合成控制法也需要进行敏感性分析，检验结果对于权重和合成对照组的选择的稳健性，以确保评估结果的可信度。

（三）系统仿真分析法

系统仿真分析法是一种针对复杂系统的评估方法，用于模拟和分析碳中和政策实施后对整个社会经济生态系统的影响。该方法通过构建系统动力学模型，考虑各种因素之间的相互作用和反馈效应，来预测碳中和政策的潜在效果和可能出现的问题。系统仿真分析法将复杂的社会经济生态系统抽象成一组相互关联的数学方程，通常采用一组差分方程来表示各个变量之间的动态关系，通过数值计算来模拟系统随时间的演化过程。

模型的构建涉及对碳中和政策的目标、影响因素、政策措施等进行量化，包括政策实施后的各种影响因素、变量和它们之间的相互作用规律，从而模拟出不同政策情境下的系统动态演变。在模拟分析过程中，可以通过设置不同的政策参数和初始条件，来模拟政策实施后系统的变化情况。通过反复试验，得出不同政策情境下的系统动态演化趋势，从而评估碳中和政策的潜在效果。

需要注意的是，系统仿真分析法对于模型的建立和参数设定要求较高，要充分考虑各种因素的复杂性和不确定性，根据实际情况选择合适的模型结构和参数。同时，模型结果也需要经过与实际观测数据的对比和验证，以保证模拟结果的可靠性和准确性。

总之，系统仿真分析法是碳中和政策评估中一种重要的定量分析手段，可以帮助政策制定者更好地了解政策的潜在效果和可能出现的问题，从而指导政策的调整和优化。然而，该方法也有一定的局限性，模型的建立和参数设定需要较高的专业技能和大量的数据支持，同时对于复杂系统的模拟也可能存在一定的不确定性。因此，在使用系统仿真分析法进行碳中和政策评估时，需要谨慎选择模型和参数，结合其他评估方法综合考量，以获得更全面和可靠的评估结果。

（四）其他评估方法

除了上述方法，投入产出分析、一般均衡分析、综合评估模型、多目标优化、博弈论等方法也常被用于碳中和政策评估。投入产出分析法可以用来估算碳减排政策的成本与效益，包括评估减排技术的投资成本、运营成本以及减排效果等，在国际贸易中碳排放研究中有关广泛应用。[①] 可计算一般均衡分析是基于宏观经济的分析，常用于评估碳税、排放交易等政策对不同行业、部门以及收入分配的影响，该方法可以更全面地了解政策的经济效果、社会影响和可持续性。[②] 气候变化综合评估模型是由包括经济、能源、农业及土地利用、气候、影响和适应等子模型共同组成的动态混合模型系统，将作为稀缺生产要素的“碳”（碳排放）和应对气候变化的支出（减缓、适应和影响损害成本）纳入经济模型，以社会福利的跨期优化作为目标，对经济、能源和气候变化交互关系进行综合评估，同时对能源消费和排放峰值及相关条件进行量化分析。[③] 多目标优化方法可以用来解决碳中和政策评估中的多重目标问题，如同时考虑经济增长、减排目标、社会公平等多个目标时，通过多目标优化，可以找到一组平衡各种目标的最优解，从而做出更优的决策。[④] 博弈论可以用来分析碳中和政策制定过程中不同利益相关者之间的博弈与合作关系，针对政府、企业、民间组织等各方在碳中和政策的制定与执行中可能存在的利益冲突或合作机会，博弈论可以帮助理解并优化各方的策略，促进碳中和政策的有效实施。[⑤]

第四节　碳中和政策评估的标准、挑战与完善

一、碳中和政策评估标准

碳中和政策评估是对特定政策实施效果的系统性、科学性的分析，以确保政策的科学性、有效性和可持续性。在评估碳中和政策时，政策的客观性、科学性、全面性、独立性和合理性是重要的衡量标准。

（一）客观性

客观性是政策评估的基本要求之一，确保评估过程和结果不受主观偏见的影响。碳中和政策评估的客观性体现在以下几个方面：一是碳排放或碳汇评估数据的收集和分析

---

① 秦云，肖风劲，於琍，等. 碳中和评估与预测预估方法研究进展［J］. 中国环境管理，2024（01）：63－72.

② 杨琳，姚云飞，张贤，等. 基于 CGE 模型的碳交易机制技术效应和减排效应研究［C］. 2014 中国可持续发展论坛，2014：7.

③ 柴麒敏，徐华清. 基于 IAMC 模型的中国碳排放峰值目标实现路径研究［J］. 中国人口·资源与环境，2015（06）：37－46.

④ 王灿. 碳中和愿景下的低碳转型之路［J］. 中国环境管理，2021（01）：13－15.

⑤ 王文，刘锦涛. 碳中和引发的大国博弈规则重塑——基于碳约束下的生产转型与国力升级视角［J］. 探索与争鸣，2023（07）：118－131，179.

必须基于真实和可靠的来源。政策评估机构应当利用权威的统计数据和科研成果，确保数据的真实性和可信度。二是评估方法和指标应当客观中立。评估机构应当采用科学的评估方法，避免主观性干扰，确保评估结果客观准确。三是评估结果应当公正公平，不受利益集团的影响。评估机构应当独立公正，避免利益冲突，确保评估结果的公正性。

（二）科学性

科学性是政策评估的核心要求之一，确保评估过程的科学性和可信度。在碳中和政策评估中，科学性体现在以下几个方面：一是评估应当基于科学的研究方法和理论框架。政策评估机构应当充分运用经济学、环境学、社会学等学科的研究成果，确保评估过程的科学性和准确性。二是评估指标和模型应当合理可行。政策评估机构应当根据实际情况选择适合的评估指标和模型，确保评估结果具有科学性和可操作性。三是评估结果应当经过科学论证和验证。政策评估机构应当对评估结果进行严格的科学论证和验证，确保评估结论的可信度。

（三）全面性

全面性是政策评估的重要原则，确保评估过程全面考虑政策在经济、社会和环境等多个维度的影响。在碳中和政策评估中，全面性体现在以下几个方面：一是评估应当考虑碳中和政策对经济的影响。除了碳减排效果，还要考虑政策对经济增长、产业结构、就业等方面的影响，确保评估结果全面全面性和全面性。二是评估应当考虑碳中和政策对社会的影响。政策评估机构应当分析政策对社会公平、社会稳定等方面的影响，确保评估结果全面性和可靠性。三是评估应当考虑碳中和政策对环境的影响。政策评估机构应当分析政策对生态环境、气候变化等方面的影响，确保评估结果全面性和科学性。

（四）独立性

独立性是政策评估的基本要求之一，确保评估过程和结果不受利益干扰。在碳中和政策评估中，独立性体现在以下几个方面：一是评估应当由独立的第三方机构或专业团队进行。政策评估机构应当与政策制定者和实施者相互独立，避免利益冲突，确保评估结果的客观性和公正性。二是评估过程应当透明公开，接受社会监督。政策评估机构应当公开评估方案、数据来源、分析方法等，接受社会公众的监督和评价。三是评估结果应当客观中立，不受利益干扰。评估机构应当根据实际情况得出客观准确的评估结论，不偏袒任何一方。

（五）合理性

合理性是政策评估的要求之一，确保评估过程和结果合理可行。在碳中和政策评估中，合理性体现在以下几个方面：一是评估过程应当合理合法。政策评估机构应当根据政策的目标和特点，遵照相关法律法规的要求开展评估，确保评估结果的合理性。二是评估结果应当合理解释。政策评估机构应当对评估结果进行合理解释，为政策制定者提供科学参考，支持政策优化和调整。三是评估建议应当合理可行。政策评估机构应当提出切实可行的政策建议，帮助政策制定者制定出更加科学和有效的政策措施。

二、碳中和政策评估面临的挑战

碳中和政策评估在应对气候变化和推动碳中和目标方面具有重要意义，但也面临着来自政策协同、评估技术、人才缺乏、外部风险等方面的挑战[①]。

（一）来自政策协同的挑战

政策协同是碳中和政策评估中面临的一个重要挑战。碳中和政策实施涉及多项政策措施，不同政策之间可能存在相互关联、互相制约的情况。政策协同的缺失可能导致政策目标之间相互矛盾，甚至出现资源浪费和政策效果不佳的情况。

1. 政策衔接不完善

碳中和政策涉及能源、生态、交通、工业、农业等多个领域，而这些领域的政策往往由不同部门负责制定。不同部门之间可能缺乏有效的沟通和协调机制，导致各自制定的政策措施不够一致，可能出现相互冲突或重复的情况。例如，在能源领域推进清洁能源发展的政策可能与工业领域碳减排目标相冲突，造成政策执行的困难和效果的不理想。

2. 利益竞争和利益冲突

在碳中和政策的实施过程中，不同利益相关者可能有不同的诉求和利益需求，甚至存在着利益冲突。例如，一些传统高碳产业可能受到碳中和政策的限制，而另一些新兴低碳产业则可能受益于政策的推动。在这种情况下，政策协同可能受到利益相关者的干扰和制约，难以形成统一的政策合力。

3. 规划与执行的不协调

碳中和政策需要制定详细的实施规划和措施，然而在实际执行过程中，规划与执行之间可能存在不协调的情况。一方面，政策制定者可能制定了一系列明确的目标和计划，但在执行过程中可能受到各种因素的干扰和阻力，导致政策执行效果不尽如人意。

---

① 于贵瑞，郝天象，朱剑兴．中国碳达峰碳中和行动方略之探讨［J］．中国科学院院刊，2022（04）：423－434.

另一方面，政策执行过程中可能出现不同层级之间的误解与不配合，影响政策的有效实施。

4. 生态保护与经济发展的矛盾

碳中和政策评估需要在经济发展与生态保护之间实现目标平衡。经济发展通常伴随着能源消耗和碳排放的增加，而生态保护需要限制资源利用和减少环境污染。此外，碳中和政策的实施需要长期和稳定的政策环境。然而，政策的持续性和稳定性可能受到经济压力的影响，政策频繁调整和变动会导致政策目标的不确定性，影响碳中和政策的效果。

（二）来自评估技术的挑战

改进评估技术是碳中和政策评估面临的一大挑战。碳中和政策的复杂性和多样性，以及涉及的多个领域和利益相关者的广泛性，使得评估技术面临许多挑战。如何合理选择评估方法、确保数据准确性和可靠性、解决技术局限性等问题，都是需要克服的难题。

1. 基础数据不完整

碳中和政策评估所需的数据来源于能源消耗、碳排放量、经济增长数据等多个领域。然而，由于数据来源的多样性和收集方式的差异，数据的完整性和准确性成为政策评估面临的重大挑战。不同部门、机构和地区可能使用不同的数据标准和方法，导致数据的一致性和可比性受到影响。[①] 此外，由于碳排放是一个复杂的过程，其监测和测量也面临技术难题。例如，部分排放源的监测可能并不完整，尤其是在农村地区和偏远地区，使得数据的准确性受到质疑。

2. 评估方法和标准不一致

碳中和政策评估的方法和标准在不同的研究和评估机构之间存在较大差异。一方面，缺乏统一的评估方法和标准使得不同的评估结果难以比较和验证，影响了评估的可信度和科学性；另一方面，由于碳中和政策涉及多个方面，包括技术、经济、社会等，评估方法和指标体系必须综合考虑多个因素的影响。

3. 评估过程的不确定性和复杂性

碳中和政策评估涉及多个因素的综合影响，包括技术发展、经济增长、政策实施等。这些因素之间存在相互作用和不确定性，使得评估过程变得复杂而困难。例如，碳

---

① Van Der Werf E. Production functions for climate policy modeling: An empirical analysis [J]. Energy Economics, 2008 (30): 2964 - 2979.

中和政策的实施可能会对经济增长产生影响，但具体的影响程度难以预测。此外，碳中和政策通常需要长期实施，未来情况的不确定性更加突出。

4. 利益相关者参与不足

碳中和政策涉及广泛的利益相关者，包括政府、企业、社会组织等。然而，在评估过程中，利益相关者的参与可能不充分，导致评估结果的局限性和不全面性。例如，企业可能担心碳中和政策对其经营产生不利影响，而政府可能关注政策的执行效果和社会接受度。

（三）来自人才缺乏的挑战

复合型人才是碳中和政策评估面临的一大挑战。“双碳”作为国家发展的重大战略目标，其政策从前期制定、中期实施以及后期评估等催生了大量的人才需求。人才的水平、质量与规模直接影响“双碳”的实现目标、实现路径与实现效果。如何培养“双碳”人才是推动“双碳”目标实现的重中之重。

1. 人才培养需要一定的周期

“双碳”目标于 2020 年 9 月 22 日第七十五届联合国大会首次提出，属于新兴产业。虽然已经明确“双碳”目标，具体路径的实现仍不明确。各高校对于“双碳”科研型人才的培养需要经历一定的周期：培养方案的制订、研究方向的明确等都需要时间的积淀得以充分论证，其人才的培养时间相对漫长。

2. 复合型人才培养有一定的困难

碳中和政策所涉及不同行业、不同领域以及不同地区等综合性问题对人才的需求也较为全面。虽然各高校在对于复合型人才培养上经历了一定时间的探索与积累，但是高校在复合型人才培养定位、学科跨度与融合等方面仍存在问题，对碳中和政策的制定与评估带来了一定的困难。

（四）来自外部风险的挑战

外部环境也是碳中和政策评估面临的一大挑战。全球气候变暖作为全人类面临的生存于发展的极大挑战，“双碳”目标的实现则是一项全球性复杂而艰巨的工程。碳中和政策评估不仅受到国内环境的影响，也将受到国外环境的影响。

1. 国内环境的差异化

随着经济社会的发展，不同行业、不同地区逐渐形成了特有的市场定位与差异化经营，然而为推进“双碳”目标的实现，国家相继出台了一系列政策，其涉及的行业包括：能源、电力、建筑以及石化等。“双碳”目标的提出加重了行业自身的调整任务，尤其是高耗能行业。

2. 国外环境的动荡不安

应对全球气候变暖需要全球各国共同努力，然而，国际环境长期处于不稳定情况，国际形势处于动荡状态。国际环境的复杂性与不确定性，给碳中和政策评估带来了一定的困难。

三、碳中和政策评估的若干完善对策

（一）建立健全政策制度体系

完善碳中和政策评估，要建立完善的政策体系，充分考虑政策衔接、利益竞争和冲突、规划与执行的不协调以及生态保护与经济发展的冲突问题等。

首先，碳中和政策需要具有一定的灵活性，以适应不同行业、不同地区间的不同情况，充分考虑各个政策之间的关联和影响，确保政策目标之间相互协调，建立跨部门、跨层级的协调机制，形成统一的政策体系和执行方案。

其次，加强利益相关者的参与，充分听取各方的意见和建议，平衡各方利益，形成共识。制定规划时需要确保碳中和政策的可持续性，定期对碳中和政策进行评估和调整，及时发现和解决政策协同方面的问题，确保个人和企业能够遵守政策的规定，保证政策的有效执行。

再次，依法进行立法前评估和后评估。政策和立法评估主要包括立项评估、法律法规案通过前评估和立法后评估，遵循依法有序、客观公正、公开透明、注重实效、公众参与等原则，形成评估报告。其中，立项评估主要围绕以下方面进行：1）是否紧紧围绕党中央重大决策部署和各级党委中心工作，体现经济社会发展、改革的总体布局和战略布局；2）项目是否存在合法性、必要性、可行性和科学性等方面的问题；3）条件和时机是否成熟，是否存在影响政策和法律法规通过的较大问题等。

法律法规案通过前评估主要围绕以下方面进行：1）关系人民群众切身利益或者对社会稳定、经济宏观调控、生态环境保护等有重大影响的主要制度规范的可行性；2）利益相关者、社会公众等争议较大、矛盾比较突出的问题；3）政策和法律法规出台时机、实施可能引起的社会效果和可能出现的问题等。

立法后评估包括对立法质量的评估和对法规实施效果的评估。立法质量的评估主要包括合法性、合理性、操作性、协调性和规范性、立法技术等指标。实施效果的评估主要包括：1）实施的总体情况以及对经济、政治、文化、社会、生态建设等产生的影响；

2）主要制度的执行情况以及社会公众的反应；3）实施取得的社会、生态或者经济效益；4）实施中存在的问题及其原因等。

最后，加强碳中和政策的绩效评估。找到经济发展和生态保护之间的最佳平衡点，既要满足碳减排目标，又要保持经济可持续增长；既要实现短期目标，又要满足长期目标，在发展中保护、在保护中发展。积极采取有利于节约和循环利用资源、保护和改善环境、促进人与自然和谐的经济、技术政策和措施，使经济社会发展与环境保护相协调。构建全过程、全覆盖统筹协调评估机制，应依照《中共中央 国务院关于全面实施预算绩效管理的意见》等法定要求，将相关政策纳入评估范围，对政策的绩效及时开展科学评估。

（二）加强评估技术研究

碳中和政策评估技术关系到评估结果的好坏，对于政策制定具有重大影响，因此，有必要加强碳中和政策评估技术研究，开展技术创新与研发。1）要加强数据收集和质量管理，建立统一的数据标准和共享机制，提高数据的可靠性和准确性，确保评估结果的科学性和可信度。2）建立统一的评估方法和指标体系，确保评估的一致性和可比性，为政策制定和调整提供科学依据。3）要加强评估的灵活性和适应性，采用灵活的评估方法，考虑到不确定性因素，制定不同情境下的评估结果，提高评估的可靠性和准确性。4）要加强利益相关者的参与，建立多方参与的评估机制，充分考虑各方的意见和需求，确保评估过程的透明和公正，为政策制定和调整提供科学依据，推动碳中和目标的实现。

（三）强化评估人才队伍建设

碳中和政策的制定、评估与执行均离不开专业型人才，探索专业人才培养方式是推进碳中和政策评估，实现“双碳”目标的关键所在。鉴于此，地方政府、高校、培训机构应致力于“双碳”人才的培养探索，深化教育观念，始终将培养专业型人才纳入工作目标，确保高效高质地培养出一批专业型“双碳”政策评估人才。此外，有必要建立培养高素质复合型人才培养的工作机制与现代化教育体系，注重教育的知识深度与能力广度，通过教育为碳中和政策评估提供专门人才。

（四）建立公平合理的全球气候治理体系

气候变化带给人类的挑战是现实的、严峻的、长远的，有效应对需要全球广泛参与、共同行动。中国气象局发布的《中国气候变化蓝皮书（2023）》显示，气候系统变暖趋势仍在持续。中国是全球气候变化的敏感区和影响显著区，2022 年，中国夏季平均气温、沿海海平面高度、乌鲁木齐河源 1 号冰川末端退缩距离、多年冻土区活动层厚度等气候变化指标创下新高。应对气候变化面临严峻挑战，有必要要共建公平合理、合作共赢的全球气候治理体系。面对复杂多变的外部环境，促进双碳目标的实现，需要强化不同行业主体参与碳减排的优势，构建不同行业的评估机制，综合考虑不同行业主体在碳减排中的差异，为推动碳中和目标的实现制定和实施具有中国特色的碳中和政策和法律法规。《巴黎协定》第一次将气候正义纳入正式文本，代表了全球绿色低碳转型的大方向，是保护地球家园需要采取的最低限度行动。2023 年 3 月，联合国通过了一项关于气候正义的决议，请求国际法院就各国在气候变化方面的义务提供咨询意见，为维护气候正义，特别是损失与损害赔偿提供法律支持。要坚持多边主义，世界各国要共同推动《联合国气候变化框架公约》及其《巴黎协定》的实施，积极推动各国落实已经提出的国家自主贡献目标，将目标转化为落实的政策、措施和具体行动。

第六章　境外碳中和政策法治实践考察与借鉴

气候变化是全球性挑战，任何一国都无法置身事外。不同政治制度、经济水平、法律传统的国家和地区，尽管其碳中和政策法律存在一定差异，但也有一些共性。为进一步推动碳中和政策任务与目标的实现，需要依据我国特定国情，合理借鉴境外有益经验，能够为我国碳中和政策法律体系的完善与发展提供有益参考和借鉴。本章主要从国际、美国、欧盟及成员国、金砖国家等境外碳中和政策与法律的经验启示与发展趋势等方面开展考察、分析与研究。

第一节　国际碳中和政策考察

一、联合国与碳中和有关的公约条约

联合国为有效应对全球气候变化，控制碳排放，实现碳中和，多次召开会议，签署并发布了具有国际法律效力的文件，如《联合国气候变化框架公约》《京都议定书》以及《巴黎协定》等。下文主要依据碳中和不同治理阶段介绍联合国相关公约条约。

（一）治理起步期（1968—1997 年）

在 1968—1990 年，欧洲议会理事会、欧洲委员会和联合国大会先后发布了规则和决议，如《治理大气污染原则宣言》《远程越界大气污染公约》《保护臭氧层维也纳公约》《联合国人类环境会议宣言》《第二次世界气候大会部长宣言》等，逐步形成了应对气候的区域性联合共识。1992 年联合国通过了《联合国气候变化框架公约》，1997 年又通过了《京都议定书》，至此，规范全球气候变化的国际环境法律制度在全球范围内得以确立。《联合国气候变化框架公约》是世界上第一个为全面控制二氧化碳等温室气体排放以应对全球气候变暖给人类经济和社会带来不利影响的国际公约。《京都议定书》是人类历史上首次限制温室气体排放的法律文件。在这阶段，通过控制和减少二氧化碳排放，逐步践行绿色低碳发展的全球治理形成局部共识，呈现以美国、欧盟等发达

国家主导，部分国家以“共同但有区别的责任”为原则的自主控制排放期，并以法律文本开启治理篇章。

（二）曲折探索期（1997—2015年）

由于《京都议定书》并未明确各国在碳减排方面的强制义务，也未就“共同但有区别的责任”即发达国家和发展中国家的二分责任制定出气候治理的实施框架和操作路径，因此遭到部分国家的反对，美国以此为借口随后退出，并形成以美国为首的部分国家联合抵制《京都议定书》的困境。这阶段，发展中国家新兴经济体的经济、政治、外交实力和影响力不断提升，在推动全球气候治理进程中，尤其是中国、印度、巴西等国在全球碳减排的参与程度和积极作用逐步加大，但受本国经济、社会、科技发展所处的阶段及世界主要经济体对气候变化的影响作用存在很大分歧与差异，国际绿色低碳发展涉及的政治博弈渗入其中，多边国际机制和议定书倡导的国际治理模式在这个时期面临严峻考验，共同应对的体制机制在曲折徘徊。2009年，192个国家在哥本哈根召开联合国气候会议，表决通过了替代即将到期的《京都议定书》的另一份具有时代意义的全球气候协议——《哥本哈根议定书》，但遗憾的是，这次会议并未形成一份具有法律约束力的文件，致使这次会议的成果无疾而终。

（三）共同推进期（2015年至今）

2015年，里程碑式的《巴黎协定》在联合国195个成员国共同努力下达成共识，这是史上第一份覆盖近200个国家和地区在联合国气候变化框架公约下达成的第二份全球减排协定，标志着全球应对气候变化迈出了历史重要一步。《巴黎协定》明确提出：即将全球气温升幅控制在2 ℃范围内，为1.5℃目标而努力，同时在21世纪下半叶实现净零排放。随后，越来越多的国家将其转化分解融入国家战略目标中，提出了无碳未来的愿景。英国、法国、西班牙、丹麦、新西兰等国家通过立法，德国、瑞士、葡萄牙、南非等国家采取政策宣示，提出在2050年左右实现净零排放；其中，瑞典、芬兰、奥地利、冰岛等国家把碳中和目标提前至2040年前等。

《巴黎协定》为全球设定了总体减排目标，改变了以往自上而下的单一强制性碳减排任务分配方式，采取更多激励方式，带动更多国家做出积极主动减排举措，并逐渐形成“自上而下”与“自下而上”平衡互动的全球气候治理模式。[①] 随着各国绿色技术的发展，积极加入全球化绿色低碳治理，更早地进入绿色产业，在推动未来经济发展的可

① 张春霞，翟晓叶，甘甜．全球治理视角下碳中和战略的发展历程和主要国家政策体系的对比研究［J］．科技管理研究，2023（13）：227－235.

持续性和全球强竞争力上更具优势，成为各国积极应对全球发展机遇和挑战的重要契机。至此，全球气候治理走向多主体、多举措、多路径综合开展的新阶段。

二、区域性或其他国际组织的碳中和政策

气候治理关系全人类的命运和未来，符合世界各国的共同利益。为应对全球气候变化，绿色产业及其相关投融资活动成为独立于意识形态和国际关系之外的重要合作领域。除联合国设立相关碳中和国际公约之外，各区域性组织也推进碳中和相关立法进程，下文主要以东盟和欧盟为例。

（一）东盟碳中和政策概况

东盟国家对于气候变化具有高度敏感性，持续关注气候变化相关问题，积极加强应对气候变化制度和机制建设，设立应对气候变化各级政府机构，制定应对气候变化总体战略方针和具体行动方案，对推动区域减缓温室气体排放和气候变化适应工作起到重要积极作用。东盟框架下应对气候变化政策机制建设主要情况如下：《东盟共同体愿景2025》提出建设和平稳定、可持续发展、充满活力的共同体，增强有效应对挑战的能力。为实现这一愿景，东盟领导人于2015年在东盟峰会上通过了《东盟政治安全共同体、经济共同体和社会文化共同体蓝图》。其中，《东盟社会文化共同体蓝图》（ASCC）将可持续气候作为18项关键领域之一，提出加强气候变化适应和减缓能力，制定应对气候变化对策，创新融资机制，提升温室气体清查、脆弱性评估和适应需求能力，加强全球伙伴关系等政策措施。在东盟环境合作框架下，东盟成员国于2009年设立了东盟应对气候变化工作组（AWGCC），旨在加强区域气候变化合作，处理气候变化对东盟成员国社会经济的不利影响；制定《东盟气候变化联合声明》，协调各地区的利益、关切和优先事项；促进东盟各部门机构的协调与合作，如能源、林业、农业、交通、科技、灾害管理等部门。AWGCC还制定了《东盟应对气候变化行动计划》，设立了适应性和恢复力、减缓、技术转移、气候金融、跨部门协调和全球伙伴关系5项任务和30项具体行动，其中5项行动已经完成、18项行动正在积极推进。

另外，东盟环境高官会（ASOEN）于2015年9月同意制定《东盟环境战略计划》（ASPEN），提出将应对气候变化作为七大优先领域之一。东盟部分国家也相继提出了绿色低碳减排的长期政策。东盟是《巴黎协定》的缔约者和全球低碳减排的积极参与者，各成员国不仅陆续制定了以碳净零排放为目标的减排措施，而且先后向联合国递交了自主贡献报告和近年来的新增目标，将应对气候变化置于与东盟经济发展同等重要的

地位。作为碳中和元年的2020年已成为各国绿色产业发展的分水岭，东盟成员国陆续将低碳减排与绿色转型上升为国家战略，并不断落实到行动中，为开展国际绿色合作提供了顶层指引，带动了绿色产业发展所需的资金、技术和贸易等需求。

（二）欧盟碳中和政策概况

欧盟在全球可持续发展潮流中一直是引领者，欧盟已将碳中和目标写入法律。早在2008年，欧洲委员会就发布了一项二氧化碳封存指令草案，并于2009年通过。该指令为二氧化碳的地质封存提供了法律框架。2021年6月，欧盟通过《欧洲气候法》（即《关于为实现碳中和建立框架以及修订第401/2009号和第2018/1999号条例的条例》），确立了欧盟实现碳中和的基本法律框架，以法律形式确认了欧盟2050年碳中和目标和2030年减碳55%的中期目标。在此之前，欧盟就已开始推动碳减排立法工作。2008年1月至12月，为实现2020年气候和能源目标，欧盟委员会通过“气候行动和可再生能源一揽子计划”法案，内容包括欧盟排放权交易机制修正案、欧盟成员国配套措施任务分配的决定、碳捕获和储存的法律框架、可再生能源指令、汽车二氧化碳排放法规和燃料质量指令，由此形成了欧盟的低碳经济政策框架。该计划是最早具有法律约束力的欧盟碳减排计划，被认为是全球通过气候和能源一体化政策实现减缓气候变化目标的重要基础。2019年12月11日，欧盟委员会通过《欧洲绿色协议》，提出欧盟到2050年实现碳中和的减排目标，也为后来《欧洲气候法》的出台与碳中和目标写进法律做好了铺垫。此外，协议设计出欧洲绿色发展战略的总框架，行动路线图涵盖了诸多领域的转型发展，涉及经济领域的措施尤其多，包括能源、建筑、交通及农业等领域。具体详见本章第三节阐释。

（三）绿色“一带一路”的碳中和政策概况

“一带一路”（The Belt and Road，B&R）是“丝绸之路经济带”和“21世纪海上丝绸之路”的简称，2013年9月和10月由中国国家主席习近平分别提出建设“丝绸之路经济带”和“21世纪海上丝绸之路”的合作倡议。“一带一路”旨在借用古代丝绸之路的历史符号，依靠中国与有关国家既有的双多边机制，借助既有的、行之有效的区域合作平台，高举和平发展的旗帜，积极发展与合作伙伴的经济合作关系，共同打造政治互信、经济融合、文化包容的利益共同体、命运共同体和责任共同体。截至2023年6月底，中国与150多个国家、30多个国际组织签署了230多份共建“一带一路”合作文件。

十多年来，绿色已成为共建“一带一路”鲜明底色，绿色丝绸之路建设为全球环境与气候治理不断贡献力量，为发展中国家实现绿色低碳发展提供助力。绿色丝绸之路高度契合生态文明理念，顺应全球绿色、低碳、可持续发展的总体趋势，与全球发展倡议等重要倡议共同为共建“一带一路”国家落实联合国2030年可持续发展议程、共谋绿色低碳发展提供经验、路径和方案，推动构建清洁美丽的世界。“一带一路”倡议提出以来，中国制定印发了推进绿色“一带一路”建设和生态环境保护合作等方面的政策文件，采取了绿色基建、绿色能源、绿色交通、绿色金融等一系列举措。

2021年9月22日发布的《中共中央 国务院关于完整准确全面贯彻新发展理念做好碳达峰碳中和工作的意见》提出“一带一路”绿色合作的重要性，希望能够让绿色成为共建“一带一路”的底色，助力“双碳”目标的达成。相关做法包括：推进绿色“一带一路”建设；加快“一带一路”投资合作绿色转型；支持共建“一带一路”国家开展清洁能源开发利用；大力推动南南合作，帮助发展中国家提高应对气候变化能力；深化与各国在绿色技术、绿色装备、绿色服务、绿色基础设施建设等方面的交流与合作，积极推动我国新能源等绿色低碳技术和产品“走出去”。

2021年10月24日国务院印发的《2030年前碳达峰行动方案》进一步明确了推进绿色“一带一路”建设的意义，并制定了详细的行动方案，既继承了此前气候南南合作的三项措施，又根据“双碳”目标提出了新的建议：秉持共商共建共享原则，弘扬开放、绿色、廉洁理念，加强与共建“一带一路”国家的绿色基建、绿色能源、绿色金融等领域合作，提高境外项目环境可持续性，打造绿色、包容的“一带一路”能源合作伙伴关系，扩大新能源技术和产品出口。发挥“一带一路”绿色发展国际联盟等合作平台作用，推动实施《“一带一路”绿色投资原则》，推进“一带一路”应对气候变化南南合作计划和“一带一路”科技创新行动计划。

在全球层面上，2022年6月24日中国国家主席习近平在北京以视频方式主持全球发展高层对话会并发表题为《构建高质量伙伴关系共创全球发展新时代》的重要讲话，强调推动构建团结、平等、均衡、普惠的高质量全球发展伙伴关系，共创普惠平衡、协调包容、合作共赢、共同繁荣的全球发展新时代。在这一讲话中，习近平主席强调中国将进一步加大对全球发展合作的资源投入，把南南合作援助基金整合升级为“全球发展和南南合作基金”，加大对中国—联合国和平与发展基金的投入，支持开展全球发展倡议合作，希望能让更多的国家参与到全球治理中。[①]

多数共建“一带一路”国家同为发展中国家，处于较低发展阶段，基础设施建设资金需求巨大，同时面临生态环境脆弱、能源利用效率低、碳排放强度高、工业集中的城市空气污染严峻等挑战。根据联合国气候变化框架公约秘书处的相关数据，与中国签

① 中国国际经济交流中心，美国哥伦比亚大学地球研究院，阿里研究院飞利浦（中国）投资有限公司．可持续发展蓝皮书：中国可持续发展评价报告（2022）［M］．北京：社会科学文献出版社，2023：341－342.

订“一带一路”合作协议的国家中只有 29 个国家实现了碳达峰目标，仅占 20.71%。全球碳中和进程的启动意味着“绿色丝绸之路”建设需要在“碳约束”条件下展开，挑战与机遇并存。“绿色丝绸之路”作为“一带一路”高质量发展的重要内容，得以持续推进的根本途径在于机制化建设。以共商绿色转型方案、共建绿色经济体系、共享绿色发展成果为机制的治理体系设计，对于形成绿色内生动力、应对外部碳规制挑战和提升绿色治理能力具有重要意义。[①] 对此，原环境保护部和外交部、发展改革委、商务部联合发文的《关于推进绿色“一带一路”建设的指导意见》（环国际〔2017〕58 号）指出，推进绿色“一带一路”建设，加强生态环境保护，有利于增进沿线各国政府、企业和公众的相互理解和支持，分享我国生态文明和绿色发展理念与实践，提高生态环境保护能力，防范生态环境风险，促进沿线国家和地区共同实现 2030 年可持续发展目标，为“一带一路”建设提供有力的服务、支撑和保障。

第二节　美国碳中和政策和法律考察

一、美国联邦层面的碳中和政策与法律

美国碳排放、碳中和走在世界的前列，其二氧化碳排放于 2007 年达到峰值（58.84 亿吨），自此之后，其二氧化碳排放量总体呈下降趋势，在全球排放量中的占比也逐渐降低。

（一）退出《京都议定书》之前

美国碳中和的历程始于 1963 年的《清洁空气法案》，用于控制多地工厂中温室气体的排放，该法案一直沿用至今。1973 年石油危机之后，美国国会和联邦政府相继出台了一系列促进清洁能源发展的法律法规，主要有《1978 年公用事业管制政策法》《1978 年能源税法》《1980 年能源安全法案》《1990 年大气洁净法》《1992 年能源政策法案》《1992 年能源安全法案》《全球气候变迁国家行动方案》《气候变化行动方案》等。《1978 年公用事业管制政策法》的目的在于增加美国国内能源供应，解决能源安全问题，以成功应对石油危机。《1980 年能源安全法案》突出了发展新能源的要求，引入了贷款担保等资金融通机制，向年产量低于 100 万加仑的小乙醇生产厂提供贷款担保。

① 周亚敏．全球碳中和趋势下建设“绿色丝绸之路”的机制与路径［J］．中共中央党校（国家行政学院）学报，2023（05）：56.

《1990 年大气洁净法案》是《1977 年大气清洁法案》的修正案，主要目的是减少大气污染，强行控制二氧化硫和氮氧化物的排放，从环保的角度促进了可再生能源的开发和利用。《1992 年能源政策法》的主要目的是重建美国能源市场。《1992 年能源安全法案》旨在为清洁可再生能源提供激励，增进建筑节能，以减少对进口能源的依赖，是美国第一部大型能源政策法案。1993 年 10 月美国宣布《气候变化行动方案》，确定了 2000 年把美国温室气体排放量减少到 1990 年水准的目标。

（二）退出《京都议定书》之后

2001 年 3 月，美国政府宣布单方面退出《京都议定书》，确立到 2025 年美国将遏制温室气体排放继续增长的态势。退出《京都议定书》之后，美国国会和联邦政府仍然相继出台了一系列促进清洁能源发展的法律法规，规定了一系列有关低碳经济发展的法律与激励措施，对提高能源效率进行规划并明确了具体方案。主要有《2005 年能源政策法案》《2007 年能源独立和安全法案》《2007 年低碳经济法案》《2009 年清洁能源与安全法》《总统气候行动计划》等。《2005 年能源政策法案》是对 1992 年能源政策法案和其他相关法案的部分修订，指明了能源独立、国家安全、消费者权益和相关税收的新方向，强调了可再生能源的重要性，成为美国能源政策的一个重大转折点。《2007 年能源独立和安全法案》旨在推动美国减少能源依赖性和实现供应安全，标志着美国能源战略的转型，在该法案中节能开始成为主旋律，规定大力发展清洁安全的、可再生和可代替能源，提高能源效率，增加美国国内能源生产，降低对石油进口依赖程度。《2007 年低碳经济法案》明确了低碳经济将成为美国未来重要的战略选择。2008 年确定了以总量减排方式为美国设定了温室气体减排的具体目标和时间表，计划到 2020 年把美国的温室气体排放减少到 1990 年的水平，随后还提出 2030 年使所有新建筑物的碳排放保持不变或零排放。《2009 年清洁能源与安全法》是奥巴马政府促进美国经济复苏和创造就业的重要举措，提出了建立“碳排放总量管制与交易制度”。依据该法，美国减少了对中东、俄罗斯等国的石油依赖，美国对能源新技术的出口也大大增加，为国际社会在应对气候变化问题上取得新的进展和突破提供了可能。2013 年签署的《总统气候行动计划》是美国联邦政府首次制定的较为长期而全面的应对气候变化的计划，有利于美国整个原有分散的气候减缓和适应行动的努力，保护本国免受日益严重的不利气候候的影响。2017 年 6 月美国宣布正式退出《巴黎协定》。

（三）拜登政府时期

拜登入主白宫后，相继提出《清洁能源革命与环境正义计划》《建设现代化的、可持续的基础设施与公平清洁能源未来计划》和《关于应对国内外气候危机的行政命令》，在经济上新政府计划投入2万亿美元在交通、建筑和清洁能源等领域加大投入力度，在政治上把气候变化纳入美国外交政策和国家安全战略并加强国际合作，在技术上加速清洁能源技术创新，继续推动美国“3550”碳中和进程。《清洁能源革命与环境正义计划》目标在于确保美国在2050年之前实现100%的清洁能源经济和净零排放。同时在基础设施、电力行业、建筑、交通、清洁能源等领域提出了具体的计划措施，并且重视清洁能源、电池等新兴技术领域的创新，旨在让美国未来成为这些领域的引领者。《建设现代化的、可持续的基础设施与公平清洁能源未来计划》对原始气候计划进行了更新，提出到2035年实现电力行业零碳排放，并投资计划增加至2万亿美元。《关于应对国内外气候危机的行政命令》将应对气候变化上升为国策，明确提出“将气候危机置于美国外交政策与国家安全的中心”。拜登新气候计划旨在发动一项全国性的努力，来建设现代化的、可持续的基础设施，并实现公平的清洁能源未来，同时创造更多的就业机会。2021年美国政府宣布重返巴黎协定，制定一系列行业措施应对气候变化并推动碳中和进程，承诺到2050年实现“碳中和”。历年美国碳中和政策情况如表6－1所示。

表6－1　　历年美国碳中和政策法律汇总

年份	政策名称
1978	《1978年公用事业管制政策法》《1978年能源税法》
1980	《1980年能源安全法案》
1990	《1990年大气洁净法》
1992	《1992年能源政策法案》《1992年能源安全法案》
1993	《气候变化行动方案》
2005	《2005年能源政策法案》《能源政策法》
2007	《2007年能源独立和安全法案》《低碳经济法》
2009	《2009年美国清洁能源与安全法案》《2009年清洁能源与安全法》
2013	《总统气候行动计划》
2020	《清洁能源革命与环境正义计划》 《建设现代化的、可持续的基础设施与公平清洁能源未来计划》
2021	《关于应对国内外气候危机的行政命令》

二、州一级层面的碳中和政策与法律

为了推动碳中和、控制碳排放、保护美国环境，美国各个地方政府及环保组织对碳中和行动十分积极，各个地区间会通过签署协议、交易排放权等方式积极应对温室气体减排。其中，较为有代表性和影响力的计划包括区域温室气体倡议（RGGI），西部气候组织（WCI），以及芝加哥气候交易所（CXX）等。

（一）区域温室气体减排行动（RGGI）

区域温室气体减排行动（RGGI）是美国第一个强制性的、基于市场手段的减少温室气体排放的区域性行动，成立目的是限制、减少电力部门的二氧化碳排放。2017 年，RGGI 参与州计划在 2020—2030 年将电力部门二氧化碳排放量缩减 30%。美国区域温室气体减排行动主要内容如表 6－2 所示。

表 6－2　　美国区域温室气体减排行动主要内容

主体	内容
减排对象	限制和减少电力部门的二氧化碳排放量。具体限制对象为超过 25 兆瓦的化石能源发电机组
减排目标	计划在 2020—2030 年将各州电力部门二氧化碳排放量缩减 30%
参与者	涅狄格州，特拉华州，缅因州，马里兰州，马萨诸塞州，新罕布什尔州，新泽西州，纽约州，罗德岛州，佛蒙特州和弗吉尼亚州
减排方式	各州通过拍卖出售几乎所有二氧化碳配额，并将收益投资于可再生能源、高能效等计划，以促进清洁能源经济创新发展。配额也可通过在交易所二次交易获得

（二）西部气候组织（WCI）

西部气候组织成立于 2007 年 2 月，最初参与者为亚利桑那州、加利福尼亚州、新墨西哥州、俄勒冈州和华盛顿州，但除加利福尼亚州外的其他州已于 2011 年退出，目前的参与者为加利福尼亚州以及加拿大的新斯科舍省及魁北克省。它是北美最大的碳交易市场，自 2011 年以来，共举行了 43 场排放额拍卖，迄今交易配额 21 亿份，交易金额高达 292 亿美元，2020 年温室气体排放上限约为 4.02 亿吨二氧化碳当量。西部气候组织碳减排主要内容如表 6－3 所示。

表 6－3　　西部气候组织碳减排主要内容

主体	内容
减排对象	多个行业的温室气体排放量
参与者	加利福尼亚州，加拿大新斯科舍省，加拿大魁北克省
减排方式	限定排放上限，通过逐年降低排放上限减少排放

（三）芝加哥气候交易所（CXX）

芝加哥气候交易所是全球第一个具有法律约束力、基于国际规则的温室气体排放登记、减排和交易平台。出于自愿加入的原则，该交易所在 2010 年左右因交易量骤降而

"名存实亡"，于2010年被洲际交易所收购。但从2003年成立到被收购期间，交易所为减排作出了一定的贡献，每年排放的温室气体量均小于减排计划。芝加哥气候交易所主要内容如表6－4所示。

表6－4　　　　芝加哥气候交易所主要内容

主体	内容
减排对象	其减排交易项目涉及二氧化碳、甲烷、氧化亚氮、氢氟碳化物、全氟化物和六氟化硫6种温室气体
参与者	于2003年以会员制运营，创始会员包括美国电力公司、杜邦、福特、摩托罗拉等13家公司
减排方式	加入的会员必须做出自愿但具有法律约束力的减排承诺，在交易所中交易相当于减排配额的碳金融工具合约（CFI）。交易所根据成员的减排计划及基准签发减排配额，超出配额部分需购买

综合美国政府及地方行政部门和环保组织的多项举措可以看出，美国应对碳中和、碳排放的政策将会对全球气体排放产生深远影响，不仅仅是美国自身降低其温室气体排放，同时美国的榜样力量将推动世界各国或组织加强管控温室气体排放量，严格环境保护措施。此外，作为全球技术创新最具有代表性的区域，美国降低温室气体排放的努力将会推动科技进步，未来将大幅降低化石类能源的使用和消耗，取而代之的是更多利用可再生能源、清洁能源甚至其他产生动力的资源，其技术创新将带动全球能源技术的长足发展，凝聚国际合作力量，推动国际碳中和进程、显著降低二氧化碳排放量。

第三节　欧盟碳中和政策和法律考察

一、欧盟层面的碳中和政策与法律

在碳中和立法进程中，欧盟一直处于领跑地位。2018年11月28日，欧盟委员会发布欧洲气候中立战略愿景文件，提议到2050年推动欧洲实现气候中立。2019年11月，北欧国家芬兰、瑞典、挪威、丹麦和冰岛五国在芬兰首都赫尔辛基签署的应对气候变化联合声明中表示，将合力提高应对气候变化力度，争取比世界其他国家更快实现碳中和。2019年12月，欧盟委员会公布"绿色协议"，提出要努力实现欧盟2050年净零排放目标。2020年3月，欧盟向联合国提交长期战略，进一步确认建立"碳中和大陆"的宏伟目标。相对于许多经济体提出的碳中和目标，欧盟使用的是更高标准的气候中立概念。随着2021年6月28日《欧洲气候法》的通过，欧盟碳中和目标正式由政治承诺转变为具有约束力的法律安排。2023年开始，欧盟全面推进碳中和进程，在多个领域部署战略或行动计划。

（一）欧洲研究区第二份工业技术路线图

2023 年 1 月 24 日，欧盟委员会发布《欧洲研究区（ERA）纺织、建筑和能源密集型行业循环技术和商业模式的工业技术路线图》，确定了纺织、建筑和能源密集型行业的 92 项循环技术和创新投资需求。关键循环技术包括：第一，纺织。生物基材料和再生材料等替代原材料、臭氧技术、可持续设计、自动纤维分选技术、化学回收技术、循环染色技术、数字认证/护照等。第二，建筑。增材制造技术、城市采矿、模块化设计与建筑拆装设计、数字护照和区块链等。第三，化工。酸、碱、盐废物回收技术，废塑料热化学回收技术、生物回收技术、溶剂分类等技术，数据收集、数据共享和数字孪生等数字技术。第四，金属和钢铁。废耐火材料再利用，使用传感器和机器学习的废料场管理，激光物体检测、X 射线技术、人工智能检测等废料表征技术，金属废料切割机器人等。第五，陶瓷。废陶瓷、边角料、工业无机废料等回收利用、水回收再利用技术、冷烧结工艺、生态设计等。

（二）出台《绿色新政工业计划》

2023 年 2 月 1 日，欧盟委员会发布《绿色新政工业计划》，旨在简化、加速和调整激励措施，以提高欧洲净零工业的竞争力。作为《欧洲绿色协议》和《欧盟工业战略》的补充，该计划提出了四大行动支柱：第一，建立可预期、连续和简化的监管环境。将在 2023 年上半年制定净零工业法案、关键原材料法案、电力市场设计改革三项关键法案。第二，促进投资和融资。通过《国家援助临时危机和过渡框架》（TCTF）和《通用集体豁免条例》（General Block Exemption Regulation）的修订简化资助项目审批，扩大可再生技术资助范围，并提议建立欧洲主权基金。第三，提高绿色技术技能。建立净零工业学院、实施资格认证等。第四，开放贸易以提升供应链韧性。成立关键原材料俱乐部、发展清洁技术/净零排放工业合作伙伴关系以及制定出口信贷战略等。

（三）定义可再生氢及其生命周期排放计算方法的新法案

2023 年 2 月 13 日，欧盟委员会通过两项《可再生能源指令》要求的授权法案，提出了详细规则以定义可再生氢的构成，将确保所有非生物来源可再生燃料（RFNBO）均由可再生能源电力生产。第一项授权法案《关于欧盟 RFNBO 的授权法案》定义了在何种条件下氢、氢基燃料或其他能源载体可被视为 RFNBO，生产氢气的电解槽必须与新的可再生能源电力生产连接，旨在确保可再生氢的生产能够激励可再生能源并网。第二项授权法案《循环碳燃料温室气体减排最低阈值的授权法案》提供了计算 RFNBO 生命周期温室气体排放的方法，该方法考虑了燃料整个生命周期的温室气体排放，并阐明了如何计算可再生氢及其衍生物的温室气体排放量。

（四）出台提高清洁技术竞争力的《净零工业法案》

2023 年 3 月 16 日，欧盟委员会出台《净零工业法案》，提出到 2030 年欧盟战略性净零技术的本土制造能力将接近或达到年度部署需求的 40%。法案将太阳能光伏和光热、陆上风能和海上可再生能源、电池和储能、热泵和地热能、电解槽和燃料电池、沼气/生物甲烷、碳捕集和封存、电网技术、可持续的替代燃料和先进核能列为战略性净零技术。该法案还提出了改善净零技术投资条件的关键行动：第一，简化行政和许可授予流程，改善净零技术投资的条件；第二，加速二氧化碳捕集进程，到 2030 年实现欧洲碳封存年注入量达 5000 万吨；第三，促进净零技术市场准入，要求政府部门在公共采购和拍卖中需考虑到净零技术的可持续性和弹性；第四，技能提升，设立净零排放工业学院以确保净零行业所需的熟练劳动力的可用性；第五，促进创新，允许成员国设立监管沙盒，开展净零技术的测试和激励；第六，建立净零欧洲平台，统筹欧盟委员会和成员国以及相关净零工业伙伴关系的协调行动与交流信息。

（五）推广可持续航运燃料减少海上运输排放的立法

2023 年 3 月 23 日，欧盟委员会通过一项新的“海事燃料”协议，确保航运业燃料的温室气体排放强度将随着时间的推移逐渐降低，到 2025 年减少 2%，到 2050 年减少 80%。该法规将通过设定船舶使用能源的年度温室气体强度的最大限制，并引入额外的泊位零排放要求，要求客船和集装箱船在港口使用岸上电源或替代零排放技术，采用基于目标和技术中立的方法，允许创新和开发新燃料技术，以帮助海上运输部门脱碳。

（六）大幅提高可再生能源目标的临时协议

2023 年 3 月 30 日，欧盟议会和各成员国就《可再生能源指令》修订达成临时协议，重申了欧盟决心通过加快部署本土可再生能源来实现能源独立，并实现欧盟 2030 年温室气体减排 55% 的目标。该协议将欧盟 2030 年具有约束力的可再生能源占比目标从 32% 提高到至少 42.5%，指导性目标将提高到 45%。该协议还对交通、工业、建筑以及供暖制冷等领域制定了具体的目标：第一，在交通领域，2030 年前可再生能源利用占比需要达到 29%，其中必须包括至少 5.5% 的先进生物燃料和可再生生物燃料，以及 1% 的非生物来源的可再生燃料；第二，在工业领域，目标是每年增加 1.6% 的可再生能源占比，到 2030 年工业氢消费总量中可再生能源制氢的占比应达到 42%；第三，在建筑领域，到 2030 年建筑能耗为 49%，可再生能源使用年增长率达 1.6%；第四，该临时协议还通过了电气化和废热吸收支持能源系统整合的条款，给予了核电有限认可。

（七）通过多项碳减排立法提案

2023 年 4 月 25 日，欧盟理事会通过了多项关于应对气候变化的立法提案，包括：第一，欧盟排放交易体系。新规则提出欧盟排放交易体系所涵盖的行业到 2030 年总减排量应较 2005 年水平减少 62%。第二，海运排放。海运排放首次纳入欧盟排放交易体系范围，将分三个阶段逐步减少海运公司碳配额，分别为 2024 年减少 40%，2025 年减少 70%，2026 年全部取消碳配额。第三，建筑、道路运输和其他部门排放。从 2027 年起，实施为建筑、道路运输和其他部门（主要是小型工业）单独建立的新排放交易系统。第四，航空排放。航空业的免费排放配额将逐步取消，并从 2026 年开始实行全面拍卖。在 2030 年 12 月 31 日之前，将保留 2000 万份配额，以激励飞机运营商减少化石燃料使用。第五，碳边境调整机制（CBAM）。碳边境调整机制涵盖的行业（水泥、铝、化肥、发电、氢气、钢铁等）的免费配额将在 2026—2034 年逐步取消。第六，社会气候基金。社会气候基金将由成员国用于资助支持弱势家庭、微型企业和运输用户的措施和投资，并帮助他们应对建筑、道路运输和其他部门的排放交易体系对价格的影响。该基金的资金将主要来自新的排放交易系统，最高可达 650 亿欧元（717.7 亿美元），并由国家捐款补充。

（八）依法打击“漂绿”行为

2024 年 1 月 17 日，欧洲议会全会表决通过了一项名为《为绿色转型而赋能消费者》（Empowering Consumers for the Green Transition）[①] 的法案。此法案的重要意义在于，它将禁止产品或服务提供者做出基于温室气体排放抵消（offsets）的环境影响声明。这意味着在两年之后，在欧盟宣传“零碳产品”或“碳中和会议”将是误导消费者的违法行为。这是欧盟打击“漂绿”行为[②]的一项重要立法举措，具有深远的影响。需要强调一下：欧盟不是不搞碳中和了。碳中和本身并不是问题，缺乏标准、缺乏依据、缺乏真实性的随便宣称“碳中和”才是欧盟立法要解决的问题。

这个“为绿色转型而赋能消费者”立法其实是修订了欧盟现有的两个消费者保护条

---

① European Parliament legislative resolution of 17 January 2024 on the proposal for adirective of the European Parliament and of the Council on amending Directives 2005/29/EC and 2011/83/EU as regards empowering consumers for the green transitionthrough better protection against unfair practices and better information（COM（2022）0143 – C9 – 0128/2022 – 2022/0092（COD））。

② “漂绿”行为最初发生在市场营销领域，“漂绿”通常是指企业、政府、组织和个人试图通过绿色品牌与标记、绿色包装或绿色公关，向公众和消费者推介未经证实的环境友好的形象或产品与服务，构成市场和消费者混淆的误导性行为。

例——《不公平商业行为指令》(Directive 2005/29/EC)和《消费者权利指令》(Directive 2011/83/EU)。本次修订在禁止类清单中增加了4项“误导性商业行为”,都涉及“漂绿”:(1)展示未经认证或非官方的“可持续标签”(sustainability label);(2)无真凭实据的“一般性环境声明”(generic environmental claim);(3)环境声明针对整个产品或企业,而实际只涉及产品的某一方面或企业的特定活动;(4)基于温室气体排放抵消,声称产品在温室气体排放方面具有中和的、减少的或积极的环境影响。本次修法的目的是防止消费者被目前充斥市场的“气候友好”“绿色”“环境友好”等各类不提供证据的、笼统的环境声明所误导。换言之,这是从法律层面保障欧盟消费者的“绿色知情权”,也旨在杜绝企业通过无凭无据的“绿色”声明而获得不正当的竞争优势。

二、欧盟成员国的碳中和政策与法律

(一)英国

英国作为世界上最早实现工业化的国家,早期其环境问题广受关注,曾出现了震惊世界的“伦敦烟雾事件”。为应对气候变化问题,2008年英国国会通过了旨在减排温室气体的《气候变化法》,明确了碳减排目标,设立了气候变化委员会并明确其职责,建立了气候变化风险评估制度和碳预算制度并确立了碳排放交易体系,提出设立个人排放信用电子账户以及排放信用额度。该法案承诺,英国将在2050年将温室气体排放量在1990年基础上减少80%,并确定了今后五年的“碳预算”。这是全球第一个确定温室气体减排目标的法案。

2019年6月,英国修订版《气候变化法》生效,确立英国到2050年实现温室气体“净零排放”目标。根据“净零战略”,英国将在2030年前为绿色产业投资900亿英镑,创造44万个就业岗位。英政府还专门制定了一项经济计划,确保英国企业和消费者向清洁能源、绿色技术过渡。比如,通过投资可持续清洁能源,降低对化石燃料的依赖,控制能源价格高企及波动风险,在最新低碳技术领域获得竞争优势等。同时,英国公布了详细的《英国低碳转型》国家战略方案,2022年4月发布《英国能源安全战略》。

需要注意的是,2020年1月30日,欧洲联盟正式批准了英国脱欧。这意味着英国将不再是欧洲联盟的成员国,并将失去欧盟的深度合作和共同管理的权利。由于英国是全球气候治理中的关键角色之一,英国“脱欧”后的气候变化政策走向备受关注。“脱欧”公投以来,英国的气候变化政策既有“不变”,也有“变化”。不变的是,气候变化政策依然是英国内政外交的优先议程。主要的变化是:第一,机构调整,将能源与气候变化部与商业、创新和技术部合并,成立了商业、能源与工业战略部,将气候变化更多地纳入能源和工业战略；第二，立法调整，新修订的《气候变化法案》于2019年开始生效，正式确立英国到2050年实现温室气体“净零排放”的目标；第三，国际合作政策调整，进一步加大国际气候合作力度，主办《联合国气候变化框架公约》第26次缔约方大会。

（二）德国

德国碳中和法律体系具有系统性。21世纪初，德国政府便出台了一系列国家长期减排战略、规划和行动计划，如2008年《德国适应气候变化战略》、2011年《适应行动计划》及《气候保护规划2050》等。在此基础之上，德国政府又通过了一系列法律法规，如《联邦气候立法》《可再生能源优先法》《可再生能源法》及《国家氢能战略》等。其中2019年11月15日通过的《气候保护法》首次以法律形式确定德国中长期温室气体减排目标，包括到2030年时应实现温室气体排放总量较1990年至少减少55%。《气候保护法》明确了能源、工业、建筑、交通、农林等不同经济部门所允许的碳排放量，并规定联邦政府部门有义务监督有关领域遵守每年的减排目标。德国联邦政府部门应在所有投资和采购过程中考虑减排目标，在2030年率先实现公务领域的温室气体净零排放。

为进一步落实具体行动计划，德国政府于2019年9月20日通过《气候行动计划2030》，将减排目标在建筑和住房、运输、农业、林业、能源、工业以及其他领域六大部门进行了目标分解，明确了各个产业部门在2020—2030年的刚性年度减排目标，规定了部门减排措施、减排目标调整、减排效果定期评估的法律机制。

（三）法国

作为最早提出绿色经济理念的国家之一，法国对气候治理始终保持积极态度，致力于在巴黎协定的框架下推动碳减排和可连续进展。2015年8月，法国政府通过《绿色增长能源转型法》，构建了法国国内绿色增长与能源转型的时间表。此外，法国政府于2015年提出《国家低碳战略》，碳预算制度由此建立。2018—2019年，法国政府对该战略进行修订，调整了2050年温室气体排放减量目标，并将其改为碳中和目标。2020年4月21日，法国政府最终以法令形式正式通过《国家低碳战略》。法国还陆续出台实施了《多年能源规划》《法国国家空气污染物减排规划纲要》等多项规划文件，为实现节能减排、促进绿色增长提供政策保障。

2019年11月8日，《能源与气候法》经法国宪法委员会审核后正式颁行。法国首次在法律上明确，未来要逐步淘汰化石燃料，将能源政策与气候目标结合起来，提出设立直属于总理领导的气候高级委员会，享有对政府气候政策的法定监督权。该法案宗旨在于应对生态和气候紧急情况，并将在2050年实现碳中和的政策目标固化为法律。该法案内容共8章69条，主要包括四个部分：（1）逐步淘汰化石燃料，支持发展可再生能源；（2）通过规范引导，对高能耗住房建筑（法国住房按照“房屋耗能指数标准”分A至G七个等级，法案中的高能耗住房建筑特指F级和G级）进行渐进式强制性的温室气体减排改造；（3）通过引入国家低碳战略和“绿色预算”制度，监督和评估气候政策的具体落实；（4）降低天然气的销售关税，减少对核电的依赖，实现电力结构多元化。

在《环境宪章》的框架下，法国政府依据全球应对气候变化立法的情况及模式，将实现碳中和的目标写入《能源与气候法》，采取包含事前、事中、事后全过程的“三位一体”立法模式，有针对性地将应对气候变化体现在其能源转型与监管上，同时也对法国《民事诉讼法》《经济法》《财税法》《公司法》等有关内容进行了修改以适应气候变化问题的紧迫性。事实上，《能源与气候法案》所规定的内容已远超传统环境法所关注的范畴，颇具跨领域与多学科特点。[①]

除改变本国发展模式外，法国还展开“绿色外交”攻势：主办联合国气候变化大会，推动达成《巴黎协定》，力促欧盟履行更多气候减排承诺，以及主导国际气候谈判等，争取在国际舞台上扮演“生态先锋”角色。

（四）瑞典

自20世纪90年代以来，瑞典常被视为气候政策的全球领跑者。瑞典是最早签署和批准《京都议定书》的国家之一。自1734年颁布《林业法令》对林业资源进行保护以来，瑞典先后颁布了数十部环境法律，并在1998年正式颁布《环境法典》。该法典于1999年1月1日生效实施，是1992年联合国环境与发展大会召开后编纂的第一部环境法典，其直接理由是为了将瑞典转变成生态可持续国家。该法典采用“框架性编纂+授权立法”的实质编纂方式，将瑞典最为重要的15项环境立法纳入法典，由7编33章近500个条文组成，整合了《自然资源法》《自然保护法》《动植物法》《环境保护法》《健康保护法》《水法》《农业用地管理法》《转基因组织法》《化学品法》《生物杀虫剂法》《林地杀虫剂法》《含硫燃料法》《公共清洁法》《禁止向水体倾倒废弃物法》和《环境损害法》共15部与环境保护相关的法律。

在过去的几十年里，瑞典的国家、地区和城市政府已经制定了多个计划，以减少气候影响。2017年，瑞典设立了一个名为“可持续城市”（Viable Cities）的战略创新计划，以支持市政府创建更可持续的城市。2019年，瑞典在“全球清洁技术创新指数”

① 秦天宝，吴羽涵．碳中和目标下法国应对气候变化法制及其启示［J］．世界社会科学，2023（05）：118－132＋244－245.

和“联合国可持续发展目标指数”中排名第二，并在“全球可持续发展竞争力指数”中名列第一。

2017 年，瑞典通过《气候法案》，要求政府努力减少全球变暖气体的排放，以实现 2045 年的净零排放目标。该法于 2018 年 1 月 1 日生效，为温室气体减排制定了长期目标，旨在 2045 年前实现温室气体零排放，规定在 2030 年前实现交通运输部门减排 70% 的目标，并从法律层面规定每届政府的义务，即必须着眼于瑞典气候变化总体目标来制定相关政策。

到 2020 年，瑞典已将其温室气体排放量（以二氧化碳当量表示）减少了 33%，仅达 4800 万吨二氧化碳当量；到 2030 年，它的目标是将其温室气体排放量在 2005 年的基础上再减少 59%；到 2045 年，瑞典计划成为世界上第一个无化石燃料的福利国家。根据国际能源署数据，该国有 82 项减少能源消耗的积极政策，包括颁布建筑能源绩效证书、建设市政环境区、收取城市拥堵费和发布政府车辆采购指令等。其中有 26 项政策（32%）被标记为监管或最具强制性的政策工具。

第四节　金砖国家的碳中和政策和法律考察

一、主要金砖国家碳中和政策和法律

（一）俄罗斯碳中和法治实践情况评析

作为全球最重要的能源生产国和能源出口国之一，近几年俄罗斯密集设定减排目标，宣布减排承诺。2021 年 7 月，俄首部气候法《2050 年前限制温室气体排放法》出台，该法引入了碳交易、碳抵消、碳排放登记和报告制度，将于 2022 年生效。2021 年 10 月，普京总统在俄罗斯能源周上宣布，俄罗斯将于 2060 年之前实现碳中和目标。2021 年 11 月，米舒斯京总理批准了《到 2050 年前实现温室气体低排放的社会经济发展战略》（又称《俄罗斯 2050 年前低碳发展战略》），根据该战略，俄罗斯将在实现经济增长的同时达到温室气体低排放的目标。在 2021 年 11 月举行的第 26 届联合国气候变化大会（COP26）上，俄罗斯宣布加入《关于森林和土地利用的格拉斯哥领导人宣言》，承诺到 2030 年结束森林砍伐。

俄罗斯主要将通过四个方面的政策和法律来保障减排和碳中和目标的实现。

一是开发氢能、核能等替代能源的政策和法律。氢能是俄能源行业重点发展方向。2020 年 10 月公布的《2020—2024 年俄罗斯氢能发展路线图》规定，计划由俄气、俄原子能公司主导，2024 年前在俄境内建立全面的氢能产业链。2024 年 8 月，俄总理米舒

斯京批准了氢能发展构想，该构想分三个阶段，最终目标是成为国际市场氢能及相关技术的最大供应国，到 2050 年，俄罗斯氢能供应量可达 1500 万—5000 万吨，或占全球氢市场的 20%。俄计划在未来三年在氢项目上投入 90 多亿卢布（约合 1.27 亿美元）。虽然对蓝氢是否环保的争议不绝于耳，俄罗斯能源部认为，通过碳捕获技术，可以消除天然气基氢排放的 90%。

二是保护和增加森林碳汇的政策和法律。《俄罗斯 2050 年前低碳发展战略》中提出，要保护和增加森林和其他生态系统的碳吸收能力，发展零碳和低碳技术，支持温室气体捕集利用技术。俄罗斯 2/3 的领土被森林覆盖，占地球森林面积的 20%，远远超过巴西和加拿大，其森林碳汇能力或超 10 亿吨/年。根据斯科尔科沃管理中心报告，俄罗斯在碳汇领域大有可为，可改变农林作物的育种方式，种植吸碳作物并引入专业化管理，发展碳农业。据测算，俄罗斯碳农业产生的经济效益或超 500 亿美元/年，不仅可抵消欧盟碳边境协议带来的损失，还可在国际碳排放市场以出售配额的形式获利。

三是全面提高能源效率、刺激可再生能源技术或其他低排放技术的发展，这并不意味着必须拒绝化石能源，通过一定的转型，即发展 CCUS 技术、减少甲烷泄漏、回收伴生气、提高能效、生产碳中和 LNG 和蓝氢，油气完全可以与绿色议程结合。俄罗斯油气公司已表示愿意在一定程度上做出改变。俄油公司计划到 2035 年将上游排放强度降低 30%，卢克石油公司计划到 2030 年将温室气体排放量在 2017 年的基础上降低 20%。诺瓦泰克和道达尔能源签署了旨在降低 LNG 生产带来的碳排放的谅解备忘录，双方将在 LNG 生产中使用可再生能源，开发大规模的 CCS 方案。

四是健全绿色金融的政策和法律体系。2024 年 7 月，俄罗斯政府明确了与绿色项目有关的国家分类标准，达到这些标准后，企业实施绿色项目可以通过特殊债券或贷款吸引优惠融资。俄罗斯银行也对在绿色金融框架下引入资源的组织和此类金融工具的投资者，提出了一系列支持性措施的建议，其中包括税收优惠、补贴机制、银行担保等。《2050 年前俄罗斯低碳发展战略》规定，俄最早将于 2023 年启动企业强制性碳报告制度。俄罗斯正在规划建立全国性的碳交易市场。目前，萨哈林地区已运行碳交易体系试点项目。2022 年 4 月前，萨哈林将启动信息系统的试运行，并将于 2025 年实现碳中和。俄罗斯副总理阿布拉姆琴科表示，在一些欧洲国家计划实施跨境碳监管的背景下，在萨哈林引入碳交易体系是俄低碳发展的重要一步。萨哈林试点的成功经验将推广至全俄其他地区，最终建立全国性的碳交易市场。

（二）南非碳中和法治实践情况评析

南非受气候变化影响显著，安全与发展受到威胁。政府间气候变化专门委员会曾发布的《2014年气候变化：影响、适应与脆弱性》指出，南非在20世纪70年代前后同期所遭受夏季热浪的频率已呈现较为显著的增长，还指出了南非生物多样性面临困境、水资源短缺等问题，并进一步列举了气候变化给南非所带来的影响。[①] 关于南非政府方面应对气候变化所制定的战略文件，来自南非的世界环境组织南南北（South South North）的执行董事史蒂芬·劳本海默（Stefan Raubenheimer，2011）在制定南非应对气候变化战略时将"南非长期减缓方案"设定为研究的切入点，并作为南非政府积极应对气候变化的正面案例展开研究，通过对该项方案制定前后及实施后对南非社会的重塑效果，劳本海默肯定了南非政府在处理环境问题方面开创性的思维和坚定的决心。[②] 巴贝特·内福（Babette Never，2015）就南非与印度两国的气候变化应对举措做出对比，认为南非着重落实碳税政策；对两国政府在气候治理方面的部门机构及主要采取的措施进行了概述，并认为科学、知识和权力是气候变化社会治理的重要组成元素，南非政府当前所面临的国内紧急问题涉及气候变化外的各个领域，如疾病、矿区安全等，有限的预算投入使南非政府针对气候变化及环境保护等相关议题和针对其他上述问题所采取措施的进程成为了一场拉锯战等。[③]

2020年，南非政府发布了《低碳减排发展战略》[④]，明确提出2050年实现"净零经济体"，即实现碳中和的减排目标。为了达到这一目标，自2020年起，南非积极推进《低碳减排发展战略》和《国家自主贡献》（Nationally Determined Contribution，NDC）的实施，不断加快实施减排措施。[⑤] 南非实现低碳发展面临社会和文化双重挑战，壁垒较多。戴维德（David Rich，2015）在《南非承诺到2025年实现温室气体排放峰值》（South Africa Pledges to Peak Its Greenhouse Gas Emissions by 2025）中指出，南非新发布的气候计划承诺到2025年将国家排放量达到峰值，并根据几种可能的排放情景量化适应气候变化的成本，从而在适应方面比其他国家走得更远。2021年11月，第八届中非合作论坛达喀尔峰会上，《中非应对气候变化合作宣言》的出台，为南非、中国、非洲合作组织和"G77 + 中国"国际合作伙伴关系提供了一个有力的框架，它将有助于加强各国之间的合作，共同应对全球气候变化，维护非洲和其他发展中国家的合法利益。

---

① AR，IPCC WGII. "Climate change 2014：Impacts，adaptation，and vulnerability." Summary for Policymakers.

② Stefan Raubenheimer：Facing Climate Change：Building South Africa' s Strategy，Idasa，2001.

③ Babette Never：Knowledge Systems and Change in Climate Governance：Comparing India and South Africa，Routledge，2015.

④ 参见官网：South African Low – Emission Development Strategy 2050. https：//unfccc. int/documents/253724.

⑤ 周立志，张鹏飞，麻常辉，刘洁．南非碳中和实现路径及减排措施研究［J］．全球能源互联网，2022（01）：85 – 96.

（三）巴西碳中和法治实践情况评析

2021 年 10 月，在第 26 届联合国气候变化大会（COP26）举办前夕，巴西政府对外公开宣布将启动“国家绿色增长计划”，以实现其温室气体减排目标。该计划拟利用总规模 4000 亿雷亚尔（约 800 亿美元）的国内外公共和私人资本推动实现降低碳排放、保护热带雨林及合理利用自然资源三大目标。巴西环境部表示，政府在治理碳排放方面正在取得进展，巴西将把 2030 年减少温室气体目标从 43% 提高到 50%，并承诺在 2050 年实现碳中和。同时还宣布巴西加入《关于森林和土地利用的格拉斯哥领导人宣言》，将非法砍伐森林归零的目标达成时间 2030 年提前到 2028 年，重新造林 1200 万公顷及将可再生能源在全国全部所使用能源的比例提升至 45%，以遏制亚马逊雨林非法砍伐状况。新承诺已经在《联合国气候变化框架公约》第二十六次缔约方大会上生效。①

二、金砖国家碳中和政策和法律的共性和差异性

（一）金砖国家碳中和政策和法律的共性

1. 循序渐进实现碳中和

金砖国家在推动碳中和的进程中，均展现出了高度的自主性和策略性。这些国家并未盲目跟随国际潮流或它国模式，而是依据自身的实际情况，包括经济发展水平、能源结构、资源禀赋、技术水平、社会文化背景等多维度因素，进行了深入的分析和考量，从而设定了不同的碳中和目标。这一做法充分体现了各国在应对气候变化和推动可持续发展方面的务实态度和战略眼光。

具体而言，中国作为全球最大的温室气体排放国之一，近年来在推动绿色发展和应对气候变化方面取得了显著成效。中国政府提出的“双碳”目标，即碳达峰与碳中和，不仅是中国自身发展的内在需要，也是对全球气候治理的积极贡献。中国在实现碳中和的过程中，注重政策引导、科技创新、市场驱动和公众参与等多方面的结合，通过优化能源结构、发展清洁能源、推广节能技术、加强国际合作等政策，逐步减少温室气体排放，推动经济社会的绿色转型。

其他金砖国家也根据自身情况，设定了不同的碳中和目标。例如，巴西拥有丰富的森林资源和生物多样性，因此在实现碳中和的过程中，注重森林保护和恢复，以及生物多样性的保护。俄罗斯作为能源大国，在推动碳中和的过程中，注重能源结构的优化和

① 邓国庆．政企协同 巴西出台减排新举措［N］．科技日报，2022－05－31．

清洁能源的发展，同时加强与国际社会的合作，共同应对气候变化。印度和南非则结合自身的发展阶段和实际情况，提出了符合自身国情的碳中和目标和行动计划。

值得注意的是，实现碳中和不是一蹴而就的过程，而是一个长期、复杂、艰巨的任务。金砖国家在推动碳中和的过程中，需要克服许多困难和挑战，包括技术瓶颈、资金短缺、政策协调等。因此，各国需要保持耐心和决心，加强政策引导和技术创新，推动社会各界广泛参与和支持，共同推动全球气候治理和可持续发展的进程。

2. 在气候变化与经济增长间谨慎寻求平衡

金砖国家普遍重视可再生能源和清洁能源的发展，通过制定相关政策和法律，鼓励和支持清洁能源技术的研发和应用。这些政策和法律旨在减少对化石燃料的依赖，降低温室气体排放，同时推动清洁能源产业的发展，促进经济增长。例如，中国通过制定《可再生能源法》等法律法规，明确了可再生能源的地位和发展目标，并采取了一系列措施推动可再生能源的开发利用。金砖国家通过提高能源利用效率和节能减排，减少能源消耗和温室气体排放，同时推动经济增长。这些政策和法律包括能源效率标准、节能减排目标等，旨在通过技术创新和管理创新，提高能源利用效率，降低能源消耗和排放。例如，印度通过制定《能效法》（即《印度能效局能效强制认证计划》）等法律法规，明确了能效标准和目标，并采取了多种措施提高能效和减少排放。金砖国家在追求经济增长的同时，注重平衡经济增长与气候治理的关系。这些政策和法律旨在确保经济增长的前提下，不损害环境质量和生态系统的稳定性。为此，金砖国家采取了一系列措施，如推动绿色产业发展、加强环境监管和执法、提高公众环保意识等，旨在实现经济增长与气候治理的双赢。

3. 注重加强能源转型和低碳技术应用

在能源转型的过程中，金砖国家大力发展可再生能源，如太阳能、风能、水能等。这些能源具有清洁、可再生的特点，能够有效减少对化石燃料的依赖，从而降低温室气体排放，减缓全球气候变化的速度。各国政府通过制定优惠政策、提供财政支持、加强技术研发等措施，积极推动可再生能源的开发和应用。与此同时，金砖国家还大力推广低碳技术的应用。这些技术涵盖了能源生产、转换、储存、使用等各个环节，旨在提升能源利用效率并减少碳排放。例如，在能源生产过程中，采用清洁煤技术和碳捕集与储存技术，能够降低煤炭等化石燃料的碳排放；在能源转换和使用过程中，推广高效节能的设备和系统，能够显著降低能源消耗和排放。金砖国家通过强化能源转型、发展可再生能源和推广低碳技术，不仅有助于实现国家能源安全和可持续发展，还能为全球应对气候变化和环境问题作出积极贡献。这些政策和措施的实施，将推动金砖国家在能源领域取得更加显著的成果，为全球能源转型和低碳发展树立榜样。

（二）金砖国家碳中和政策和法律的差异性

1. 碳中和目标的具体时间和措施不同

中国提出了二氧化碳排放力争于2030年前达到峰值，努力争取2060年前实现碳中和的目标愿景。巴西承诺到2030年温室气体排放量将在2005年基础上减少50%，2050年实现气候中和。俄罗斯宣布到2060年实现碳中和。印度提出到2030年碳排放强度降低45%，到2070年实现净零排放目标。南非则将排放峰值年提前了10年。

2. 能源结构和碳排放特点不同

金砖国家在推动可持续发展和应对气候变化的道路上，各自面临着独特的挑战和机遇。这些差异主要源于它们不同的经济发展水平、资源禀赋和产业结构。这些因素共同决定了它们的能源结构和碳排放特点，从而呈现出各自独特的能源使用和减排路径。以巴西为例，这个国家在可再生能源领域具有显著的优势。巴西拥有广阔的热带雨林和丰富的水力资源，为发展生物质能和水电提供了得天独厚的条件。这些可再生能源不仅有助于减少对化石能源的依赖，降低碳排放，还推动了巴西能源结构的绿色转型。巴西政府也积极推广可再生能源的使用，通过政策扶持和技术创新，不断提高可再生能源的利用效率和经济效益。与巴西不同，印度和南非在能源结构和碳排放方面则面临更大的挑战。这两个国家长期以来对化石能源存在较高的依赖，尤其是在电力和交通等领域。化石能源的大量使用不仅加剧了温室气体的排放，也对环境造成了严重的污染。随着全球气候变化形势的日益严峻，印度和南非面临着巨大的减排压力。为了应对这一挑战，印度和南非政府已经采取了一系列措施。它们加强了与国际社会的合作，引进先进的清洁能源技术和管理经验，推动能源结构的优化和升级。同时，两国还加强了对能源使用效率的监管和提高，通过制定更加严格的排放标准和政策法规，促进能源消费的节约和减排。

总之，金砖国家在能源结构和碳排放方面存在显著的差异。这些差异不仅反映了各国在经济发展、资源禀赋和产业结构等方面的不同特点，也决定了它们在应对气候变化和推动可持续发展方面需要采取不同的策略和措施。通过加强国际合作和交流，金砖国家可以共同应对气候变化挑战，推动全球可持续发展。

三、中国对金砖国家碳中和政策和法律的影响

中国高度重视以政策和法律的方法应对气候变化，并强调金砖国家在气候变化多边

进程中发挥的积极引领作用，为全球低碳、气候韧性及可持续发展作出了巨大贡献。在世界经济复苏、实现包括努力消除贫困等可持续发展目标的背景下，发展中国家实现全球碳中和目标面临更多困难和挑战。因此，中国根据国情和能力提出了国家自主贡献，在可持续发展框架下开展了应对气候变化行动，并取得了显著成效。

中国一直在实施积极的应对气候变化国家战略，并影响着金砖国家的碳中和政策和法律。在超额完成对国际社会承诺的2020年气候行动目标的基础上，中国进一步提出了二氧化碳排放力争于2030年前达到峰值，努力争取2060年前实现碳中和的目标愿景和一系列提高国家自主贡献力度的新举措。到2021年，中国已经实现了显著的能源消费优化，其单位GDP的能源消费强度相较于2012年已减少了26.2%。同时，在可再生能源领域，中国也取得了巨大突破，装机总量已超过10亿千瓦。值得一提的是，全球新增的绿化面积中，25%是由中国贡献的。中国不仅制定了新的国家自主贡献和长期温室气体低排放战略，还成立了专门的碳达峰碳中和工作领导小组，完成了碳达峰碳中和的顶层设计。目前，中国已经基本建立了碳达峰碳中和的“1+N”政策体系。为了进一步推动绿色能源的发展，中国正计划建设总装机容量达4.5亿千瓦的大型风电光伏基地。此外，中国还致力于推动全国碳市场的建设，并大力支持发展中国家在能源领域的绿色低碳发展。特别值得一提的是，中国已明确表示将不再新建境外的煤电项目。此外，中国还提出了全球发展倡议，旨在加速推进2030年可持续发展议程的落实。在这一倡议中，气候变化及绿色发展被明确列为8个优先合作领域之一，显示了中国在全球绿色发展中的坚定决心和积极贡献。

为强化巴西在联合国气候变化框架公约中的重要地位，巴西政府先后出台了各项减排政策。巴西承诺到2030年将温室气体减排目标从43%提高到50%，并在2050年实现碳中和。2021年4月，巴西农业、畜牧业和供应部宣布了《适应气候变化和低碳排放的农业可持续发展部门计划（2020—2030)》，旨在通过减缓温室气体排放来促进巴西农业可持续发展。2021年10月，巴西政府宣布启动“国家绿色增长计划”，以实现其温室气体减排目标。2022年7月，巴西最高法院宣布重新启动气候基金。巴西果断决然地完成了《巴黎协定》实施细则的谈判，期待碳市场能够调动更多资源，并进一步增强全球应对气候变化的雄心。在《联合国气候变化框架公约》第二十六次缔约方会议上，提出了2030年温室气体排放量将在2005年基础上减少50%的新目标。并宣布了实现2050年气候中和承诺的战略措施，包括到2028年实现零非法毁林、到2030年恢复和重新造林1800万公顷，以及鼓励扩大国家铁路网。

俄罗斯始终坚持《联合国气候变化框架公约》和《巴黎协定》的原则并致力于完成其确立的目标。其积极制定国家温室气体排放法规，参与国际气候谈判与合作，2019

年 9 月正式加入《巴黎协定》，并于 2020 年 6 月通过《2035 能源战略》，主张发展清洁煤炭技术，并将天然气的使用减至最低，作为应对能源领域气候变化的关键举措。2021 年 11 月，俄罗斯总统普京批准《俄罗斯到 2050 年前实现温室气体低排放的社会经济发展战略》，该战略指出将在实现经济增长同时达到温室气体减排目标，2050 年的温室气体净排放量在 2019 年水平上减少 60%，并在 2060 年前实现碳中和，这为俄罗斯未来可持续发展和碳减排目标指明了方向。正在努力对工业和能源部门进行深度重组，45% 的能源平衡得益于核能发电等低排放能源来源。俄罗斯认识到目前的主要目标之一是提高适应气候变化能力，并强调无论政治环境如何，气候变化都将影响到每个人。

印度在气候行动方面的政策，包括推广基于理性消费和减少浪费的可持续生活方式。其已经启动了跨领域的政策，涉及能源、运输和工业等多个重要经济部门，并在实现甚至超越其《巴黎协定》下初始国家自主贡献方面取得了突出成效。单位 GDP 排放强度比 2005 年降低了 24%，这表明印度的经济增长与排放已经逐渐脱钩。印度的非化石能源发电装机已经达到了 1.59 亿千瓦，提前 8 年实现了其国家自主贡献提出的累计非化石能源发电装机容量占比达到 40%。随后，印度宣布了强化的气候承诺，包括到 2030 年非化石能源发电装机容量占比 50%、达到 5 亿千瓦，经济碳排放强度降低 45%，到 2070 年实现净零排放目标。与此同时，印度还启动了“国家氢能使命”，使用绿色能源生产氢气以替代化石燃料。印度还在努力推进一项雄心勃勃的生物燃料计划，目标是到 2025—2026 年将汽油中的乙醇掺混比达到 20%，到 2030 年将柴油中生物柴油混合比提升到 5%。印度的森林和树木覆盖率正在稳步增加，已达 24.62%。印度在过去 3 年中新增加了 23 个湿地作为拉姆萨尔湿地，现拥有南亚最大的拉姆萨尔湿地网络。这反映了印度在强化基于生态系统方法应对气候变化方面的巨大努力。

2010 年，南非加入金砖国家，进一步形成了新兴大国参与全球气候治理的群体化机制。2017 年 11 月，在第 23 届《联合国气候变化框架公约》缔约方大会上启动了非洲循环经济联盟，南非向国际社会提交了由减缓、适应和实施方式三个不同部分组成的国家自主贡献值。2020 年 9 月，南非公布低排放发展战略（LEDS），提出“达峰 - 平稳 - 下降”的国家减排发展路径，实现到 2050 年成为净零经济体的目标。在 2021 年 COP26 峰会期间，南非宣布 2025 年温室气体排放量目标区间上限下调 17%，2030 年温室气体排放量目标区间上限下调 32%，下限下调 12%。南非在实现气候目标方面同样也取得了积极进展。南非成立了总统气候委员会，通过了国家适应战略，实施了具有严格监管和评估的强化减缓系统，制定了长期低排放发展战略。南非在 COP26 前更新了更具雄心的国家自主贡献，将排放峰值年提前了 10 年。该国自主贡献还包含了适应相关的详细信息，其作为南非的第一份适应信息通报，阐明了南非对于国际社会支持的需要。根据《巴黎协定》的内容和精神，南非更新的2030年目标的排放范围下限与1.5℃路径一致，范围上限与2℃路径一致。南非在该范围内可实现的程度将取决于获得的国际支持。南非正在制定详细计划，以实现向低碳经济和气候适应型社会的公正转型，其核心是为受到影响的工人和社区提供支持。

我国致力于加强应对气候变化合作，拓宽合作领域、深化合作内容。将在各个层面开展清洁能源、低碳技术、可持续及韧性基础设施建设、碳市场、适应气候变化等领域的信息交流和合作，携手推动绿色低碳发展政策研究、技术合作和示范项目共建，以科技创新为驱动，推进能源资源、产业结构、消费结构转型升级，共同探索低碳、可持续的发展路径。鼓励在金砖国家框架内围绕气候变化相关议题的讨论，并欢迎各金砖国家开展应对气候变化和可持续低碳转型活动。我国反对将气候变化问题政治化，反对一切形式的单边主义、保护主义，强调单边强制措施违反《联合国气候变化框架公约》及其《巴黎协定》宗旨原则，严重破坏多边合作并削弱了有关国家更好地应对气候变化的能力。反对任何利用气候议程采取限制贸易和投资措施、设置新的绿色贸易壁垒。

第五节　境外碳中和政策与法律的借鉴

一、国际碳中和政策的国内法转化及其效力

（一）欧盟碳中和法治实践的启示

欧盟最早于2018年11月发布《为所有人创造一个清洁地球——将欧洲建设成为繁荣、现代、具有竞争力和气候中性经济体的长期战略愿景》，提出在2050年实现碳中和。2019年12月，欧盟发布《欧盟绿色协议》，目标是在2030年前，将碳排放量降低到1990年排放量的50%，并提出包括6大行动计划和4大支撑保障措施在内的行动路线图。其中，构建第一部欧洲气候法案（European Climate Law）是行动计划之首。2020年3月4日，欧盟委员会向欧洲议会及董事会提交《欧洲气候法》提案，拟将碳中和目标变成一项具有法律约束力的目标，详细规划了在2050年实现碳中和目标需要采取的必要步骤。2021年4月21日，欧洲议会与欧盟委员会就《欧洲气候法》达成了初步协议，“2030年二氧化碳减排55%以上，2050年实现碳中和目标”

将正式进入欧洲法律体系。与此同时，欧盟委员会逐一审查欧盟《可再生能源指令》《能源效率指令》《排放交易指令》等规定，确保与新的气候目标行动相一致，并在对减排55%的目标进行成本效益分析后，发布了2030年减排55%的综合实施计划（fit for 55%）。

（二）英国碳中和法治实践的启示

英国是气候变化立法相对积极的国家之一。2008年，英国通过了《气候变化法案》。该《法案》成为全球第一个具有法律约束力的温室气体长期减排目标法案。并建立了具有法律效力的“碳预算”约束机制，设立了到2032年的5个“碳预算”。2019年6月，英国通过《气候变化法案》修订，继而成为世界上第一个以立法形式明确2050年实现“零碳”排放的发达国家。然而，尽管英国碳中和目标具有法律约束力，但英国政府并未出台针对碳中和的专项措施。2020年9月，当时的英国首相约翰逊表示将制定到2050年实现温室气体净零排放的具体措施。英国排放量最高的4个部门是交通运输、能源、商业和居民住宅，4个部门的排放量约占全英国排放总量的78%，未来碳中和具体措施制定也将聚焦于此。

（三）德国等国家碳中和法治实践的启示

2019年11月，德国通过《气候保护法》，首次以法律形式确定德国到2030年至少减去65%温室气体排放量，2045年实现碳中和、2050年实现温室气体负排放。此外，瑞士、瑞典、丹麦、法国、西班牙和匈牙利等欧洲主要国家都分别通过立法形式确定2050年前后碳中和发展目标，先后在能源、工业、建筑、交通等关键领域设计了相对完善的减排路径，提出了控制煤电增长及可再生能源发展目标，并对减排效果开展定期评估，为其他国家履行《巴黎协定》起到了很好的示范作用。

为应对全球气候变化，全世界国家都积极推动绿色转型发展，通过立法将国际碳中和政策转化为国内法。以碳中和目标为例，截至2022年底已有127个国家和地区对碳中和目标做出承诺，其中许多国家和地区已经将达标时间和措施具体化，如欧盟及德国、法国和英国。虽然大多数碳中和目标承诺国只是通过了政策宣示，而缺乏支撑其具体实施的政策文件，但是也有少部分国家和地区通过了应对气候变化的专项法律或政策文件。2015年《巴黎协定》签署之后，相关立法有《德国联邦气候保护法》《法国绿色增长和能源转型法》《英国气候变化法》《瑞士联邦二氧化碳减排法》《墨西哥气候变化基本法》《澳大利亚气候变化法》《日本全球变暖对策推进法》等。具体如表6-5所示。

表 6-5　　　　域外气候变化与能源法治概况

国家/地区	发布时间及政策规划名称	内容
欧盟	2019年12月11日欧盟委员会通过《欧洲绿色协议》	提出欧盟到2050年实现碳中和的碳减排目标，也为后来《欧洲气候法》出台和将碳中和目标写进法律做好铺垫。协议设计出欧洲绿色发展战略的总框架，行动路线图涵盖了诸多领域的转型发展，涉及经济领域的措施尤其多，包括能源、建筑、交通及农业等领域
	2020年3月欧盟委员会发布《欧洲气候法》	以立法的形式确保达成到2050年实现气候中性的欧洲愿景，从法律层面为欧洲所有政策设定了目标和努力方向，并建立法律框架帮助各国实现2050年气候中和目标，此目标具有法律约束力，所有欧盟机构和成员国将集体承诺在欧盟和国家层面采取必要措施以实现此目标的义务
英国	2008年英国国会通过《气候变化法案》	提出设立个人排放信用电子账户以及排放信用额度，该法案使英国成为全球首个为温室气体减排设计出具有法律约束力措施体系的国家
德国	2008年《德国适应气候变化战略》、2011年《适应行动计划》及《气候保护规划2050》《联邦气候立法》《可再生能源优先法》《可再生能源法》《国家氢能战略》等	2019年11月15日通过的《气候保护法》首次以法律形式确定德国中长期温室气体减排目标，包括到2030年时应实现温室气体排放总量较1990年至少减少55%。德国政府于2019年9月20日通过《气候行动计划2030》，计划对每个产业部门的具体行动措施进行明确规定
法国	2015年8月法国政府通过《绿色增长能源转型法》《国家低碳战略》等	《绿色增长能源转型法》构建了法国国内绿色增长与能源转型的时间表。《国家低碳战略》碳预算制度由此建立。2018—2019年，法国政府对该战路进行修订，调整了2050年温室气体排放减量目标，并将其改为碳中和目标
澳大利亚	2019年2月25日发布《气候解决方案》	该方案计划投资35亿澳元来兑现澳大利亚在《巴黎协定》中做出的2030年温室气体减排承诺
美国	2021年2月拜登就任总统后美国重新加入《巴黎协定》	意味着美国重新加入碳减排行列，积极参与落实《巴黎协定》，承诺2050年实现碳中和。在州层面已有6个州通过立法设定了到2045年或2050年实现100%清洁能源的目标
日本	2020年10月25日公布“绿色增长战略”	确认了到2050年实现净零排放的目标，该战略旨在通过技术创新和绿色投资的方式加速向低碳社会转型

总之，欧盟及英国、德国等国家和地区率先将碳中和的政治承诺付诸立法，明确了碳中和目标的法律地位。同时，欧盟及各国制定了相对完善的低碳发展法律法规体系，在能源、工业、建筑、交通等关键领域设计了相对完善的减排路线图，明确了短期、中期、长期减排目标，并对实施效果进行跟踪评估。欧盟在政策发布前，需审核所有与减排相关的政策工具，评估其可能发挥的作用，未来还将对欧盟和成员国国家措施与欧盟气候中和目标及2030—2050年减排轨迹线的一致性进行评估。英国为此还设立了独立

的气候变化委员会，以评估排放目标、碳预算、减排进展等的一致性。总之，相对完善的政策法规体系是推动“双碳”目标实现的重要保障。

二、国际碳中和政策的利益博弈及法治保障

在公共利益存在的前提下，要协调个体理性的冲突以确保集体理性就要探寻合理的解决途径，即寻找博弈过程中的帕累托最优。全球各国为实现碳中和的宏伟目标而出台国际碳中和政策时至少面临着三个方面的合作博弈，即国际规则的博弈、碳排放目标的博弈以及技术竞争的博弈。针对这三个方面的利益博弈，国际碳中和政策的贯彻实施提供了一定的法治保障启示。

（一）国际规则方面的启示

基于碳中和的国际规则尚未统一，各国立足于自身发展难以达成共识。自《京都议定书》制定发达国家未来减排标准以来，发达国家尤其是欧盟掌握了先发制人的优势和较强的气候规则话语权，国际气候治理的绝大多数标准和规则均由欧盟提出。1997 年的《京都议定书》和 2015 年的《巴黎协定》两项关键协议都依赖于自愿原则，缺乏约束力，各有侧重的国家性政策路径将使得国际规则的全球统一落实难上加难。各国纷纷采取行动可能会在未来一些年中略微压低排放的轨迹，但他们不太可能高效，因为缺乏约束力的统一的国际规则和减排安排，单边行动的各国不太可能采取足够有力的措施来确保气候变化保持在危险门槛之内。

（二）碳排放目标方面的启示

各国对分配减排责任存在分歧，尤其体现在碳减排目标的确立上。欧盟认为，为了控制升温在 2℃以内，应计算出全球剩下的排放空间，然后根据各国不同的责任和能力进行分配。但是这种方法最大的缺陷是没有各国都认可的公平的分配标准。以美国为首的“伞形集团”国家认为应当通过自下而上的模式，由各国根据各自国情和能力，自愿提出减排目标，并通过国际层面的核实机制确保透明度，但是这种方式没有办法给世人保障未来能有一个安全的气候环境。发展中国家则认为，发达国家应当按照自上而下的模式，根据其历史责任和科学要求分担减排义务，而发展中国家自下而上地自愿参与减排。由此看来，未来排放责任分担的不确定性仍然较强。

面对碳排放目标方面的国际利益博弈，国际法努力作出了回应。1992 年 5 月 9 日在纽约举行的地球峰会正式通过了《联合国气候变化框架公约》，标志着正式建立了通过国际合作来协同解决全球气候变化问题的国际法制度。但是，该公约缺少对温室气体排

放量进行强制性减排的规定。为弥补《联合国气候变化框架公约》的不足，国际社会在1997年制定了第一个具有法律约束力的旨在控制全球变暖而要求减少温室气体排放的条约——《京都议定书》。在《京都议定书》中确认了"共同但有区别的责任"原则，并据此为"附件I国家"（发达国家和经济转型国家）规定了具体的、具有法律约束力的温室气体减排目标，要求"附件I国家"在2008—2012年总体上要比1990年温室气体排放水平平均减少5.2%。由于美国的退出，加上没有获得足够和有效的支持，《京都议定书》规定的目标没有实现。

为了弥补《京都议定书》的不足，2015年12月联合国气候变化巴黎大会通过了《巴黎协定》。从《京都议定书》到《巴黎协定》，世界应对气候变化治理机制发生了根本转变，从《京都议定书》依赖自上而下的治理机制到《巴黎协定》的依靠自下而上的治理机制。《巴黎协定》由于成功覆盖了全球96%的温室气体排放量，从而成为全球气候变化谈判在经历了哥本哈根气候变化大会以来的低潮与挫折之后的一次重大胜利。《巴黎协定》第四条是缔约方自愿减排的核心规定，其特点是将裁量和决定权交给缔约方——国家或者区域经济一体化国际组织，所有缔约方都有义务提出自己的关于减排的目标和主张，包括发达国家、发展中国家、最不发达国家和小岛屿发展中国家。为了最大程度赢得各国、特别是大国、利害相关国的参与和支持，《巴黎协定》在事实上放弃了《京都议定书》所遵循的"发达国家"和"发展中国家"两分法基础上区别待遇的模式。协定仍然秉承"共同但有区别责任"原则，但是重心已然不像《京都议定书》这般强调发达国家的强制减排义务，而更多的是在强调世界各国按照各自能力和自愿原则而进行的国家自主贡献减排模式。这一规定极具创造性，并具有非常深远的影响。

（三）技术竞争方面的启示

全球各国低碳技术的路径并不一致，且技术成熟度均有差异。比如，全球正在运行的"碳捕集利用与封存技术（CCUS）"设备有65个，2020年新增的17个项目中美国占比约71%，凸显出美国在CCUS领域的投资优势。美国、欧盟等发达国家和地区均已明确对CCUS技术的资本投入力度，其碳捕集能力也十分突出。而印度、中国等发展中国家仍处于初步部署阶段，有待持续加大研发力度，与发达国家缩小技术差距。在全球碳中和目标的驱使下，低碳技术的领先必然伴随着后续的技术授权转让等事宜，如何对技术定价、确立专利保护机制，以实现气温2℃的目标将是所有国家面临的挑战，也意味着一场有关技术竞争的博弈即将出现。

面对碳中和技术竞争方面的国际利益博弈，国际法努力作出了回应，特别是在技术转让方面出台了一些国际法规范。国际层面的立法成果包括世界知识产权组织（WIPO）

管理的系列条约、联合国体系中的国际条约或国际法文件和 WTO 体制下的涉及知识产权的协议等关于技术转让的规范体系。联合国贸易发展会议在 2001 年编辑的有关国际技术转让文件集显示，属于多边条约的文件共有 28 个，其中涉及环境和环境保护的有 15 个。这些文件关于技术转让规定的核心是：出于环境保护的需要，发达国家在技术转让等方面应当给予发展中国家以必要的帮助。然而，尽管有国际条约的规定，特别是《联合国气候变化框架公约》和《京都议定书》中有较为明确的技术转让规定，但技术转让方面的境况并没有得到根本性的改观。在此背景下，2009 年 12 月 7—18 日在哥本哈根召开的联合国气候变化框架公约成员方大会第 15 次会议引起了全球的重视，人们希望在此次会议上就温室气体减排及向发展中国家转让技术等问题能取得实质性的突破。可惜的是，被寄予厚望、规模空前的哥本哈根会议最后达成的《哥本哈根协定》只是一个初步的政治性意向，其中虽有有关技术转让的规定，但终因该协定本身无法律约束力而使它们与其他环境方面的国际条约中关于技术转让的规定一样，更多的是一种政治表态，必须借助于具体的国际法律制度才能得到实施。

2010 年 12 月 11 日，在墨西哥坎昆召开的 COP16 所形成的《坎昆协议》在应对气候变化技术转让方面也仍只是提出了一些建议。如开展一系列的活动并成立有关机构，保护易受气候变化威胁的人们并为发展中国家在制定规划、建设本国可持续未来的进程中提供所需的资金和技术；建立《坎昆适应框架》，通过更多的资金和技术支持，鼓励发展中国家更好地规划实施适应项目；成立技术机制——技术执行委员会和气候技术中心与网络，加强气候适应与减缓行动的技术合作等。但它们要变成对各国具有法律约束力的机制或协议，还有很长的一段距离。2015 年的《巴黎协定》在序言部分强调要“充分考虑最不发达国家在资金和技术转移方面的具体需要和特殊情况”，并在第 10 条对技术开发和转让进行了规定，共有 6 个条款。《巴黎协定》虽然对技术转让作出规定，但气候技术转让条款在实施中尚显不足，其深层次的根源是发达国家控制的技术主导权以及希望基于知识产权转让气候技术，而协定并未解决知识产权问题。另外，技术转让客观上受到资金不足的制约。

三、境外碳中和政策与法律的发展趋势

碳中和目标是一项复杂的系统工程，实现碳中和目标需要促进经济社会向绿色低碳的全面转变。从世界各国的努力来看，虽然很多国家仍然表现平平，甚至没有参与其中，但是很多国家都在努力推动碳中和行动计划的实施，实现碳中和的目标愿景。各国将从下列几个方面推进碳中和政策与法律的制定与实施。

（一）能源方面的启示

能源结构调整是碳中和目标实现的“牛鼻子”。欧美国家在此方面取得了一定的成效。美国在奥巴马政府期间，颁布了《应对气候变化国家行动计划》，明确减排的最大机遇存在于电厂、能源效率、氢氟碳化合物和甲烷四个领域，并为此于 2009 年通过了《美国清洁能源与安全法案》，成为一段时期内美国碳减排的核心政策。拜登政府时期，美国重返《巴黎协定》，承诺在 2035 年前实现无碳发电，在 2050 年前达到碳净零排放，实现 100% 的清洁能源经济。2021 年 8 月，美国参议院通过了《基础设施投资和就业法案》，表明美国绿色产业政策的再次回归，法案扩大了能源部授权新的电力传输的能力，为能源部新设立的清洁能源示范办公室拨款 215 亿美元，作为各种绿色能源初创公司的政府创业投资基金。

此外，美国鼓励清洁能源创新，研发降低锂离子电池成本并广泛应用于电网储能，制造成本低于页岩气的氢气，发展先进的核能技术等。欧盟能源政策的重点之一就是提高能源利用效率、促进可再生能源和替代能源的开发和在欧盟及发展中国家的推广利用，实现能源多样化和清洁化。2006 年，欧盟出台《能源效率行动计划》，提出了 75 项具体措施，包括提高能源标准、强化市场手段、提高数字化和电气化程度等，覆盖了建筑、运输、制造、金融和教育等行业。欧盟在推广使用可再生能源和燃料转换方面成效显著，出台了一系列可再生能源法规，制定积极的减排目标和激励政策，吸引了大量的投资，是欧盟电力部门减少温室气体排放的重要推动因素。欧盟将氢能作为促进经济增长和恢复能力、创造当地就业机会和巩固欧盟在全球领导地位的投资重点。2020 年 7 月，欧盟发布《欧盟氢能战略》及《能源系统一体化战略》，旨在促进欧洲主要利用风能和太阳能生产清洁氢，将其用作原料、燃料或能源载体与储存介质，在工业、交通、电力和建筑等许多可能领域应用，以减少温室气体的排放。各国将根据实现碳中和目标的内在需要，建立健全能源政策和法律体系，着力于推进构建低碳、高效的能源体系。

（二）碳市场方面的启示

碳市场是全球应对气候变化的主要政策工具。运用碳中和市场化运行机制，发挥市场化运行的价格、金融、财税、技术、标准等体制机制的作用，是实现碳中和目标的重要手段。碳交易机制最早由联合国提出，这之后全球碳市场建设不断加快，从配额限制到配额出售的市场运作，从出台法规到执法检查的监督管理，市场交易机制日渐完善。碳交易机制大致按照《京都议定书》规定的框架运行，四大碳市场机制为全球碳交易市场的发展奠定了制度基础，即《京都议定书》框架下的国际排放交易机制（IET）、联合履约机制（JI）以及清洁发展机制（CDM）这三种机制，此外，还有《京都议定书》框架之外的自愿减排机制（VER）。许多国家和地区在制定实施关于碳市场的政策与法律方面作出了努力，取得了不错的成效。欧盟排放交易体系（EU－ETS）是世界首个、也是全球最大的碳排放交易市场，占据国际碳交易总量的75%以上，是欧盟应对气候变化政策的基石和实现减排的关键工具，自运行以来取得巨大成效，通过成熟的碳排放交易系统为企业提供了明确可信、经济有效的减排激励措施，推动了低碳技术创新投资。英国国家碳交易政策和立法经验值得研究。韩国于2015年开始实施温室气体排放权交易制度。澳大利亚通过2011年《清洁能源法案》逐步从碳税转向国家性碳交易市场，建立了相对完整的碳市场执法监督体系，建立了碳排放信用机制和碳中和认证体系，为实现碳中和目标奠定了制度基础。

建设统一的全国碳市场，是推动中国经济社会绿色化、低碳化发展的重大制度创新。自2011年以来，我国已有7个省市开展了碳交易试点项目。全国碳排放交易市场建设积累了近10年的发展经验，碳排放市场交易机制已进入培育和探索阶段。随着《碳排放权交易管理暂行条例》的生效，我国统一碳排放市场建设加快了步伐，网上交易于2021年7月16日已经启动。如何进一步健全碳中和市场化运行机制，更好地发挥市场化运行的价格、金融、财税、技术、标准等体制机制的作用，是避免将碳中和长期目标短期化的有效手段。《碳排放权交易管理暂行条例》于2024年5月1日起施行，这是我国应对气候变化领域的第一部专门的法规，对我国“双碳”目标实现和推动全社会绿色低碳转型具有重要意义。

（三）碳技术方面的启示

发展和运用先进绿色低碳技术是应对气候变化的根本手段。联合国政府间气候变化委员会第5次评估报告指出，如果没有碳捕获、使用和密封技术（CCUS），大部分气候模式都无法达到减排的目的。CCUS技术被认为是捕获二氧化碳排放并储存在地下或应用于工业中最具潜力的前沿减排技术之一。美国、欧盟、英国、韩国等国家和地区均在积极寻求低碳技术研发，加大对节能、储能、新能源和碳移除等技术的投资，鼓励关键碳中和技术的研发和创新，包括以可再生能源和核能等为代表的非化石能源利用技术，工业和建筑等领域的电气化技术，清洁能源有效存储技术，碳捕集、利用与封存技术（CCUS），交通部门生物燃料替代和纯电动汽车技术等方面。欧盟2019年在《欧盟绿色协议》中明确将围绕能源、工业、建筑、交通、消费等重点领域的减排技术需求，通过加大对国际前沿和竞争性科技难点项目投入等方式支持技术创新。欧盟计划在2021—2027年的7年内，投入预算资金1000亿欧元，加大对前沿研究和创新的预算资金支持力度。美国于1972年开始研究整体煤气化联合循环（IGCC）技术，经过多年发展，其发电效率可以提高到70%以上，配合燃烧前捕集技术，基本实现清洁煤发电。此外，CCUS技术是美国气候变化技术项目战略计划框架下的优先领域，美国能源部长期资助技术研发和应用示范。日本每年投入巨资致力于发展低碳技术，有许多能源和环境技术走在世界前列。发展低碳技术，推动能源利用效率提高和能源结构转换，可以实现减排目标的64%—81%。[①] 因此，合理借鉴国际先进碳达峰碳中和技术和强化合作交流是中国加快发展绿色低碳技术，推动能源技术进步的重要途径。

（四）碳税制度方面的启示

税收政策和法律在能源结构调整、引导企业绿色转型等方面起到积极作用。同时也能不断推进生态文明建设，引导企业减污降碳。碳财税制度涉及社会经济、人民生活等方面，碳财税制度的全面实施可能会迫使行业绿色转型。如果某个国家生产的产品达不到进口国设定的节能减排标准，将征收特殊关税。碳税制度可以分为四种实施路径：第一，芬兰相对完整的单一碳税制度；第二，澳大利亚和新西兰在碳税推进过程中遇到挫折，从而结束减排制度或转向碳税交易的路径；第三，南非长期探索和突破单一碳税；第四，从单一碳税模式向“碳税＋碳交易”复合模式转变。日本采用的碳中和补贴制度也是实现碳中和目标的途径之一。日本政府出台的诸多财税优惠措施，如折旧制度、补贴制度、会计制度等，更好地引导企业开发节能技术，使用节能设备。

碳税制度正在成为发达国家关于碳中和目标的规则博弈。欧盟国家正在着力设计碳税制度，碳税制度或进入实施阶段。2019年底欧盟的《欧洲绿色协议》提出要在欧盟地区实施“碳关税”。2022年3月欧洲议会又通过了新的税收制度——“碳边境调节机制”，从2023年开始对欧盟进口的部分商品征收碳税。同时，英国首相也建议利用七国集团主席这一角色，促进成员国之间的碳边境税协调征收。美国更是一改之前气候问题的保守态度，考虑征收“碳边境税”或“边境调节税”。包括我国在内的许多国家的税制在对碳课税方面有较大的完善空间，要实现碳中和目标，需要通过健全碳税方面的政策和法律体系来激励企业减污降碳，促进经济社会高质量发展。

---

① 石敏俊，周晟吕．低碳技术发展对中国实现减排目标的作用［J］．管理评论，2010（06）：48.

第七章　碳中和政策的调整、终结与创新

随着我国经济社会发展任务与目标的变迁与调适，我国社会发展过程中碳排放量、能源消耗总量与强度、碳排放目标、碳减排条件等基础性条件会发生变化，碳中和政策也会发生调整、终结与创新。为进一步推动碳中和政策目标与任务的实现，需要结合特定社会实际条件对碳中和政策的科学性、有效性、执行效果等内容开展系统性分析与评估，从而明确碳中和政策的实际情况，并为后续碳中和政策的调整、完善与发展提供必要的决策参考和借鉴。研究碳中和政策的调整、终结与创新，不仅有助于更好地了解经济社会发展的规律和特点，为制定更加科学、合理、可持续的碳中和政策提供合理的依据，而且有助于提高碳中和政策的科学性、可持续性和可执行性。本章主要对碳中和政策的调整、终结与创新等内容开展分析与研究。对此，本章将围绕碳中和政策的调整、终结与创新等内容展开讨论，探究其主要影响因素及解决策略，在此基础上考察碳中和政策创新的地方实践和先行先试情况，以把握其发展前景和未来趋势。

第一节　碳中和政策的调整

自碳中和政策提出以来，我国经济社会步入了一个新的发展阶段。在新阶段，在经济社会发展的同时需要考虑碳排放的状况，并逐步完成“碳达峰与碳中和”任务。我国节能降碳控耗领域内科学技术开发与应用、碳排放权交易可以推动我国碳减排任务的落实和完成时间表的调整与完成。对于“双碳”政策的执行，我国按照“目标路线图＋关键领域目标”的框架来构建目标体系，构建起目标完成情况的统计、核算和监督体系。[①] 降碳政策体系的转型升级表现为控制对象从碳强度向碳总量过渡。随着“双碳”目标的提出，对碳排放总量的控制已经正式成为中国中长期降碳工作的战略方向。为了适应降碳战略方向的这一变化，需要对降碳政策体系进行相应调整。基于此现实条件和

① 王建芳，苏利阳，谭显春，等．主要经济体碳中和战略取向、政策举措及启示［J］．中国科学院院刊，2022（04）：481.

目标，我国碳中和政策的具体要求以及实现方式等也会随着特定条件变化而进行调整。随着“双碳”工作被纳入生态文明建设总体布局，应将降碳政策体系的转型升级与污染减排等其他生态环境治理政策体系的转型升级协同起来，并从贯彻新发展理念、构建新发展格局的高度看待和推进降碳政策体系转型升级。[①]

一、碳中和政策调整的内涵

碳中和政策的调整是指在经济社会发展过程中，因经济社会发展条件的变化、碳中和科学技术的应用与提升、碳减排任务推进和落实程度的变化，需要对碳中和政策中的实现方式、实现进度、实现路径等多方面内容进行调整，以适应特定条件下的碳中和目标实现。

“为了实现低碳治理诸如效率、可持续性、公平分配等多重目标，通常需要结合使用已配置好的政策工具，依赖于特定政策环境的政策工具在创新中得到不断整合运用”。[②] 因此，碳中和政策调整的目的在于结合社会经济与科学技术等发展现状，对碳中和政策的执行情况进行分析、研究、评估与判断，明确碳中和政策执行时影响因素的变化情况，并基于此对特定时空范围内的碳中和政策进行调整和完善，从而实现碳中和政策有针对性的完善与发展。经济社会发展与科学技术的发展变化可以为碳中和政策的有效执行与碳中和政策的调整奠定有利的基础。这是因为，应对气候变化不只是一个新技术和新能源问题，更是生产和生活方式的根本转变，是发展理念、发展内容、发展方式、资源概念、组织模式、体制机制等方面全方位的转变。[③]

2020 年 9 月 22 日，习近平主席在第 75 届联合国大会一般性辩论会上宣布“中国将提高国家自主贡献力度，采取更加有力的政策和措施，二氧化碳排放力争于 2030 年前达到峰值，努力争取 2060 年前实现碳中和。”实现“双碳”目标任务，需要全行业、多主体在生产生活过程中减少温室气体的排放，即需要多元主体共同努力以实现“双碳”目标。2021 年，我国出台了《中共中央 国务院关于完整准确全面贯彻新发展理念做好碳达峰碳中和工作的意见》《2030 年前碳达峰行动方案》，明确了“双碳”行动的主要目标、重点任务及顶层行动路线，形成了“1 + N”政策体系的基础。[④] 为了推动我国“双碳”政策的落实，国家发展与改革委员会、国家能源局、工业和信息化部、生

---

① 张友国．中国降碳政策体系的转型升级［J］．天津社会科学，2022（03）：90 – 99.

② 杨书房．碳中和目标下国际社会政策工具的配置与选择［J］．国外社会科学，2022（05）：143.

③ 张永生．为什么碳中和必须纳入生态文明建设整体布局——理论解释及其政策含义［J］．中国人口·资源与环境，2021（09）：7.

④ 孙雪妍、王灿．论碳达峰碳中和目标的立法保障［J］．环境保护，2022（18）：40.

态环境部、住房和城乡建设部、科技部、教育部、财政部、农业农村部、交通运输部、国家铁路局、中国民用航空局、国家邮政局、国家统计局等多个部门结合本部门实际情况纷纷出台了相应的碳中和政策文件。此外，包括浙江省、江苏省、上海市等多个地区也制定了适用于本地区的碳中和政策文件。这些政策文件的出台和实施对落实我国“双碳”目标任务具有重要的推动作用。

碳中和意味着将全球气候变化稳定在一定水平，这就需要实现排放到大气的温室气体与吸收的温室气体达到平衡。实现碳中和目标，一方面需要结合各个行业领域的现实条件和技术要求，开展政策文件的编制与执行；另一方面也需要各地方政府结合本地区实际情况制定与执行有针对性的碳中和政策以实现总体的碳中和目标。我国经济社会发展，特别是新基建建设以及高质量发展等，在很大程度上对我国经济社会发展提出了新的任务和要求。在我国经济社会发展过程中，能源消耗量大大增加，如何有效地在实现经济增长的同时实现碳减排目标？基于碳中和目标的低碳发展战略制定必须要进行长期规划，制定具有前瞻性的减排战略部署，同时应设置好阶段性任务和短期目标，把握好减碳降碳的节奏和力度，根据实际情况及时调整优化相关目标。① 因此，碳中和政策需要结合实际条件进行适时的调整。

二、碳中和政策调整的一般原则

在现有碳中和政策制定与执行的基础上，中央层面和地方层面推动碳中和目标落实也需要定期对其所制定和执行的碳中和政策进行执行效果的评估与调整，以便适应特定条件下经济社会发展目标以及碳减排现实条件、碳中和总体目标的需要。在对碳中和政策进行调整和完善的过程中，需要坚持如下原则。

（一）及时性原则

碳中和政策的制定、实施与当时具体的社会背景以及技术力量与碳中和指标设定等多重因素具有重要的关系。对此，需要关注相关要素和变量，并根据经济社会条件的变化进行及时的调适或向正式法律制度转化。在碳中和政策制定、执行与调整过程中，及时性原则的落实主要体现在以下几个方面。

1. 及时关注影响碳中和政策制定与执行的各项因素

在经济社会发展过程中，碳中和政策的执行与落实需要全行业全领域内社会主体全

---

① 刘宇，等．碳中和目标实现下中国转型发展路径研究［J］．北京理工大学学报（社会科学版），2022（04）：35.

员参与，而非仅靠能源、建筑、交通、工业等行业领域执行政策。对此，在碳中和政策制定、执行以及调整过程中，需要关注全行业社会全员力量在落实政策过程中采取的措施、达到的效果、产生的影响以及在落实过程中还存在哪些不足等方面内容。此外，还需要及时对特定影响性因素进行关注并定期开展评估，明确这些因素对碳中和政策的制定、执行与调整的路径和结果的影响，为后续政策的有效实施创造有利条件。

2. 及时汇总与评估碳中和政策执行过程中出现的各种情况

国际国内社会经济发展形势的变化与调整会对国内经济发展，特别是国内工农业生产、商业贸易的发展产生影响，也会影响碳中和政策的实施和后续的调整与完善。如：欧盟宣布碳边境调节税正式开始实施，此举将会对我国出口到欧盟地区的外贸产品价格等产生重大影响。此外，《联合国气候变化框架公约》第 28 次成员方大会（COP28）在《阿联酋共识》中表明“以公正、有序、公平的方式减少能源系统对化石燃料的依赖，在这关键的 10 年加快行动，以便在 2050 年实现与科学相符的净零排放”及“在 2030 年前将全球可再生能源产能增加 2 倍，以及加快研发碳捕捉和碳储存等技术，以协助难以减排的产业实现目标。”[①] 这些情形与活动会直接影响到我国碳中和政策制定与实施的实际效果。因此，在碳中和政策执行过程中，需要强化对相关因素的及时全面收集和整理，评估和总结碳中和政策制定、执行的现状以及未来进行调整时的方向和内容。

3. 及时调整碳中和政策

在碳中和政策执行阶段，需要严密关注碳中和政策实施的具体状况，研究和判断哪些因素可能会影响、干扰甚至是阻碍碳中和政策的执行，并及时地对那些影响碳中和政策实施的因素进行调整。此外，当碳中和政策执行过程中，出现无法满足现实要求的情形时，需要根据现实经济社会发展及技术指标要求等多项要素有针对性地进行调整，同时将可能影响碳中和政策进一步实施的各种政策文件进行及时有效地清理和更新。

自“十二五”以来，我国初步实施了碳排放强度控制，2020 年全国碳排放强度比 2015 年降低 18.8%，比 2005 年降低 48.4%，超过了向国际社会承诺的 40%—45% 的目标，基本扭转了二氧化碳排放快速增长的局面。2021 年，我国出台《中共中央 国务院关于完整准确全面贯彻新发展理念做好碳达峰碳中和工作的意见》《2030 年前碳达峰行动方案》，明确了节能降碳的任务，对碳中和任务的落实具有重要的作用。[②] 此后，我

---

① 第 28 届联合国气候变化大会落幕 达成《阿联酋共识》，总计筹集气候行动资金 850 亿美元［N］. 中国能源报，2023－12－18（11）.

② 国务院新闻办公室 . 中国应对气候变化的政策与行动［EB/OL］. https：//www. gov. cn/zhengce/2021－10/27/content_5646697. htm. 最后访问时间：2023 年 10 月 15 日。

国强化碳减排任务的实施，并已取得重要成绩。2023 年 7 月，中央全面深化改革委员会第二次会议审议通过了《关于推动能耗双控逐步转向碳排放双控的意见》，意味着能耗双控转向碳排放双控并迈入实质阶段。进入新的阶段后，将进一步完善能耗双控制度，优化完善调控方式，加强碳排放双控基础能力建设，健全碳排放双控各项配套制度，为建立和实施碳排放双控制度创造积极条件。2023 年 12 月，中共中央 国务院印发《中共中央 国务院关于全面推进美丽中国建设的意见》，在该文件中就碳中和政策的目标、领域等核心内容，从加强污染治理、强化生物多样性保护、落实主体责任等多个方面进行了规定，对推动我国碳中和政策的落实具有重要的指导意义。① 《中共中央关于进一步全面深化改革推进中国式现代化的决定》要求"实施支持绿色低碳发展的财税、金融、投资、价格政策和标准体系，发展绿色低碳产业，健全绿色消费激励机制，促进绿色低碳循环发展经济体系建设。加快规划建设新型能源体系，完善新能源消纳和调控政策措施。完善适应气候变化工作体系"。② 2024 年 4 月 26 日，中国人大官网公布《中华人民共和国能源法（草案）》，拟在健全能源规划体系、完善能源开发利用制度、加强能源市场体系建设、健全能源储备体系和应急制度、加强能源科技创新、强化监督管理等方面作出规定，分别对可再生能源、水电、核电、煤炭、石油、天然气等开发利用的基本政策取向作了规定。2025 年 1 月 1 日起，《中华人民共和国能源法》施行。

在碳中和政策调整过程中，政策与法律在规范和引导"双碳"目标落实过程中发挥着不同的作用，因而需要及时关注和评估碳中和政策与法律的实施作用和效果。碳中和政策执行过程中，当出现特殊情况时需要对碳中和政策进行及时的调整和完善。及时性原则要求在碳中和政策执行过程中及时认真有效地关注碳中和政策执行情况，并且关注碳中和政策执行过程中的各种影响因素。在经济社会发展过程中，经济与社会发展水平、居民消费水平、居民消费意向与选择意向以及科学技术发展现状等因素会影响碳中和政策的实际执行效果，并且在一定程度上可能会提前或推迟碳中和政策预定目标的实现。因此，在碳中和政策执行过程中，一方面要强调政策的有力执行，另一方面要关注碳中和政策在实际执行过程受到的影响以及其他相关因素。对此，在经济社会发展过程中，强调对碳中和影响因素的关注，有助于包括政府、专家学者、社会团体、公众等多元主体在内的力量共同关注"双碳"政策的制定与落实，并推动碳中和政策的实施。

---

① 中共中央国务院关于全面推进美丽中国建设的意见［EB/OL］. https：//www. gov. cn/zhengce/202401/content_6925405. htm. 最后访问时间：2024 年 5 月 15 日。

② 中共中央关于进一步全面深化改革 推进中国式现代化的决定［EB/OL］. https：//www. gov. cn/zhengce/202407/content_6963770. htm. 最后访问时间：2024 年 7 月 25 日。

（二）准确性原则

准确性原则是指碳中和政策在制定、执行以及实施过程中立足于政策信息、数据等多方面因素的准确，并在执行过程中严格落实政策要求。碳中和政策调整需要在遵循准确性原则的基础上，借助于有关数据（包括行业数据、政府管理部门的监管数据等）的准确并得以有效地应用，明确碳中和政策原则在制定、执行与调整过程中落实准确性原则的内容和基本要求。

1. 碳中和政策准确性原则的基本要求

（1）基础数据的准确性。唯有真实准确的基础数据，方可为后续碳中和政策的执行创造有效条件。碳中和政策调整需要依靠真实并准确的基础数据。在政策的制定、执行与实施过程中，需要对政策实施过程中产生的与碳中和有关的各项数据进行及时有效全面准确的收集、整理与分析，并将相关数据纳入系统性分析范围内，为政策的后续制定、执行以及调整活动的开展创造有利条件。此时，包括能源、工业、交通、建筑等多个工业行业、农业农村以及居民消费等工农业生产生活消费过程中产生的碳排放量、节能减碳量、技术固碳、降碳减碳等各种数据也需要进行真实全面性的收集与分析，从而为后续活动开展创造有利的条件。此外，还需要收集的是碳中和政策实施过程中经济技术社会变化所产生的各项信息与数据，并将其纳入分析与研究判断碳中和政策的系统工程中，为后续政策的调整提供必要的数据支撑。

（2）政策执行效果评估的准确性。在碳中和政策执行过程中，政策导向及目标需要基于特定时间段内经济社会条件、技术发展状态进行适时调整。为了准确了解和保障碳中和政策是否能够得到有效落实，需要对政策执行效果进行准确性评估。因此需要对碳中和政策所指向的各个指标以及行业领域在落实碳中和政策过程中形成的行业产业导向等多方面的信息进行搜集和评估，在此基础上尽可能地全面搜集整理这些数据和信息并进行有效评估，尽可能地保证政策执行效果评估的准确性。

2. 准确性原则的实施路径

（1）碳中和政策基础数据的准确。在碳中和政策文件的起草、评估、制定、执行的过程中，需要强化对其制定所依据的基本经济社会条件、技术发展现状等多方面的因素，特别是包括能源、建筑、交通、工业等多个行业领域内的基础生产能力、能源消耗量、碳排放量等涉及碳中和政策制定与执行等各方面的信息进行全面而准确地搜集、整理与分析。同时，还需要关注社会团体、居民在日常生产生活活动中所排放的温室气体含量以及节能降碳等方面的数据；亦需要关注在科学技术条件下，包括森林、草原、海洋、湖泊等自然固碳方式与人工固碳方式（碳捕捉与封存）在每年或特定时期内能够固定与封存的二氧化碳等具体数量等方面的信息。对相关数据和信息的搜集与整理以及科学准确的评估，可为后续碳中和政策，在面临经济社会以及技术条件发生变化时进行调整提供必要的基础信息。

现实中，已经出现部分案例显示因当事人伪造编造相关数据，严重影响了碳中和政策的有效落实，最终受到严厉处罚。如最高人民法院发布《司法积极稳妥推进碳达峰碳中和典型案例》，其中韩某涛等破坏计算机信息系统案即为典型例子。在该案中，韩某涛为天津某新能源科技公司下属的大良供热站站长，其于 2016 年 11 月前后至 2017 年 2 月，默许并授意该站员工、被告人刘某伟、赵某鹏对站内烟气连续在线监测系统中二氧化硫、氮氧化合物、烟尘等大气污染物的后台参数进行篡改。上述行为造成二氧化硫、一氧化氮、烟尘等大气污染物的在线监控数据与实时上传到国家环保部门的监控数据严重不符，致使生态环境主管部门不能有效监控该企业烟气污染物是否超标排放。天津市武清区人民法院一审认为，韩某涛、刘某伟、赵某鹏的行为致使检测数据严重失真，使计算机信息系统不能客观反映二氧化硫、一氧化氮、烟尘等大气污染物排放的真实情况，超标排放污染物，后果严重，依照《刑法》第二百八十六条规定，构成破坏计算机信息系统罪。人民法院依法判处被告人相应刑罚，严厉打击了破坏环境监测计算机信息系统犯罪行为，是贯彻落实最严格制度最严密法治保护生态环境的生动体现，也为惩治碳排放数据造假等违法行为提供了借鉴。[①] 与碳排放有关的数据造假行为，直接影响我国生态环境主管部门对相关活动的监督与管理，会产生有关部门无法掌握准确数据，从而在设定碳减排目标时无法设定准确合理的目标与任务，最终影响碳减排目标的具体实施效果。因此，对碳中和政策执行效果进行评估，需要立足于准确无误的相关数据。

（2）碳中和评估结果的准确性。在碳中和政策实施过程中，需要加强政策执行效果的梳理和评估，利用包括环境影响评价、公众参与等多种法律制度、法律机制等方式，强化碳中和政策以及相关法律法规的有效实施。在实施过程中，借助政府部门的监督管理活动、企业事业单位的生产经营活动的开展，执行法律规定及落实政策。强化碳中和政策评估，通过评估活动的开展为碳中和目标的实现以及碳中和政策在特定情况下进行调整时提供必要的基础数据。对此，需要有效地开展评估活动，关注并强调碳中和评估结果的准确性。强化评估依据数据、评估指标体系的科学性、准确性以及评价活动的有序开展，更好地为后续碳中和政策活动的执行及针对部分现实条件进行调整时提供

---

① 最高人民法院．司法积极稳妥推进碳达峰碳中和典型案例［EB/OL］．https：//www.court.gov.cn/zixun－xiangqing－389341.html．最后访问时间：2023 年 10 月 15 日。

强有力的基础，并进一步推动调整后的碳中和政策得到有效落实，从而更好地调整和完善碳中和政策。

（三）科学原则

在碳中和政策的起草、制定、执行与后续调整过程中，一方面需要由政府、社会公众、学者、企业事业单位等多元社会主体共同参与，发挥各自优势与作用；另一方面则是需要在确定政策目标、监督、监测以及考核评价时需要以科学有效地评估与评价为基础。科学准确地认识碳中和政策制定经济社会背景、科学技术现状以及各个发展指标或评价指标对于推动碳中和政策的制定、执行与调整完善具有重要的作用。对此，在碳中和政策制定、执行与调整完善过程中需要坚持与落实科学原则。

1. 为碳中和政策的制定、执行提供科学依据

在碳中和政策制定、执行以及调整过程中，需要科学准确地认知国家制定与执行碳中和政策时的总体背景、现实要求以及科学技术现状等基础性因素。在明确这些因素的基础上，借助科学技术手段梳理、汇总与分析我国各行业各领域及公民生产生活消费过程中产生的碳排放量的具体情况（既包括各个行业的碳排放量情况，也包括全国总体性的碳排放量、地区性碳排放量等数据）。此外，还需要梳理、汇总我国现有实际固碳总量，包括生态固碳（森林、草原、海洋与湖泊固碳等）以及人工固碳的实际总量。借助科学技术与手段，统计分析各行业产生温室气体数量以及固碳总量，可以为我国具体的碳达峰、碳中和政策的制定、执行与调整提供基础性内容，也为后续各个行业发展过程中控碳降碳提供指标参考与评价参考等基础性数据，引导碳中和政策的执行。在这个过程中，一方面需要立足于科学准确的碳排放数据，另一方面也需要科学地制定、执行与评价碳中和政策，从而更好地推动碳中和政策的有效落实和发展。此后，还需要对碳中和政策的制定程序、内容等方面结合环境影响评价等法律制度开展具体的评价活动（主要为环境影响评价、风险评估），从而更好地引导碳中和政策的执行、调整和完善。

2. 科学地评价碳中和政策制定与实施情况

在碳中和政策制定与执行过程中，一方面需要确保碳中和目标与任务的准确性，另一方面也需要保障政策执行的科学性与准确性。唯有准确而科学地评价碳中和政策的制定与执行，才能够全面系统而准确地了解碳中和政策在制定与执行过程中存在的缺陷，并在实际情况发生变化时有针对性地进行调整，从而进一步推动碳中和政策的实施。在此过程中，科学而准确地评价指标要素的选择与指标体系的建设将会在一定程度上影响碳中和政策的制定与实施情况。对此，在碳中和政策制定和调整过程中，一方面需要组

织政府管理部门、学术界、社会团体以及公众等多元主体共同参与碳中和政策建设与实施评价体系建设活动，以保证公众所了解和收集到的科学技术信息以及公众对碳中和政策制定与执行方面的信息相对来说也是全面的；另一方面，需要包括气象学、物理学、生物学、毒理学、社会学、传播学、法学等多学科专家学者在内的多学科领域专家学者共同努力设计与建设碳中和政策的制定、执行与评估体系。通过该体系的建设与运行，了解和掌握碳中和政策制定与执行方面已经取得的成绩与在政策执行过程中出现的问题与不足。只有较好地了解和掌握相应的信息才可以为我国碳中和目标的落实创造有利的条件。

同时，在目标建设过程中，需要对碳中和政策调整的依据与所面临的基本现实条件，特别是碳中和政策实施过程中所产生的各项数据进行搜集与整理，对其进行科学严谨地分析，并最终形成有效的评价与评价体系，为碳中和政策在实施过程中（国内外经济社会发展条件、技术装备状况等多方面因素进行收集）有关信息的了解、收集与和掌握创造有利条件。此外，为了进一步推动公众在日常生产生活中形成对碳中和政策的准确认知，还需要开展科学普及活动，使公众全面认知碳中和政策在制定及实施过程中采取的措施以及产生的效果，特别是公众个人在生产生活活动如何影响碳排放及控碳、减碳、降碳等，通过经济激励、刺激与诱导等多重措施来鼓励公众参与碳排放政策落实活动。公众通过实施具有节能降碳性质的生产生活活动来推动节能降碳目标的实现，从而更好地推动碳中和政策的制定、执行与调整。

3. 风险评估过程中的科学性遵守与落实

在我国经济社会的发展过程中，高风险情形和因素不断出现与衍化。这些高风险因素的存在与发生，将会给经济社会发展带来不良影响。“双碳”政策与发展目标在实施过程中，对经济社会发展各项要素及社会公众日常生产生活产生较为强烈的影响。对此，为了更加清晰有效地应对能源开发利用以及其他领域的生产建设活动，需要借助风险评估等活动来了解影响碳中和政策制定与实施的各种活动与因素，分析这些因素如何影响碳中和政策的实施以及可能产生的影响，为碳中和政策的有效落实提供必要的条件和基础；并为可能引发风险的碳中和开发利用技术的应用与预防其可能造成严重损害结果的应对提供必备的基础和条件。通过对相关数据的收集、整理，分析、研究来判断当前以及未来特定时间段内碳中和政策执行过程中可能出现的各种风险情形，落实与强化科学原则的应用，有助于推动我国经济社会的健康可持续发展，有助于推动碳中和政策的有效实施和发展、完善，也有助于推动科学原则融入在碳中和政策的落实和应用过程中。

三、碳中和政策调整的主要影响因素

（一）特定地区特定时间段内的经济社会条件

碳中和政策的制定与实施，是伴随着经济社会发展到一定程度上展开的。人类因自身的生产生活活动排放大量的温室气体导致作为一个整体的地球上的温室气体总量逐渐上升并引发旱涝灾害等自然变化与异常天气。人类总体上排放的温室气体含量过高，将会影响人类自身经济社会发展。自工业革命以来，人类对化石能源开发利用强度和利用方式逐步加强。交通运输、建筑、工业等行业的发展也在不断地利用与消耗化石能源以及其他相关产品。因此，在经济社会发展过程中，需要对经济社会发展要素与工业生产行业发展等进行有效的关注。这是因为，经济社会的发展需要利用各种资源，社会各主体力量在发展过程中具有各自的作用和地位。此外，随着经济社会的不断发展，人类开发利用自然资源的科学技术水平不断提升，也会加大温室气体的排放，特别是二氧化碳的排放。在这个过程中，经济社会发展的深度与广度将会直接影响温室气体的排放以及温室气体控制的现实目标实现与任务落实。因此，关注经济社会发展因素，特别是影响人类经济社会发展的自然资源开发利用活动、人类社会交往与生产生活活动等诸多重要素与内容，可以明确不同国家不同地区特定时间段内温室气体排放的实际状况以及节能降耗减排的现实需求和任务。

此时，不同国家因自身的自然禀赋存在不同，经济社会发展阶段与水平不同以及科学技术手段不同。此时，特定国家和地区经济社会发展因素（特别是发展过程中对能源、建筑、交通等多行业多领域的发展状态、发展特点与发展要求与目标等）也不同。因此，分析、关注与研判特定国家与地区特定时间段内的经济社会发展现状以及发展要素及其特点，对于经济社会发展，特别是碳排放量高的工业行业领域进行深入分析，收集、整理相应地区经济社会发展过程中的碳排放量变化情况以及碳排放与该地区经济社会发展模式、发展阶段等多方面因素之间的关系，并进行较长时间的科学分析，找出该地区碳排放量的变化规律与演变趋势，为该地区碳中和政策制定、实施与调整提供必要的对照条件。因此，为完善国家层面的碳中和政策，需要对不同地区不同时间段内各个行业领域的碳排放量以及固碳数量等数据进行收集、整理、分析与比较，为国家层面总体碳中和政策的制定、执行与调整提供必要的前提基础与条件。

我国经济社会发展迅速发展，经济总量快速增长，工业、能源、建筑业、交通业等大规模发展，工业产业格局的不断调整与升级。在此过程中，经济快速增长，以煤、石油、天然气为核心的化石能源等多种能源的生产与消费产生了大量的温室气体。这些温室气体的排放在一定程度上可能会引发全球气候变暖等情形，并进一步引发海平面上升等严重不良后果。此外，“双碳”政策制定与执行也会推动我国经济社会发展，特别是各行业各领域的经济技术发展。应对气候变化是人类共同的挑战，一方面需要大量的资金、技术、人才等资源，需要相关政策的支持；另一方面还需要协调好各行业、各区域、各地域所面对的不同禀赋，以更好地实现统筹兼顾。① 中国在能源、交通、建筑、工业和碳税等领域需加紧减排步伐，进一步改进和提升碳定价政策、能效政策、可再生能源政策、电能替代政策的实施方案。②

（二）科学技术条件

人类的生产生活活动不断地对周边自然界产生各种影响。这些影响既包括积极影响（如通过改良土壤、改良农作物种子等在给人类生成生活活动带来积极影响的同时，也对周边生态环境带来了积极的影响），也包括消极影响（如人类生产生活活动中产生的大量塑料制品，这些塑料制品在给人类生产生活活动带来便利的同时也在污染着自然界）。伴随着人类开发利用自然界水平和能力的不断提升，人类对自然界的开发利用强度也在逐步的加大。为有效加强对生态环境的保护，实现人类社会可持续发展，要强化对人类开发利用自然界的各种方式进行研究，明确其可能产生的积极影响与消极影响。

伴随着人类对化石能源利用种类、利用强度和能力的逐步提升，人类将化石能源作为自身经济社会发展的重要能源供应来源之一。然而，在人类使用化石能源时，基于其自身社会经济结构问题以及人类对化石能源利用的效率，产生了大量的温室气体（以二氧化碳为主的六类温室气体）。这些温室气体可以在一定程度上保持地球温度不至于过低，但是随着温室气体的逐步积累，地球上所积累的温室气体总量逐步加大，逐步形成了温室效应并进一步引发全球气候变化。人类开始关注和重视对气候变化的应对。在调整能源结构的同时，也通过制定和执行“碳中和 碳达峰”政策，采取了包括政策、法律、环境保护、技术等在内的多重手段来减少地球上温室气体的总量。在此过程中，人类采取了以碳捕捉与封存技术为代表的固碳、减碳、降碳技术以及调整能源结构、提高能源利用效率的方式。因此，科学技术在推动人类经济社会快速发展过程中起到了巨大的作用，同时对于推动我国制定、实施和调整碳中和政策具有重要的辅助作用。

在分析影响碳中和政策调整因素时，需要将科学技术方面的因素纳入考虑范围。对包括能源、建筑、交通、工业等多个部门行业的开发利用技术水平进行研究和明确，特

---

① 张涛.《2030年前碳达峰行动方案》解读［J］. 生态经济，2022（01）：10.

② 刘宇，等. 碳中和目标实现下中国转型发展路径研究［J］. 北京理工大学学报（社会科学版），2022（04）：35.

别是对技术实施时碳当量产生和消解的数量进行专门研究，明确我国各个行业领域主要适用技术所蕴含的碳当量信息、能源利用效率等信息，并对经济社会发展增长速度、增长量等多个因素进行综合汇总统计，以期明确我国各行业内主流技术（包括最佳可得技术）应用时所蕴含的碳排放强度与总量等，从而为后续碳中和政策执行提供必要的基础性信息。此外，科学技术水平不断提升，面对“双碳”的现实目标与要求时，我国也需要不断地强化在降低温室气体排放、提高能源效率等方面的科学技术水平不断的发展，强化相关技术指标、技术开发应用方面的水平提升，从而进一步加强我国碳中和政策的实施效果。

此外，在经济社会发展过程中，科学技术对于降低和减轻人类对环境的不良影响具有重要的作用。保护生态环境需要减少人类对自然界的污染和破坏，也需要强化科学技术的提升与强化。将科学技术作为影响碳中和政策的调整因素之一，需要明确可产生的影响与意义。这是因为，科学技术的应用在给人类经济社会发展带来大量温室气体的同时，也能够帮助人类认知自然界内温室气体的来源、强度、变化趋势等内容，同时也能够为人类通过自然吸附固碳、工程固碳等方式提供专业技术信息。这些因素的存在，需要引导政府管理部门高度关注科学技术手段。一方面将其作为指标评价要素，采取各种科学技术手段，特别是监测、鉴定力量来发挥其作用，对自然界中人类生产生活行为所排放的温室气体总量进行监测、测算与评估，明确人类活动在大的时间和空间尺度内排放温室气体的总量以及变化趋势等，从而为后续政策的制定提供基础性数据支撑；另一方面要充分发挥其引导科学技术在经济社会发展过程中的助推作用。

要实现人类社会可持续发展，一方面需要提高经济社会发展水平，另一方面需要提高技术应用，降低和减少经济社会发展过程中能源消耗、资源消耗等多方面要素的消耗，从而实现以尽量少的能耗来获取最大的经济社会发展目标。科学技术水平的不断提升可以为实现这一目标提供必要的辅助功能。对此，在开发利用科学技术时一方面关注技术手段应用后可能带来的碳排放当量情形，并采取措施尽量降低能源消耗等；另一方面，则是需要通过科学研究来开发和提升有助于减少温室气体排放、工程吸附并固化二氧化碳的技术水平，同时努力实现其商业化开发应用，为我国碳中和政策的实施提供必要的物质基础和条件。此外，科学技术所蕴含的知识变化及其应用情况也将影响到我国碳中和政策的制定与执行效果。密切跟踪政策目标的执行情况，给予政策动态调整的灵活度。重视法律的约束作用，适时研究并推出气候法，将中长期减排目标“法律化”。[①]对此，需要将科学技术作为影响碳中和政策调整的因素并予以高度重视，从而更好地推

---

① 杨成玉．欧盟绿色发展的实践与挑战——基于碳中和视域下的分析［J］．德国研究，2021（03）：97.

动碳中和政策的调整和完善。

（三）社会公众对碳中和政策的认知态度和支持力度

碳中和政策的制定与执行，不只是单纯依靠各工业行业领域执行和实施碳中和政策，而是需要多个行业领域以及社会公众全部在内共同发挥力量方可实现碳中和政策的有效实施。如果单纯依靠各行业领域内执行碳中和政策，虽然可以在较大幅度内减少温室气体的排放当量和排放总量，且可以依据其能够为碳捕捉与封存技术的开发应用提供强有力的智力支持，但是其长久效果有待进一步考察与评估。在此过程中，科学技术将会为碳中和政策的实施创造有利的条件。然而，还需要关注到的是另一个碳中和政策执行过程中的重要力量——社会公众。社会公众的生产生活行为，特别是消费行为也会产生大量温室气体。对此，应当对社会公众生产生活中碳排放行为进行关注，明确其可能产生的碳排放量以及碳排放强度等多方面要素。关注社会公众对碳中和政策的认知态度对明确影响碳中和政策的因素具有重要的积极效果和作用。

关注和明确社会公众对碳中和政策的认知态度，对推动碳中和政策的制定与执行具有重要的作用。研究和明确碳中和政策的认知态度，明确其关键性要素有助于推动碳中和政策的制定与执行。社会公众对碳中和政策的认知对其生产生活行为具有重要的影响。这是因为，如果社会公众能够较为清晰准确地认识到其生产生活活动中产生的温室气体对周边环境可能带来的影响，特别是不利影响，那么此时通过政策、市场引导和经济刺激等方式，社会公众可能会采取节能降碳措施，如在生产和生活活动中主动购买与消费碳排放量少的商品、产品等，从而逐步降低其生产生活中的碳排放量。如果社会公众未能充分认知到其生产生活行为中碳排放行为对其周边生态环境可能带来的不良影响，那么在现实中会基于自身经济利益等多种因素考量可能不会积极主动采取有针对性的措施，如在生产生活活动中购买和使用非低碳性商品或者是碳排放量高的商品和产品，在此过程中可能会对周边生态环境带来严重的不良影响。公众对此问题可能会持赞同或反对意见。对比这两种公众可能持有的意见和建议时，会发现这种情况的存在将会对碳中和政策在制定与实施产生不同的影响。这些不同的反应和观点将会对周边环境带来不同的影响。因此，关注和研究社会公众对碳中和政策的观点有助于为碳中和政策的调整提供必要的参考。

（四）国际气候变化发展形势

应对气候变化问题，不仅需要国内各行业各领域采取有针对性的措施进行应对，而且需要包括各个国家和社会组织在内的多元国际社会主体共同参与方可努力实现“双碳”政策与目标。全球性气候变化应对问题的解决需要各方共同采取措施进行应对，包括制定和实施碳中和政策。这是因为，地球上的生态系统处于一体状态，单一主体的改变虽然可以在一定程度上降低和减少全球碳排放总量，但是较长时间内无法全面扭转全球气候变暖的情况。因此，应对全球范围的气候变化问题，需要各个国家与地区共同参与，其中的一个重要方式就是减少温室气体的排放，并采用工程技术以及依靠自然界生态系统进行二氧化碳的吸附和固定。因此，在应对全球气候变暖过程中，需要国际社会主体共同发挥作用，但是现实中一些因素的存在和发挥作用导致在国家内部制定和执行碳中和政策过程中需要关注一些特殊因素。这些因素主要是：

1. 全球气候变化应对方面的情况

自 1992 年以来，里约大会通过《气候变化框架公约》及其附件与议定书，并召开了多次成员方大会，为全球应对气候变化问题提供了重要的国际力量支持。该会议创设了多项法律制度与实施机制，如联合履约制度、清洁生产机制等，为应对气候变化创造了条件。虽然国际社会层面已采取多种措施来应对气候变化问题，但是实际效果有待进一步提升。在国际层面上，各个国家和地区就应对全球气候变化达成了共识，但是在采取行动时依然存在着不同，典型例子为美国政府多次宣布其退出《京都议定书》《巴黎协定》，以降低自己因承担减排温室气体的任务而需要付出的成本。此外，发达国家、发展中国家、不发达国家因自身社会经济发展状况以及技术条件等因素限制与影响，面对应对气候变化及节能减排之任务时会持有不同的观点，特别是对减少温室气体的排放方面需要投入大量的科学技术力量时持有较大的差异性观点。发展中国家和不发达国家会因其自身科学技术力量不足而导致无法有效地实现节能降耗减排的现实目标。

虽然公约、议定书中约定由发达国家向发展中国家转移有助于节能减排降耗减少温室气体排放技术及相关知识产权，但是在实践中此一项约定尚未得到有效的落实。在特定情形下，部分发达国家不愿意承担公约、议定书要求其应当承担的义务，或者是采取拖延政策，导致整体上全球气候变化应对效果不佳。基于这种国际背景，碳中和政策的制定与执行，将在一定程度上会受到来自国际社会的影响，特别是涉及科学技术与相应知识产权的转移和转让以及国际经济发展等多方面因素的影响。在此过程中，美国和欧盟打着应对气候变化的旗号实施碳关税，可能将造就一种新型的贸易壁垒，对国际贸易公平产生严重的消极影响。[①] 对此，国内制定与执行碳中和政策时，要考虑潜在的国际影响。

2. 国际贸易因素的影响

一国制定并实施“双碳”政策，其影响不仅限于本国本地区，还将辐射到其他国

---

① 韩立群. 碳中和的历史源起、各方立场及发展前景［J］. 国际研究参考，2021（07）：29 - 36.

家和地区。人类通过国际贸易实现各个国家和地区之间的互通有无。伴随着国际贸易的开展，各个国家和地区之间的人员、资金、商品、服务等的流动，对于推动人类社会的发展具有重要的作用。在国际贸易中，特别是涉及到商品贸易、原材料贸易时，远洋运输大多数仍然使用化石能源作为能源供应来源。在此过程，长距离跨境商品运输（特别是大宗商品运输，如煤炭、原油、铁矿石等）需要消耗大量的能源。在国际贸易中，发达国家向发展中国家出口商品和服务时，多数具有低碳属性但是价格相对较高，这种情况对于发展中国家和不发达国家的消费者来说，其可能远远超出其消费承受力，此时相应消费者可能不愿承担高昂价额的商品费用、服务费用或者是知识产权费用。此外，在国际贸易过程中，依据 WTO 贸易规则，一国为了维护自身生态环境安全，可以基于自身实际情况与现实需要设置特定的绿色贸易壁垒。现实中，发展中国家、不发达国家在向发达国家出口产品时，多数是初级农产品或者工矿业原材料，这些产品在生产过程中会产生大量的包括二氧化碳在内的温室气体，而发达国家可以借助自身的经济实力、科学技术优势等，以保护其本国内或地区内生态环境目标为借口设置绿色贸易壁垒，人为压低发展中国家、不发达国家向发达国家出口产品的价格或者是抬高来自发展中国家和不发达国家向发达国家出口的门槛，从而赚取高昂的经济利益。因此，在国际贸易中，不同国家对同一问题或相似问题因处于不同的地位而导致现实中很多贸易无法有效地开展，特别是那些有助于推动碳中和政策执行的科学技术及其知识产权的交易与转让等活动开展，最终影响到参与国际贸易的国家和地区的碳中和政策的执行情况。

煤、石油、天然气、天然铀等能源产品是国际贸易的重要交易对象。在现实中，能源交易的价格、运输成本以及国内外市场需求度等因素直接影响到现实中各个国家对能源交易和消费的信心和选择。[①] 对此，一国在本国制定和执行碳中和政策过程中，需要考虑国际贸易因素对本国碳中和政策实施可能产生的各种影响，特别是不良影响。当一国因国际贸易中引发的能源消费、建筑材料生产与使用等多重因素将会影响到其本国内经济社会的发展。此时，该国碳中和政策的制定、执行与实施需要考虑到这方面的因素，特别是那些以出口经济为主导类型的国家。此外，虽然国际贸易市场上各种因素的出现将会影响到其具体的贸易发展现状，但是国际市场交易主体在交易过程中以及交易结束后将会对其本国内商品生产、货物运输、科学技术开发以及知识产权转移等产生较强的影响。

对此，一国或地区在推动其碳中和政策的制定与实施时，需要考虑到该政策可能对

① 典型例子为：从 2022 年俄乌军事冲突以来，西欧地区开始实现天然气进口多样化；法国则继续开发利用核能。国内能源的生产与消费事实上受到来自国际能源交易市场的影响。

其本国经济社会发展的影响，为评估其碳中和政策制定与执行效果的有效性提供必备的评价性因素和指标，以期推动碳中和政策的制定和实施从而进一步实现本国或地区的经济社会可持续发展。对此，要将国际贸易各项因素作为调整本国或地区的碳中和政策的参考要素之一，以便更好地评估本国或地区的碳中和政策的内容准确性与执行效果，从而为后续碳中和政策的调整和完善创造有利的条件。总之，碳中和政策从制定、执行到调整需要立足于当地的实际情况，特别是经济社会发展与科学技术手段现状等。对此，需要关注引导碳中和政策调整的基本原则、影响因素的内容，并基于相关活动的开展来为碳中和政策调整活动的实施创造有利的条件和基础。

第二节　碳中和政策的终结

当特定地区经济社会发展因面临特殊情况或者是基于落实碳减排任务的现实需要，对碳中和政策进行调整或者是其他类似情形时，应当在对碳中和政策执行效果进行评估的基础上，相应作出碳中和政策是否需要调整以及如何调整的决定，或是因政策预定目标已实现或面临无法实现的情形时需要作出碳中和政策终结的决定。对于这些情况，碳中和政策可能会基于特定原因或特定情况而被终结。因此，在了解和掌握碳中和政策调整的前提、指导原则以及影响碳中和政策调整的因素等内容的基础上，进一步明确碳中和政策终结的内涵、原则以及影响碳中和政策终结的因素、障碍及解决策略等核心要件，从而为后续碳中和政策的调整、完善，特别是应对气候变化问题提供有针对性的指导。

一、碳中和政策终结的内涵

在现实生活中，碳中和政策对温室气体的减排及控碳降耗等多重目标任务的实现具有重要的作用。然而，特定时间特定区域内的碳中和政策制定与执行需要基于当地现实条件。当经济社会发展条件及其他条件，特别是可能会影响碳中和政策执行的因素发生变化时，需要对碳中和政策实施效果及时地进行评估并予以调整。在碳中和政策调整过程中，亦可能出现碳中和政策因现实条件变化无法继续有效执行时，此时碳中和政策的制定者、执行者需选择终结碳中和政策。对此，需要明确碳中和政策终结的内涵。

碳中和政策的终结是指当影响碳中和政策执行与调整的因素出现（包括经济、社会发展以及科学技术变化），导致碳中和政策无法继续有效实施时，碳中和政策制定者根据现实条件选择终结碳中和政策，或者是当碳中和政策制定时其预设目标已实现，且控碳降耗等目标也得到有效落实，此时不需要继续执行碳中和政策时，碳中和政策的制定者可以结合实际情况选择终结碳中和政策。

基于此，可以明确碳中和政策终结的特点包括以下内容：因素的变化性。在碳中和政策制定与执行过程中，当影响碳中和政策制定与执行的各种因素出现时，需要由碳中和政策制定主体及时关注碳中和政策制定和执行的具体效果。此时需要结合具体现实要求和内容进行有针对性的评估，关注相关因素的变化情况，为后续活动的开展创造有利的条件和基础。结果的终局性。从结果上来看，碳中和政策的终结，意味着在特定时间段特定区域内的碳中和政策将不再得到执行或调整，从而引发该政策的结束。对此，在碳中和政策进行调整和发展过程中，需要进一步强化对相关因素和衡量指标的收集、整理与分析，从而为碳中和政策调整、完善等创造有利的条件和基础。

在运行过程中，碳中和政策的终结将会直接引发特定地区特定时空范围内的碳减排任务的实现或终止。然而，现实中，大部分碳中和政策的终结并非是因为碳减排任务的完全实现，而是由于多个因素的出现导致碳中和政策无法继续实施。此外，碳中和政策终结还有特定的情形，主要表现为相关政策内容在各个地方落实碳减排任务时可能会通过法律制度、市场机制、行政管理机制等予以强化和落实，此时在一定程度上实现“政策法律化”。此种情况的出现意味着碳中和政策的终结；或者是在碳中和政策执行过程中，出现了新的情况与发展目标要求，带来原有碳中和政策的终结。此时，原有碳中和政策的终结，有利于新的碳中和政策的形成与执行，从而更好地推动碳减排任务的实现。习近平总书记在党的二十大报告中强调，“立足我国能源资源禀赋，坚持先立后破，有计划分步骤实施碳达峰行动”“完善能源消耗总量和强度调控，重点控制化石能源消费，逐步转向碳排放总量和强度‘双控’制度”。[①] 在实践中，碳中和政策由原来的调整能源结构、减少化石能源的消费等转向碳排放总量和强度“双控”。此种变化与发展有助于推动我国能源行业的碳中和政策的发展与建设，并最终推动我国碳中和政策的发展与建设。

在了解和掌握碳中和政策终结的概念和特征的基础上，还需要结合具体实际情况，明确影响碳中和政策终结的原则和内容，为碳中和政策终结的了解与掌握创造有利的条件和基础。在现实中，一国或一地区调整或终结其碳中和政策，主要是基于外部因素和内部因素（一是政治观念的形成和经济服务的提供；二是利害攸关方的权利义务关系

① 习近平．高举中国特色社会主义伟大旗帜 为全面建设社会主义现代化国家而团结奋斗——在中国共产党第二十次全国代表大会上的报告［M］．北京：人民出版社，2022.

等)。在现实中，政策决策者之所以认为能源供应公司不会破产，是因为有效的替代性能源为核能退出政策的实施提供了可行的方案，典型的例子为德国自日本福岛事故后放弃核能开发利用并宣布关停核电站。[①] 然而，德国在发展过程中可以依靠其他可再生能源提供电力。此外，法国在最新的能源法案中明确了核能发展规划等内容，以推动低碳的发展。同样情况也类似于碳中和政策的终结。此外，包括美国、瑞典在内的多个国家近期宣布开始建设新的核电站或者是颁发新的核电建设运行许可。此外，碳中和政策终结的一个形式是实现碳中和政策内容的法律化，将其通过法律进行规定，从而赋予其法律的实施效力，以便更好地落实。

二、碳中和政策终结的原则与内容

碳中和政策的制定、实施与调整，将会对特定时间段内特定国家特定地区的经济社会产生较大的影响。这些影响既包括短期影响，也包括中长期影响。这是因为，人类采取包括节能减排、碳减排、碳捕捉与封存技术等多重手段来减少温室气体排放的总量，可以在一定程度上延缓全球气候变暖这种情形发生的时间和强度，但是从长远来看，降低全球气候变暖发生的几率及实际效果等问题依然需要进一步的研究和明确。在执行过程中，当碳中和政策因一些意外性因素或者是社会经济技术调整发生变化时，导致碳中和政策无法继续执行下去时将会面临碳中和政策的终结。对此，需要明确碳中和政策终结的原则与主要内容。

(一) 碳中和政策终结的原则

1. 科学性原则

在碳中和政策执行过程中，当特定情形或因素的存在与发生，导致特定地区的碳中和政策无法继续有效执行时，不得不面临碳中和政策的终结。在做出碳中和政策终结决定时需要遵守科学性原则。这是因为，碳中和政策的终结决定的作出，需要具有较强的证据或事实证明现实中影响碳中和政策执行、调整等活动已无法继续有效实施。当出现可能导致碳中和政策无法有效继续实施的因素时，政策制定者需要借助科学性原则来明确这些因素对碳中和政策执行的具体影响，明确这些因素对碳中和政策影响的程度，特别是对碳中和政策的影响是否属于彻底阻碍碳中和政策的执行，从而为后续碳中和政策终结决定的作出提供必要的参考依据。在落实科学性原则过程中，政策制定者需要借助

① ［德］格尔德·温特．德国核能使用的兴衰：过程、解释及法的作用［C］．陈真亮，陈静，译，秦天宝．环境法评论［M］．北京：中国社会科学出版社，2019：192－220.

科学技术手段对影响碳中和政策各项因素的内容进行准确评估，在收集、梳理和分析这些因素的内容以及其影响途径的基础上，为后续碳中和政策制定者作出决策提供必要的依据。

2. 准确性原则

碳中和政策的制定、执行、调整与终结活动的开展，需要严格落实准确性原则。现实中，碳中和政策的制定与执行，会在很大程度上影响特定地区温室气体的排放以及其他相关活动的开展（特别是涉及国家应对气候变化的国际性义务）。碳中和政策的落实有助于推动我国“双碳”目标的实现。然而，碳中和政策的制定、实施等活动的开展需要立足于特定的现实条件。当有关主体制定、执行与实施碳中和政策时，需要立足于现实条件开展及时准确的评估活动，特别是要求保证该政策评估结果的准确性、评估体系的准确性、评估要素的全面性与准确性。碳中和政策的制定、执行、调整与终结，将会对特定地区特定时间段内的经济社会发展、生态环境保护以及科学技术的发展产生比较大的影响。对此，在作出碳中和政策终结的决定或结论时，需要立足于准确性的要素和基础。在开展评估时，一方面需要立足于现有经济社会与环境保护等多项背景性因素，并建立系统性科学性的评估系统，从而更好地开展评估活动；另一方面，也需要考虑碳中和政策终结的决定作出后对特定地区特定时间段内可能产生的各种影响，并结合实际情况采取有针对性的措施进行应对。

3. 合法性原则

碳中和政策终结的前提是特定经济社会发展变化，引发碳中和政策无继续执行的必要性。碳中和政策的制定、执行与调整需要立足于特定的现实条件，需要由政策制定者经过前期调研、收集整理资料、评估与分析，确立碳中和政策并在特定时空范围内进行执行。在执行过程中，面对碳中和政策终结的现实要求，需要由包括政策制定者与执行者、第三方主体等多元主体对碳中和政策的实施效果进行评估，从而为政策终结提供依据。

需要确立和坚持合法原则。这是因为，坚持合法原则可以保证碳中和政策制定、实施与终结时的政策制定者、实施者、第三方主体等在有效地收集各项信息的基础上，借助前期依照法律程序制定或明确的评估程序（含评估主体的遴选和组成、评估信息的收集与筛选、评估程序的建立与实施、评估结论的确定、评估结论的第三方评估等程序），严格按照法定程序收集整理资料并开展评估活动，并在评估结果的基础上作出后续的碳中和政策终结的最终决定。在碳中和政策终结决定作出后，亦需要按照信息公开方面的法律规定将决定的结果进行及时公开，听取专家学者、社会公众、行业团体等多主体的意见和建议并对多主体提出的意见和建议进行回应，从而实现碳中和政策终结结论的科学性和准确性。

碳中和政策终结将会对特定时间特定地区的碳减排任务的落实以及经济社会发展带来重大的影响。对此，在作出碳中和政策终结的决定时，也可以参照“决策启动—公众参与—专家论证—风险评估—合法性审查—集体讨论决定—决策公布—决策执行和调整”的程序来开展和完成相关的活动，特别是需要借助信息公开与公众参与活动，以保障碳中和政策终结决定的科学性。借助碳中和终结决策评估活动的科学性、程序性与合法性，保证碳中和终结决策的可接受性与科学性。

（二）碳中和政策终结的主要内容

1. 碳中和政策终结的实质性内容

从现有实际情况来看，碳中和政策的制定、执行与实施将会对我国经济社会与生态环境保护产生较为深远的影响。这些影响既包括积极影响（如推动我国经济社会的转型与发展，实现从高碳化发展模式向低碳化发展模式的转型，减少和降低我国碳排放以及能源消耗，同时也将推动我国碳减排领域内的科学技术手段与技术开发应用的不断提升与发展等），也包括消极影响（如影响我国经济社会的稳定发展或者是对特定地区生态环境产生严重的不良影响）。在制定、执行碳中和政策过程中，需要强化对相关政策的研究，明确影响碳中和政策实施的各项因素，以便碳中和政策的制定者与执行者在面对现实条件时，能够准确判断特定情形下的碳中和政策是否需要调整、是否需要继续执行、是否需要终结等，并对相关内容进行持续关注。碳中和政策终结的实质性内容指向了当特定经济社会与生态条件的变化引发的碳中和政策无法得到继续有效执行下去的情况以及该决定作出后对经济社会发展产生的各种影响。

碳中和政策终结的原因之一是该地区执行碳中和政策时原预定目标已得到较好的执行，碳减排任务得到有效落实，政策执行后不再需要继续执行，对此可以选择终结碳中和政策。另外，当经济社会发展以及生态环境保护等领域因素的变化导致该地区碳中和政策无法继续实施（即碳中和政策的执行受到严重阻碍无法继续实施）时，需要明确其具体的内容和效果，此时也会导致碳中和政策的终结。随着碳中和政策与法律的共生互动，法律逐渐将政策纳入法治的边界内，为各类法律关系主体提供确定性和权威性的法律框架，从而逐渐形成政策与法律配比科学的外部结构体系以及重点领域和关联领域有效衔接的内部法律规范体系。在此种情况下，也将伴随着法治化建设和发展，碳中和政策因被法律所吸纳而终结。[①]

---

① 王文熹，寇静娜．碳中和目标法治化的理论逻辑、现实障碍与突破路径［J］．学术探索，2022（08）：82.

2. 碳中和政策终结的形式内容

作为推动一国或一地区特定时间段内的碳减排重要实现方式之一的碳中和政策执行活动，其执行效果将会影响碳减排工作开展的实际效果。碳中和政策在执行过程中，将会因各种原因导致该政策的落实或无法落实。在执行政策时，需要明确具体的碳中和政策终结的情形发生缘由。对此，在开展与执行碳中和政策执行时，也应当明确碳中和政策终结的形式内容。碳中和政策终结会在表面上形成碳中和政策无法有效落实的情形。在现实中，各种条件的限制对碳中和政策实质性的落实产生了障碍。此时，会影响碳中和政策的终结。

在现实中，还需要继续对碳中和政策实施的外部条件或因素进行研究，特别是对形式上影响碳中和政策活动开展的情况开展研究。在对碳中和政策实施效果进行评价时，评价活动开展需要先收集、整理和分析的各项数据与因素，评价活动开展得出的结论发现该政策在制定时所预设目标已完成，对此碳中和政策的制定与执行者已经完成了政策目标。此时，碳中和政策可以从形式上完成了其目标与使命。因此碳中和政策满足了终结的目标要求，从而形成了碳中和政策的终结。

三、碳中和政策终结的主要影响因素

（一）碳中和政策的目标设定

自 2007 年后我国成为全球第一排放大国，人均排放量也已超过世界平均水平，面临控制温室气体排放的严峻挑战。同时，我国面临发展转型，以往高能耗、高排放、高污染的粗放增长方式，造成了国内严重的资源能源消耗和生态环境破坏问题，已不可持续。我国是最大的发展中国家，发展不平衡、不充分问题突出，外部环境复杂严峻，有关应对气候变化的认知水平、政策工具、手段措施、基础能力等还存在一些短板，要实现碳达峰碳中和目标任务十分艰巨。

在现实中，碳中和政策的制定与执行关系到特定地区特定时间段内温室气体排放量减少等目标的落实情况。对此，在碳中和政策的制定与执行过程中，需要关注碳中和政策制定时其目标的设定情况。碳中和政策目标的设定不能过高也不能过低。这是因为，过高的碳中和政策目标容易出现实现难度较大的情形，加之该地方在执行过程中其本身的经济社会能力不足时会出现碳中和政策目标无法落实的情况。此种情况的出现会导致碳中和政策目标设定过高而不利于目标的实现。此外，过低的碳中和政策目标，短期内容易实现预定的碳中和政策，但是在实际操作过程中无法全面有效地满足落实该地区长远性的碳减排任务要求。这种情况的出现，实质上不利于地区的碳中和政策的有效实施。碳中和政策目标设定的过高或过低均将会影响碳中和政策在实施过程中的具体落实。因此，碳中和政策的目标设定恰当与否会成为碳中和政策终结的影响因素之一。

（二）碳中和政策制定与执行时的经济社会发展现状

碳中和政策是人类经济社会发展到一定阶段的产物。碳中和政策强调人类社会需要减少排放温室气体，同时也应当强化并实现经济社会发展与生态环境保护之间的良好衔接，从而实现可持续发展目标。特定地区经济社会发展条件的变化，将会给周边生态环境保护、碳减排目标的实现程度提出具体要求。对此，碳中和政策实施和调整过程中，将会对碳中和政策的制定、执行与发展提供必要的参考。此外，在碳中和政策执行过程中，经济和社会发展将会对特定地区人群的生产生活活动提出新的要求，而这些要求在满足和实现过程中反过来也会影响到该地区公众对碳中和政策的认知以及自我落实碳中和政策的效果和内容。也即，经济社会条件发生变化会对碳中和政策的内容以及执行路径等提出新要求。

“各地区制订碳达峰、碳中和行动方案时，应该与国家的区域产业布局优化方案紧密结合起来，注重提升跨区域产业链的整体碳排放效率，使局部与总体的碳达峰、碳中和行动方案相协同，并有利于促进新发展格局的形成。”① 广东、深圳、江苏、海南、北京、浙江、陕西、江苏、湖北、上海、湖南等地区，启动了近零碳排放区示范工程建设，在大力推动低碳技术和管理模式方面取得了明显进展，积累了宝贵经验。② 从经济社会发展基础看，我国并不适合以较高的社会经济代价推动碳中和引领经济社会全面转型。2021 年，一些地方的“运动式减碳”“一刀切减碳”就是典型的负面例证。③ 在现实中，作为传统劳动密集型产业，煤电退出涉及数百万职工生计，若延伸至上游煤炭行业则波及的人数会更加庞大。员工安置、社会保障问题事关社会稳定的民生大局。④ 当出现影响碳中和政策实施的情形或因素存在时，将会引发碳中和政策终结。因此，经济社会发展也会成为碳中和政策终结的因素之一。

（三）科学技术发展现状

碳中和政策的执行，需要立足于科学技术手段的开发与应用，一方面立足于科学技

---

① 张友国．碳达峰、碳中和工作面临的形势与开局思路［J］．行政管理改革，2021（03）：83.

② 曹颖．加快近零碳排放区示范工程建设［N］．经济日报，2020－02－22.

③ 王建芳，等．主要经济体碳中和战略取向、政策举措及启示［J］．中国科学院院刊，2022（04）：479－489.

④ 庄贵阳．我国实现“双碳”目标面临的挑战及对策［J］．人民论坛，2021（18）：52.

术手段的发展，为后续碳中和政策的有效实施提供必要的技术支撑；另一方面，需要对碳中和政策实施效果、考量因素等多方面的信息进行收集、整理与评估活动时，依然需要借助科学技术手段来进行。此时，明确碳中和政策执行效果，需要借助科学技术手段的发展来形成有效地助力。科学技术手段发展与演进将会对碳中和政策执行带来重要的推动作用。因此，当科学技术手段的变化，特别是涉及碳减排、碳捕捉与封存等技术的开发与应用，将会为碳中和政策的执行提供必要的技术基础。科学技术手段的变化会对碳中和政策实施效果产生较大的影响。对此，科学技术发展现状也是碳中和政策终结的影响因素之一。比如，德国在经济社会发展过程中，也面临着碳中和之任务。在落实碳中和政策过程中，德国采取多种措施以实现该目标。可再生能源的生产与消费是重要措施之一。然而，现实中德国的可再生能源发电量占比较高，2021 年以风、光为主的可再生能源发电量约占德国全部发电量的 70%。然而，以风、光、水为主的可再生能源电力系统波动性较大，调度难度也较高，对电力系统的稳定性构成挑战。[①] 这种可再生能源电力系统波动性问题的存在与发生，影响到了其国内经济社会发展。在比较借鉴德国经验时，也需要关注到这种潜在的障碍。

四、碳中和政策终结的障碍及解决策略

特定地区在制定与执行碳中和政策时，面对那些可能会引发碳中和政策无法有效实施的效果和因素时，可能会出现当地碳中和政策终结的情况。明确碳中和政策终结的影响因素后，需要明确碳中和政策终结的障碍以及相对应的解决策略。对此，首先需要明确碳中和政策终结的障碍，然后有针对性地提出解决策略。

（一）碳中和政策目标设置的不合理及其解决

现实中，碳中和政策目标设置将在一定程度上影响碳中和政策的执行效果。当碳中和政策目标设置不合理时将成为碳中和政策终结的障碍之一。对此，碳中和政策目标设置的不合理势必会影响到后续碳中和政策的执行。因此，在明确碳中和政策终结的障碍时还需要明确其具体的解决路径。在制定碳中和政策时，需要明确其具体的完成目标与任务。为了保障碳中和政策目标设置的合理性，政策制定者在制定政策时需要较为全面地搜集那些可能影响碳中和政策实施的因素以及其他相关因素，并且对相关因素进行分类整理、研究判断与开展系统性的分析，以便为制定碳中和政策提供必要的基础信息。同时，在碳中和政策执行过程中，需要仔细而全面地搜集、整理各项信息。此时，可以

---

① 杨雷，等．碳中和政策机制及社会共识的国际经验与启示［J］．中国工程科学，2021（06）：105.

按照时间年限逐年全部收集和整理各项信息，并将有关信息进行分析和整理，对碳中和政策执行进行分析与评估，以便为碳中和政策终结的障碍进行破解提供必要的前期基础。

（二）促进经济社会的绿色低碳发展

经济社会的发展，为碳中和政策的制定、执行与发展提供了必要的经济技术保障和物质条件。在经济社会发展过程中，倘若没有仔细全面的收集和整理相关因素资料和信息，难以为后续活动的开展创造有利的条件。各行业领域内生产经营活动需要借助循环经济、清洁生产等活动的开展为我国节能减排等多项活动的开展创造有利的条件和基础。因此，需要强化有关经济社会发展要素的关注并明确其内容，关注经济社会发展过程中各行业领域的碳排放情况，采取包括激励措施在内的多种手段，以推动节能减排、降碳活动的开展，从而更好地落实碳中和政策。此外，还需要鼓励和引导社会公众、社会团体等主体主动采取节能减排的生产生活方式，为后续整体减少碳排放量目标的实现提供有效的助力，从而破解影响碳中和政策终结的障碍问题。

此外，最高人民法院也发布了碳达峰碳中和典型案例①，起到了对碳中和政策的落实提供法律引导，有助于推动碳中和政策的实施和创新。比如，深圳某容器公司诉深圳市发展和改革委员会行政处罚行为案中，深圳市发改委告知深圳某容器公司，对于其未按时足额履行 2014 年度碳排放履约义务的违法行为，拟从深圳某容器公司 2015 年度碳排放配额中扣除 2014 年度未足额补缴数量的碳排放配额，对该公司处以其 2014 年度超额排放量乘以履约当月之前连续 6 个月碳排放配额交易市场平均价格三倍的罚款。深圳市发改委依深圳某容器公司申请举行了听证，作出行政处罚决定书。碳排放行政主管部门在碳排放总量控制的前提下，可以根据公开、公平、科学、合理的原则，结合产业政策、行业特点、温室气体重点排放单位碳排放量等因素，确定初始分配的碳排放额度。温室气体重点排放单位应当在确定的碳排放额度范围内进行碳排放。该案中，人民法院依法确认《深圳市碳排放权交易管理暂行办法》作为地方政府规章，是依据深圳市经济特区法规《深圳经济特区碳排放管理若干规定》的授权，对碳排放实际配额计算公式作出规定，该规定与上位法并无冲突，应予执行。碳排放配额行政主管部门依法对未按时足额履行碳排放清缴履约义务的温室气体重点排放单位作出行政处罚，应依法予以支持。该案中人民法院依法支持行政机关履行温室气体减排行政监管职责，对促进节能减排，推进碳达峰碳中和具有积极意义。

---

① 最高法发布司法积极稳妥推进碳达峰碳中和典型案例［EB/OL］. https://www.court.gov.cn/zixun-xiangqing-389361.html. 最后访问时间：2023 年 10 月 15 日。

（三）科学技术手段的发展

碳中和政策制定、执行过程中需要运用科学技术手段。碳中和政策的实施，不能仅靠自然界（主要是森林、草原、海洋和湖泊等生态系统在生命周期中的固碳作用）吸附与固定二氧化碳；同时还需要借助科学技术手段强化固碳作用（以碳捕捉与封存技术为主）。现实中，科学技术手段的不足，特别是固碳方面的科学技术开发与应用的不足可能会影响实际效果。面对此种情况，需要强化对科学技术手段的开发与应用，特别是有助于控碳降耗节能减排的科学技术手段的开发与应用，从而为碳中和政策的执行提供必要的条件。

碳中和政策的实施与开展，有助于推动当地经济社会发展的同时减少温室气体的排放，同时可以为经济社会发展提供新的增长点，亦可为应对气候变化提供必要的助力。然而，需要关注的是碳中和政策在实施过程中，可能产生各种不利于碳中和政策实施的各种因素，特别是那些可能会引发碳中和政策终结的情形。对此，明确碳中和政策终结的内容、适用原则，并明确可能产生的碳中和政策终结的障碍性因素及破解的路径，从而为碳中和政策的落实提供有益的参考。

第三节　碳中和政策的创新

碳中和政策的制定与实施将会对生态环境产生重要影响。这些影响既包括对人类经济社会发展方面的影响，也包括对生态环境保护方面的影响。因此，碳中和政策的制定和执行对人类具有重要的意义。对此，在碳中和政策制定与执行过程中，需要立足于已有的现实条件和基础，强化对碳中和政策的创新，以进一步推动人类社会可持续发展。

一、创新碳中和政策的原因及意义

碳中和政策的制定与执行，需要立足于特定的时间空间、特定地区的经济社会发展现状。因此，在制定与执行碳中和政策时需要考虑到经济社会的现实条件，也需要对其内容进行创新性的发展。

（一）经济社会的发展需要碳中和政策的创新

经济社会发展过程中，科学技术与生产力的发展将会给经济社会的发展带来影响。

经济社会的发展，意味着人类社会发展过程中生产生活活动的变化。人类生产生活活动的变化，会给周边生态环境带来影响。自工业革命以来，人类利用能源的水平和强度也在加强，特别是化石能源的消费，人类生产生活活动排放入自然界的温室气体数量不断增长。在这个过程中，化石能源的消耗水平与消耗量也在飞速增长。对此，人类在开发利用自然资源，温室气体的大量排放且逐渐积累并开始慢慢的形成温室效应。此后，人类开始逐步认识到温室气体含量过高的危害并采取各项措施减少和降低温室气体排放量。为应对气候变化问题，人类采取了包括法律、政策、工程技术等多重手段来减少温室气体的排放，其中碳中和政策的制定与执行是减少温室气体排放的重要方式之一。人类继续利用化石能源的同时，也在开发利用可再生能源、核能、风能、太阳能等多种能源。面对人类利用能源类型的变化与发展，人类在制定和执行碳中和政策时的社会背景存在着差异性，因此对应的碳中和政策既有一定的差异性，也需要定期进行创新。

（二）科学技术的发展意味着碳中和政策需要创新

伴随着人类科学技术水平的提升，人类开发利用能源的广度和强度逐步提升，此时越来越多的化石能源被利用。经济社会发展过程中人类经济的快速增长意味着碳排放强度的逐步提高。为了有效应对温室气体的积聚，也为了人类能够找到碳排放量少的能源类型，人类需要不断地开发与应用相关的科学技术。此时，科学技术一方面包括为人类经济社会发展提供能源来源的各项技术以及监控温室气体排放等方面的技术，另一方面也包括可以为人类减少温室气体排放以及辅助人类实现通过工程技术手段来固定、固化温室气体的科学技术。这些技术的开发与应用一方面可以为碳中和政策的实现提供技术保障，另一方面也需要通过碳中和政策的制定与实施来验证其科学技术的可靠性。对此，人类在制定和执行碳中和政策时需要立足于特定时空范围内的科学技术发展现状。基于此，科学技术的发展意味着碳中和政策需要得到创新。

“支撑碳中和目标实现的关键就在于低碳技术的创新与推广应用。我国所处的发展阶段决定了能源需求总量、能源消费总量和碳排放量在未来一段时期内将继续保持增长，这就需要有多种能够减少碳排放量甚至负排放的技术，来提高能源效率、催生新能源和可再生能源取代传统的化石能源以及捕获、利用、封存二氧化碳或者碳汇等。”① 要重点解决好推进绿色低碳发展的科技支撑不足问题，强化基础研究和前沿技术布局，加强绿色低碳技术攻关，大力开展碳捕获、利用与封存技术（CCUS）等低碳、零碳、负碳技术的攻关，推动先进适用技术研发和推广应用。我国生态文明理念下的绿色经济和产业体系正在建立，绿色金融作为经济转型的重要抓手，在引导和撬动绿色投资上的

① 杨解君．实现碳中和的多元化路径［J］．南京工业大学学报（社会科学版），2021（02）：16.

作用日益显现。因此，要加快建立绿色生产和消费的法律制度和政策导向，建立健全绿色低碳循环发展的经济体系。构建市场导向的绿色技术创新体系，发展绿色金融，壮大节能环保产业、清洁生产产业、清洁能源产业。

（三）可持续发展需要碳中和政策的创新

伴随着人类生产生活活动的开展，越来越多的人类行为影响着自然界与生态环境。这些活动在特定时间和空间范围内所产生的影响对人类社会产生重大的影响，如臭氧层空洞、全球气候变暖带来的洪涝干旱、全球部分地区严重干旱或涝灾等多种异常情况。这些严重影响也对人类社会的有序发展提出了新要求，如：减少污染物的排放、减少和降低人类活动对自然界的不良影响。人类社会的可持续发展既需要实现经济社会的有序发展，也需要实现社会发展与生态环境之间的良好运转。人类在减少温室气体方面采取了制定国际条约、公约与议定书以及组建相应的国际组织，发展科学技术来推动温室气体的减少排放。

然而，在实际发展中，不同国家和地区因其自身的资源禀赋、自然条件以及经济社会发展条件、科学技术条件等存在着较大的差异。因此，各国在应对全球气候变化时主观意愿上存在着差异性。比如，政策调整、整合或创新实际上不是线性过程。国内外的大量气候变化适应案例表明，政策整合是不断动态变化的，政治取向、经济条件和社会偏好等背景要素与条件，都可以触发增加或减少整合的机制。将政策整合的维度解压缩为可衡量的指标被证明是跟踪政策整合过程的重要步骤。为了有效推动全球范围内温室气体的有效应对，需要各个国家和地区共同努力，采取措施来应对气候变化问题。为了实现人类社会的可持续发展，碳中和政策的不断创新，以适应特定时间空间范围内具体的碳减排任务。

二、碳中和政策创新的地方实践和先行先试

2020 年习近平主席在第七十五届联合国大会一般性辩论上宣布“中国将提高国家自主贡献力度，采取更加有力的政策和措施，二氧化碳排放力争于 2030 年前达到峰值，努力争取 2060 年前实现碳中和”，标志着我国开始正式将“双碳”确立为我国经济社会的发展目标。此后，我国制定出台了包括“双碳”方面的各项文件，同时各个行业领域内也发布了各专业行业领域内的“双碳”领域内的文件。进入“十四五”阶段，国家加快了以碳达峰碳中和为目标向绿色低碳转型的统筹部署。2021 年 2 月，《国务院关于加快建立健全绿色低碳循环发展经济体系的指导意见》（国发〔2021〕4 号）提出

金融部门通过内部转型构建生态，系统性地支持实体经济部门进行绿色低碳转型；2022年10月，《中共中央 国务院关于完整准确全面贯彻新发展理念做好碳达峰碳中和工作的意见》进行系统谋划和总体部署，提出完善政策机制，充分发挥政府投资引导作用，构建与碳达峰碳中和相适应的投融资体系。以中央“1+N”政策体系公布后，工业、交通运输、城乡建设、科技支撑等领域已经完成碳达峰实施方案编制，对接中央“1+N”政策体系“N”中的具体领域行动方案。这些文件的制定与出台对于推动落实“双碳”目标的实现具有重要的作用。

2022年12月，生态环境部联合相关部委在全国范围启动气候投融资试点工作。[①] 中国人民银行于2021年设立碳减排支持工具，引导和激励金融体系，以市场化方式支持绿色低碳发展，对具有显著减碳效应的行业提供金融支持。2022年国家发改委印发了《关于完善能源绿色低碳转型体制机制和政策措施的意见》，推动建立能源绿色低碳转型的财政、金融、政策保障机制。银保监会制定了《银行业保险业绿色金融指引》，促进银行业、保险业发展绿色金融，金融机构的绿色信贷市场的体系建设也不断完善。据不完全统计，截至2022年底，金融机构98个重点项目授信1800多亿元人民币，涉及可再生能源、光伏发电、生物质发电、生态修复、减污降碳协同治理、低碳制造、城市基础设施建设多个领域。[②] 2024年1月22日，全国温室气体自愿减排交易（CCER）在北京绿色交易所正式重启，CCER市场将与2021年7月启动的全国碳排放权交易市场共同构成完整的全国碳市场体系（全国碳排放权交易市场是我国利用市场机制控制和减少温室气体排放，推动绿色低碳发展的一项制度创新，也是落实我国碳达峰碳中和的核心政策工具。全国温室气体自愿减排交易市场与全国碳排放权交易市场是实现碳达峰碳中和目标的重要政策工具，两个市场互为补充，共同组成我国完整的碳交易体系。

截至2025年3月，已有超过20个省份制定了省级“双碳”政策或立法文件，覆盖东中西部地区，形成以“1+N”政策体系为主体的共同但有区别的发展路径。此外，10余个省份将清洁交通列为重点，如重庆、江苏推广绿色物流，北京、陕西加速公共交通新能源替代，有的地方将碳排放总量和强度双控纳入地方考核，倒逼能源结构优化和促进经济社会绿色低碳发展。各省“双碳”政策普遍涵盖能源转型、产业升级、碳市场机制及生态产品价值实现等领域，但东部侧重技术创新与市场机制，西部依托资源禀赋强化能源基地建设，体现“全国统筹、区域协同”的差异化碳中和政策格局。

---

① 朱民，潘柳，张娓婉．财政支持金融：构建全球领先的中国零碳金融系统［J］．财政研究，2022（02）：20.

② 班健．气候投融资如何开展？生态环境部有这些动作［EB/OL］．https：//mp.weixin.qq.com/s？__biz=MzAxMjU1ODAxOQ==&mid=2651022634&idx=1&sn=cc0add070ed3bb59ce06e9d73c64e7c7．最后访问时间：2023年10月15日。

在地方试点过程中，河南省制定了碳中和政策，相关政策是立足于河南省人多地少、森林覆盖率低、化石能源消费量高的情况制定的，该政策在执行过程中需要结合河南省的实际情况确定执行方式。山西省基于本省的高化石能源生产与消费等实际情况制定了自己本省的碳中和政策，山西省碳中和政策任务要求减少化石能源生产消费、提高清洁能源的生产与消费。[①]

在各地碳中和政策制定过程中，大部分省市已印发专门的实施意见，且与国家意见基本一致。也有一些省市聚焦某个领域，提出相应的行动方案、计划或规划。比如浙江和宁夏关注科技创新，分别发布《浙江省碳达峰碳中和科技创新行动方案》和《宁夏碳达峰碳中和科技支撑行动方案》；广东聚焦绿色金融，发布《广东省发展绿色金融支持碳达峰行动的实施方案》；河北强调绿色消费，发布《河北省促进绿色消费实施方案》；黑龙江重视循环经济，发布《黑龙江省建立健全绿色低碳循环发展经济体系实施方案》。也有部分省市发布推动"双碳"方面的工作计划或规划，如江苏省发布《省生态环境厅2022年推动碳达峰碳中和工作计划》，河南省发布《河南省"十四五"现代能源体系和碳达峰碳中和规划》。此外，省市间也积极开展了合作，如四川和重庆共同发布《成渝地区双城经济圈碳达峰碳中和联合行动方案》。[②] 由于各个地方面临的自然禀赋、经济发展条件不同，经济社会发展任务也存在着一定的差异，因此，现实中各地在制定碳中和政策或国家碳中和政策实施意见时侧重点也会存在着相应的差异性。

这些政策在制定与实施过程中，主要是结合本地区实际情况制定与实施的。需要关注的是，以上海、浙江、江苏、安徽为代表的长三角地区制定了符合自己本地区的实际情况的碳中和政策，共创长三角生态绿色一体化发展示范区。这些政策是以该地区实际情况为基础，同时结合我国"双碳"政策目标与现实条件所制定的。不同地区的碳中和政策体现出各自地方特色。这些内容对于研究和明确碳中和政策的创新具有重要的意义。对此，需要比照与参考不同地区的碳中和政策。由于各地经济发展阶段、产业结构不一，只有因地制宜把握好改革的侧重点、力度和进度，公平分担政企间、企业间的改革成本，运用多种政策手段进行政策激励和政策补偿，为地方政策留下充分弹性空间，才能使减污降碳协同成为盘活区域资源、平衡区域发展的机会。[③]

---

① 李曼，等．基于碳源和碳汇情景预测的山西省碳中和实现路径研究［J］．生态经济，2023（10）：24－32.

② 刘慧雯．四省市碳达峰实施方案对比［EB/OL］．https：//www.yicai.com/news/101550341.html．最后访问时间：2023年10月15日。

③ 王灿，蔡闻佳，郑馨竺，等．碳中和目标下气候政策研究的前沿问题［J］．北京理工大学学报（社会科学版），2022（04）：74－80.

三、碳中和政策创新与生态文明法治的发展

为了进一步推动我国经济社会与生态环境保护之间的良好互动与发展，特别是可持续发展目标的有效落实，我国在经济社会发展过程中确立了生态文明的发展目标。生态文明的确立与发展是立足于我国实际情况并结合我国传统文化所提出的，对我国社会发展过程中环境保护目标的实现具有重要意义。生态文明的提出和发展，是对以往传统农业文明、工业文明，特别是工业文明的扬弃与发展。生态文明的发展，立足于工业文明的发展，并结合我国经济社会发展的现实要求进行扩展与发展，并在现实生活中努力降低和减少环境污染与生态破坏的情形，从而进一步推动经济社会与环境保护的可持续发展。对此，需要明确的是碳中和政策创新与生态文明之间的关系。

（一）碳中和政策创新与生态文明二者在目标上存在一定冲突

现实中，碳中和政策需要执行与实施，并在实践过程中强化对该政策的评估与检验、考核，并进行科学有效的评估与分析，从而为后续碳中和政策的创新提供必要的参考。特定国家和地区在制定与执行碳中和政策过程中，需要将经济社会发展与环境保护等现实要素与目标纳入碳中和政策内容中。然而，在制定与执行碳中和政策时需要明确的是该政策的首要目标与经济社会可持续发展目标存在着不一致。对此，在制定与执行碳中和政策时需要明确二者的任务，尤其是国内碳中和政策的首要目标之间的关系。

“十四五”时期，我国生态文明建设进入了以降碳为重点战略方向、推动减污降碳协同增效、促进经济社会发展全面绿色转型、实现生态环境质量改善由量变到质变的关键时期。在“十四五”“十五五”乃至更长时间内，碳达峰碳中和都会成为生态文明建设和高质量发展的核心议题与目标愿景，引领并推动整个经济社会的全面绿色转型与可持续发展。①

碳中和政策是国家和地区在经济社会发展过程中，为了减少因人为排放温室气体所带来的全球气候变化可能引发的各种不良影响所制定和执行的专项政策。在执行碳中和政策过程中，人类采取各种行为来减少温室气体的排放或者是采取有针对性的吸附与固定二氧化碳等方式来减少自然环境中的温室气体总量（包括碳捕捉、封存与利用技术等）。因此，在制定、执行与创新碳中和政策过程中，需要强调和关注特定国家和地区特定时间段内温室气体的排放，从而减少温室气体排放总量，并在一定程度上延缓全球

---

① 王毅，顾佰和．将碳达峰碳中和纳入经济社会发展和生态文明建设整体布局［EB/OL］. https://www.ndrc.gov.cn/xxgk/jd/jd/202110/t20211029_1302188_ext.html. 最后访问时间：2023 年 10 月 15 日。

气候变化可能给人类生态环境带来的各种不良影响。这是碳中和政策的首要目标和重要目标之一。

生态文明的建设对人类经济社会发展过程中排放出的大量环境污染与生态破坏进行有效治理，减少和降低环境污染与生态破坏可能产生的各种不良影响。在生态文明建设过程中，需要强化的是在经济社会发展的同时实现环境保护的现实目标。没有生态环境资源，物质文明和精神文明就步履艰难；采用非生态的现代化发展战略，就会严重背离物质文明和精神文明建设的初衷。因此，要想实现物质文明和精神文明相协调的发展，就必须大力加强生态文明建设。生态文明是一个社会总体文明程度的重要体现，在整个文明系统中处于前提和基础地位，构成了物质文明和精神文明的物质外壳，影响着二者的发生、演化和发展。① 对此，从短期目标来看，生态文明的建设和发展主要是强调对生态环境的保护；从长远目标来看，二者则是实现经济社会发展与生态文明之间的相互协调、共同促进、共同发展。

通过对碳中和政策创新与生态文明各自目标的分析可以明确的是：二者在目标方面存在冲突或矛盾。碳中和政策主要是针对人类碳排放量减少的情况，进而在此基础上实现保护生态环境的目标；而生态文明则是强调治理环境污染与保护生态环境，从而更好地实现经济社会发展与环境保护之间的良好互动。从这个情况来讲，二者之间的关系存在着不一致性。

（二）二者对人类社会的发展均具有重要的推动作用

对人类来讲，自然环境中温室气体含量过高或过低均不合适。历史上人类排放的大量温室气体并形成了累积性效果，这也将逐渐引发全球气候变化。全球气候变化将会给人类生态环境带来严重的不良影响，例如，旱涝频发或者是其他多重环境损害后果。对此，控制和减少自然界内的温室气体对于实现人类社会可持续发展重要的意义。生态文明建设强调人类在经济社会发展过程中，不能简单地关注经济与社会发展，而是要强调防治环境污染、保护生态环境，在超越传统工业文明的基础上，实现经济社会与环境保护的绿色协调发展，为可持续发展目标的实现创造有利条件。因此，从长远目标来看，碳中和政策创新与生态文明之间存在着重要的一致性，且二者目标对人类社会的发展均具有重要的推动作用。

"双碳"工作融合"天人合一"的中国优秀传统文化，着眼"生态文明"这一人类文明新形态，对生态文明建设具有重要的导向作用。"推进'双碳'工作是破解资源环

① 车丽娟，于法稳．"双碳"目标助推中国式现代化的内在逻辑、现实问题与实践路径［J］．重庆社会科学，2023（08）：37.

境约束问题、实现可持续发展的迫切需要，是顺应技术进步趋势、推动经济结构转型升级的迫切需要，是满足人民群众日益增长的优美生态环境需求、促进人与自然和谐共生的迫切需要，是主动担当大国责任、推动构建人类命运共同体的迫切需要”①。为了使经济社会适应快速碳中和的变化，政府需要循序渐进地制定并完善相关的配套保障措施，切忌执行政策时“一刀切”②。

碳中和政策创新在减少和降低温室气体排放的同时可以推动经济社会发展目标的实现。生态文明的建设与发展对于推动社会可持续发展具有重要的意义。因此，推动碳中和政策的制定、执行与实施过程中，需要明确二者之间的关系和内容，寻找明确其具体实现方式之间的关系，并采取针对性的措施加以应对。明确二者之间关系有助于推动碳中和政策创新与生态文明的建设和发展。

四、中国碳中和政策的发展前景与未来趋势

（一）中国碳中和政策的发展前景

1. 社会经济领域的前景

现实中，碳中和政策的制定与实施将会给特定地区经济发展，特别是经济社会发展的转型带来各种影响。对此，需要明确的是碳中和政策在经济社会领域的前景。我国经济社会的发展过程中，随着各项大型基础工程建设的建设、机动车保有量与使用量（尤其是燃油车）的飞速增加，中国能源消费以化石能源为主，伴随着消费总量的不断提升，中国碳排放量的不断提升也将逐步加强，碳排放强度总量也在提升。减少和降低碳排放量的同时也意味着现实中需要强化进一步的有效应对。在此过程中，为了更有效地应对因温室气体的排放可能引发的各种不良损害后果，需要在经济社会发展过程中注重引导社会多元主体（包括政府、企业事业单位、社会公众、社会团体、专家等）共同采取多项措施来减少和降低温室气体的排放，从而为碳中和政策执行和落实提供必要的基础。

2. 科学技术领域的前景

碳中和政策的制定与执行离不开科学技术手段的支撑和保障。碳中和政策目标的确

---

① 习近平在中共中央政治局第三十六次集体学习时强调——深入分析推进碳达峰碳中和工作面临的形势任务扎扎实实把党中央决策部署落到实处［N］. 人民日报，2022－01－26.

② 吴金群，梅乐怡．我国实现碳中和愿景的挑战与对策［J］. 中南民族大学学报（人文社会科学版），2022（09）：137.

定、发展与碳中和政策制定和执行离不开科学技术的应用。碳排放的监测、汇总、评估等活动的开展也需要借助科学技术手段的实施。此时，科学技术的发展，在经济社会发展过程中有助于推动减量化、低量化、循环化的科学技术手段的应用，并推动清洁生产目标的实现。碳中和政策执行过程中，需要对碳中和执行情况进行目标确定、执行情况考核与梳理、结果评估，此时相关科学技术手段的应用有助于推动这些活动的开展。因此，在碳中和政策制定和执行过程中需要立足于科学技术发展与应用。将生态化融入产业结构并转化为核心竞争力，促进以牺牲生态环境的传统发展模式向绿色健康发展模式转变，实现社会经济效益与生态效益相统一。

要实现这一目标，必须不断提高基础研究和核心技术的攻坚能力，有效开发各种新型绿色技术，推动绿色能源向数字化、网络化和信息化转型发展。① 碳中和政策的制定与实施，需要明确其在国内的前景。并且未来需要强化对政策内容的开发与应用。例如，《科技支撑碳达峰碳中和实施方案（2022—2030 年）》明确规定“加强科技支撑碳达峰碳中和涉及基础研究、技术研发、应用示范、成果推广、人才培养、国际合作”等方面的内容。与此同时，该政策也强调“加强碳中和技术跟踪监测，重点关注碳中和技术的研发和应用投入，通过科技考核评价机制、知识产权保护”来推动碳中和科技的发展。加快制定科技支撑碳达峰、碳中和行动方案，加快布局一批具有前瞻性、战略性的低碳、零碳和负碳科技创新项目，尽快实现关键技术有效突破、应用成本大幅下降、核心技术自主可控。聚焦新型电力系统、氢能、储能、碳捕获利用与封存（CCUS）、可控核聚变等领域，深化基础科学研究。②

（二）中国碳中和政策的发展趋势

中国碳中和政策的制定与执行，将在一定程度上影响经济社会发展与环境保护的进行。对此，需要继续研究与明确碳中和政策的发展趋势。

我国碳中和政策的发展趋势主要包括了经济社会和科学技术等多方面的内容。在研究与判断碳中和政策的发展趋势时，需要关注经济社会发展的现实要求。结合我国经济社会发展现状与基本条件，并且能够结合现实制定适应国内和特定地区实际情况的碳中和政策。此时，强化对经济社会发展的关注，研究与判读经济社会发展过程中各种与碳中和政策执行有关的社会因素可能产生的影响，为碳中和政策的制定提供必要的依据和基础。关注和开发碳中和政策执行的科学技术，为后续碳中和政策执行活动的开展创造

---

① 李庆霞，刘玉莹．“碳达峰、碳中和”目标的现实逻辑、理论向度和关键路径［J］．学习与探索，2022（09）：13.

② 谭显春，等．碳达峰、碳中和政策框架与技术创新政策分析［J］．中国科学院院刊，2022（04）：435－443.

有利条件。

在开发与应用科学技术过程中，需要强化和持续改进国内碳中和政策制定和执行的各项科学技术手段。加速发布碳达峰、碳中和顶层设计文件，在相关文件中明确各部委之间、中央与地方之间的权责，理顺管理机制，为我国经济与产业脱碳提供方向标。配套出台相应的大规模投融资计划，完善补贴、价格、财税等财政与金融政策体系，推动重点行业的低碳转型。① 在努力实现经济社会发展低碳化、减量化的过程中开发利用有关的科学技术手段，同时也尝试努力提高和改进国内碳中和政策执行过程中对碳中和政策各项指标实施的各项要素、基本数据等的收集与整理，从而更好地为碳中和政策的实施提供必要的基础。

在政策执行过程中，需要规划完善电价形成机制以及差别化用能价格政策，对节能环保、可再生能源、循环经济、低碳零碳等技术、产品、项目、企业在财政、税收、价格上实行鼓励性政策。② 政策与法律共同为治理目标服务，政策在推进目标的过程中弥补正式法律在具体目标、宏观指导、技术手段上的不足，并有选择地转化为正式法律，为长期实施提供规范化指引。③ 生态环境部等十五部门联合印发《关于建立碳足迹管理体系的实施方案》(环气候〔2024〕30 号)，明确我国产品碳足迹管理工作目标和实现路径，强化任务分工和政策协同，提出建立碳足迹管理体系的总体要求、主要目标、主要任务和保障措施，旨在加快建立我国碳足迹管理体系，促进生产生活方式绿色低碳转型，增进碳足迹工作国际交流互信，助力新质生产力发展和双碳目标实现。④

此外，还需要强调和关注的是对中国碳中和政策执行的实际情况进行收集、整理与评估，进一步明确特定时期内的中国碳中和政策执行的实际情况，特别是产生的收益与存在的问题以及需要逐步改进的内容。对相关数据的收集、整理与评估，为后续活动的开展，特别是碳中和政策的进一步调整和完善提供必要的基础。中国经济社会的发展迅速，特别是建筑、交通、能源等领域内发展迅速。碳中和政策的目标需要进行准确的调整和完善；此外，科学技术手段的发展也意味着碳中和政策执行的推动，特别是涉及碳捕捉与封存技术的应用与发展，也强调碳中和政策的定期调整与完善，从而进一步推动中国碳中和政策的发展与执行。

在碳中和政策创新阶段，可以通过明确市场手段、政府管理手段、财政税收等多种手段与方式引导社会多元主体共同参与碳中和政策的执行与完善。增强碳中和政策的优

---

① 董利苹，等．欧盟碳中和政策体系评述及启示［J］．中国科学院院刊，2021（12）：1468.

② 桂华．科学有序地推进我国碳达峰碳中和［J］．中国行政管理，2021（11）：156.

③ 孙雪妍，等．减污降碳协同增效：政策困境与完善路径［J］．中国环境管理，2023（02）：20.

④ 生态环境部．关于建立碳足迹管理体系的实施方案［EB/OL］．https：//www.mee.gov.cn/xxgk2018/xxgk/xxgk03/202406/W020240604697785022042.pdf．最后访问时间：2024 年 6 月 4 日。

化与反馈，充分考虑来自多重风险与效益的不确定性，并考虑多个政策目标之间的协同实现可能性。[①] 国内绿色低碳发展理念的落实、碳治理机制与措施的实施都缺乏有效立法支撑。为此，推进“1 + N”政策体系的法制化是以法治方式引领和保障碳达峰碳中和工作的首要任务。积极引导地方政府及相关产业主体，因地制宜、因时制宜，制定碳达峰碳中和差异化发展战略、规划和政策，并与国家层面规划和政策体系形成有效衔接、支撑。[②] 坚持系统观念，加强政策系统集成和政策措施的衔接协调，打好政策“组合拳”，做到前后呼应、衔接配套，做好协同发力、形成合力，才能确保“双碳”工作扎实有效推进。[③]

我国尚处于经济社会发展模式转型的“阵痛期”和关键期，低碳发展与民生保障、权利保护、利益分配等存在着某种不协调之处，在控制温室气体的总量和强度、发展清洁能源、加快产业结构调整等方面需要强制性的法律保障，以此建立起严格的监督管理体系。[④]“政策与法律作为兼容互补、关系密切的两种社会调整机制在社会治理中共同发挥着重要的导向与规制作用。在实现碳中和目标的多元化路径中，要注重发挥政策与法律这‘两条腿’的共生互动作用”。[⑤] 我国已就应对气候变化的主要规制手段开展了制度创新和政策尝试，比如碳排放权交易制度、气候投融资试点工作与碳减排专项支持工具等，但制度建设主要是自下而上、实践成熟带动规章（或地方性法规）制定的模式。[⑥] 以正式法律保障“双碳”目标的必要性首先表现在为“双碳”长期行动提供稳定化、规范化的制度预期，以法律形式固化政策的主要内容，增强政策目标的持续性和稳定性。[⑦] 通过激励性措施促进低碳能源技术的不断创新，实现其竞争力的自主提升。在修法、立法的具体工作内容上，应当以《中华人民共和国能源法》为核心，以《中华人民共和国节约能源法》《中华人民共和国可再生能源法》的修改为先导，并在《中华人民共和国煤炭法》《中华人民共和国电力法》等相关能源单行法律中落实和构建“低碳化”能源法制度体系。加快实施减污降碳协同工程，支持能源结构低碳化、移动源清洁化、重点行业绿色化、工业园区循环化转型等。[⑧] 考虑到实现“碳达峰碳中和”的系

---

① 王灿，等．碳中和目标下气候政策研究的前沿问题［J］．北京理工大学学报（社会科学版），2022（04）：78.

② 李岚春，等．政策工具视角下发达国家碳中和战略行动政策分析及对我国启示［J］．情报杂志，2021（12）：69.

③ 邹翔．加快构建“双碳”政策体系［EB/OL］．http：//gs. people. com. cn/n2/2023/1220/c183343－40686098. html. 最后访问时间：2024 年 6 月 4 日。

④ 梁平，潘帅．“碳中和”愿景下应对气候变化法律体系的完善［J］．重庆社会科学，2022（04）：7.

⑤ 王文熹，寇静娜．碳中和目标法治化的理论逻辑、现实障碍与突破路径［J］．学术探索，2022（08）：81.

⑥ 孙雪妍，王灿．论碳达峰碳中和目标的立法保障［J］．环境保护，2022（18）：41.

⑦ 李忠夏．功能取向的法教义学：传统与反思［J］．环球法律评论，2020（05）：5－20.

⑧ 中共中央 国务院关于全面推进美丽中国建设的意见［EB/OL］．https：//www. gov. cn/zhengce/202401/content_6925405. htm. 最后访问时间：2024 年 5 月 25 日。

统性，应统筹制定、修订《中华人民共和国能源法》《中华人民共和国可再生能源法》《中华人民共和国节约能源法》《中华人民共和国自然保护地法》等，为我国全面绿色低碳转型提供相关法律保障。①

此外，还可以通过强化对应对气候变化方面的司法判决的关注和应用，引导碳中和政策的制定者、执行者等关注和强化对碳中和政策的执行与完善。比如，在江苏省苏州市江某子、盛某宾滥伐林木刑事附带民事公益诉讼案一案中，2021 年 12 月 24 日，苏州市林业局虎丘分局将江某子、盛某宾滥伐林木线索移送苏州市公安局虎丘分局。江苏省苏州市虎丘区人民检察院根据行刑衔接机制要求，提前介入并引导侦查，要求对被砍伐林木的树种、数量、根径尺寸等重要证据勘查固定。同时，滥伐林木的行为严重损害森林资源，侵害国家和社会公共利益，应当承担对森林生态环境修复责任，检察机关于 2022 年 6 月 24 日进行民事公益诉讼立案，并委托上海环境科学研究院对生态环境损害金额进行评估。2023 年 3 月 10 日，经法院组织民事公益诉讼部分调解，检察机关与二被告达成调解协议，综合考虑原址无法完全修复、当事人从事林木收购相关职业具有补植复绿的便利条件等因素，由二被告通过认购碳汇、补植复绿、劳务代偿等方式替代履行生态环境损害费用及惩罚性赔偿费用共计 18 万余元。在该案中，检察机关自觉融入“双碳”目标，将生态服务功能损失量化，由当事人通过认购碳汇、补植复绿、劳务代偿的方式修复受损生态，有效解决了补种树木幼龄期固碳增汇能力缺失的问题。②

碳中和政策、规划的制定与执行，是我国经济社会过程中碳中和目标的实现的重要方式。在落实碳中和政策过程中，通过政策与法律的系统化建设，关注经济社会发展的实际状况，强化科学技术的发展与应用，借助碳中和政策的科学制定、执行、调整与创新完善，亦可将碳中和政策的内容纳入法律体系中，并借助法律的规定与实施，强化碳减排任务的落实，最终实现碳中和目标。

总之，中国“双碳”目标的正式提出以及后续各项政策制度的出台，宣告中国碳中和政策和法律法规的制定、实施已经进入一个主流化与法治化的新阶段。在这个阶段中，碳达峰碳中和成为中国经济社会发展和生态文明建设的重要目标之一。在实现碳中和目标过程中，既需要实现经济与社会发展的新转型，也需要强化对生态环境的有效保护。考虑到我国生态环境脆弱性，面对全球气候变化对中国生态环境及经济社会发展产生的各种影响以及我国参与国际市场竞争的现实要求，中国开始制定与执行碳中和政

---

① 谭显春，郭雯，樊杰，等. 碳达峰、碳中和政策框架与技术创新政策研究［J］. 中国科学院院刊，2022（04）：440.

② 最高人民检察院. 检察机关服务保障碳达峰碳中和典型案例［EB/OL］. https://www.spp.gov.cn/xwfbh/wsfbh/202306/t20230605_616289.shtml. 最后访问时间：2023 年 10 月 15 日。

策。政策工具的影响因素与标准众多。“错综复杂的政策工具选择的背后都与政策制定内外部环境的交叉影响以及政策制定主体的自身价值偏好有关，它是一套完整的系统，政策环境需要做到协调与互适”[①]。中国碳中和政策和法治将是引导中国经济社会绿色低碳发展，特别是社会转型的重要保障。对此，需要牢固树立和践行绿水青山就是金山银山的理念，处理好高质量发展和高水平保护、重点攻坚和协同治理、自然恢复和人工修复、外部约束和内生动力、“双碳”承诺和自主行动的关系，统筹产业结构调整、污染治理、生态保护、应对气候变化，协同推进降碳、减污、扩绿、增长，维护国家生态安全，抓好生态文明制度建设，以高品质生态环境支撑高质量发展，加快形成以实现人与自然和谐共生现代化为导向的美丽中国建设新格局。[②]

① 杨书房．碳中和目标下国际社会政策工具的配置与选择［J］．国外社会科学，2022（05）：144.

② 中共中央国务院关于全面推进美丽中国建设的意见［EB/OL］．https：//www.gov.cn/zhengce/202401/content_6925405.htm. 最后访问时间：2024 年 5 月 15 日。

后　记

将碳达峰碳中和工作纳入生态文明建设总体布局，这既是一项艰巨的任务，又是一项全新的工作，需要学术界和实务界加强研究和联合攻关。浙江生态文明智库联盟理事长、浙江省新型重点专业智库——浙江农林大学生态文明研究院院长沈满洪教授牵头成功申报2024年度浙江省哲学社会科学规划重大课题“碳中和研究”（项目编号：24NDJC04ZD），《碳中和政策论》有幸立项作为子课题并入选该重大课题丛书。

陈真亮教授作为本书的课题主持人，负责确立选题并提出三级目录框架，之后丛书主编沈满洪教授召集专家学者集体研讨和审定大纲，然后各章执笔人开始写作并做了一些调研工作。各章初稿形成后，陈真亮教授提出修改意见和建议，各章执笔人至少进行了三次修改，然后陈真亮、连燕华对各章做了一些不同程度的修改完善。提交书稿初稿后，沈满洪教授提出了诸多富有建设性的修改意见和建议。2024年3月21日，沈满洪教授组织召开《碳中和丛书》的专家评审会议，各章执笔人根据专家们的意见和建议再次进行了修改。最后，由陈真亮、连燕华对全书再次进行修改完善，统一写作文风、体例格式、文献格式等，并统稿定稿。

本书是团队分工合作的成果，体现了集智攻关、团结协作的科研精神和力量。本书各章执笔人如下：

前言及第一章：陈真亮（浙江农林大学生态文明研究院生态治理研究所所长、文法学院学术副院长、教授、博士研究生导师）

第二章：张婵（浙江农林大学文法学院讲师）、陈真亮

第三章：连燕华（浙江农林大学人文社会科学处主管、讲师）、陈真亮

第四章：臧祥真（浙江农林大学文法学院讲师、博士）、陈真亮

第五章：刘强（浙江农林大学经管学院副教授）

第六章：曹可亮（温州理工学院法学院副院长、教授）、连燕华

第七章：卫乐乐（常州大学法学院讲师、博士）

正所谓“编辑成就作者”，感谢周桂元编审、孟恬编辑的辛勤付出，感谢你们的专业精神与认真审校。

衷心感谢浙江省新型重点专业智库——浙江农林大学生态文明研究院、碳中和研究

院提供的平台，衷心感谢院长兼首席专家沈满洪教授带领本人和团队不断进步。

浙江农林大学坐落在美丽的杭州，这是一个读书做学问的好地方。这里一年四季美景不断，春景如画、夏景俊俏、秋景多姿、冬景迷人。在这里，望得见山，看得见水，记得住乡愁，也有诗与远方。漫步其中，俯仰山水，让人心向原野，追求真善美，不断体悟“人与自然和谐共生”的中国式现代化，始终保持对大自然的热爱和对生活工作的热情。

本书也对与碳中和政策有关的环境法典立法等议题进行了一定的探讨，因此也是国家社会科学基金一般项目《生态环境法典编纂与适用比较研究》（项目编号：24BFX109）的阶段性研究成果。

本书若有错漏和可商榷之处，恳请学术界前辈、同行及读者不吝赐教。

陈真亮

2024 年 12 月 4 日